# Dreamweaver CC 本书精彩案例

44
即学即用　插入彩色水平线
技术掌握　学习制作彩色水平线的方法

50
课后练习　使用页面属性制作网页
技术掌握　学习使用页面属性制作网页的方法

63
即学即用　将图像链接到不同网站
技术掌握　学习使用图像映射将图像链接到不同网站的方法

76
即学即用　制作商品促销网页
技术掌握　学习使用单元格的合并及拆分来制作网页的方法

80
即学即用　制作隔距边框表格
技术掌握　学习使用表格属性和嵌套表格来制作隔距边框表格的方法

即学即用　制作旅游网页
技术掌握　学习使用图像和表格制作旅游网页的方法

90
课后练习　制作细线表格
技术掌握　学习制作细线表格的方法

90
课后练习　制作壁纸网页
技术掌握　学习制作壁纸网页的方法

即学即用 制作网页中的透明动画

技术掌握 学习在网页中制作透明动画的方法

即学即用 制作音乐播放网页

技术掌握 学习在网页中播放音乐的方法

课后练习 制作网页广告

技术掌握 学习制作网页广告的方法

课后练习 制作视频教学网页

技术掌握 学习制作视频教学网页的方法

即学即用 在网页中添加空链接

技术掌握 学习在网页中添加空链接的方法

即学即用 制作家居公司首页

技术掌握 学习在网页中创建电子邮件链接和下载链接的方法

课后练习 制作网页提示信息

技术掌握 学习制作网页提示信息的方法

课后练习 在网页内部跳转

技术掌握 学习在网页内部跳转的方法

即学即用　制作在线调查表

技术掌握　学习使用表单域和表单对象制作在线调查表

即学即用　制作登录表单

技术掌握　学习使用表单域和表单对象制作登录表单

即学即用　利用模板制作网页

技术掌握　学习将需要更新的网页元素设置为可编辑区域，然后通过模板页将可编辑区域进行更新的方法

即学即用　利用库更新网页

技术掌握　学习使用库项目更新已经制作完成的网页的方法

课后练习　使用库创建网页

技术掌握　学习使用库创建网页的方法

即学即用　制作网页弹出广告

技术掌握　学习使用“打开浏览器窗口”制作网页弹出广告的方法

即学即用　制作网页提示信息

技术掌握　学习使用“弹出信息”动作制作网页提示信息的方法

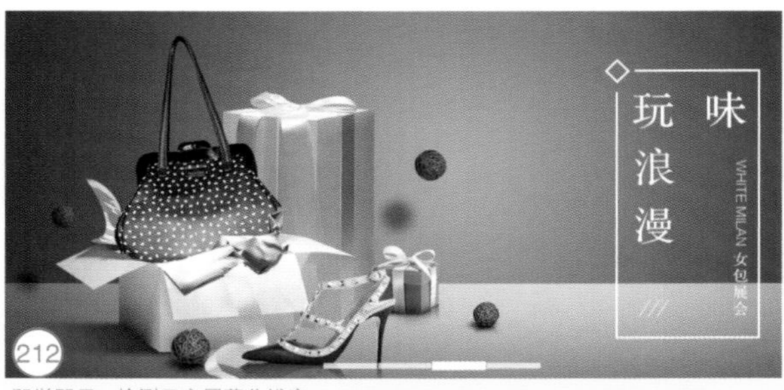


即学即用　检测用户屏幕分辨率

技术掌握　学习添加代码来检测用户屏幕分辨率的方法

即学即用　制作3D导航效果
技术掌握　学习添加代码来制作3D导航效果的方法

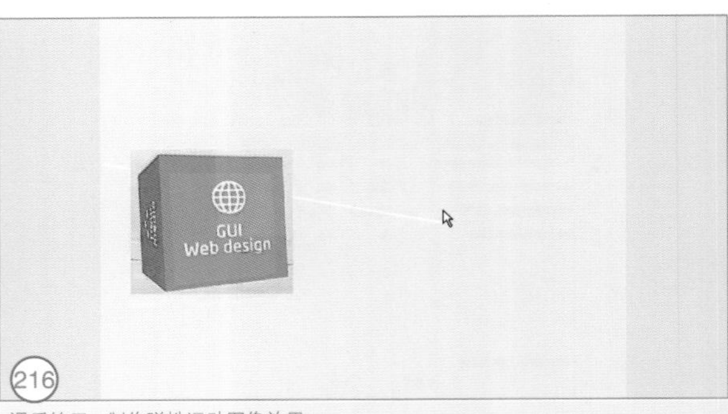

课后练习　制作弹性运动图像效果
技术掌握　学习制作弹性运动图像效果的方法

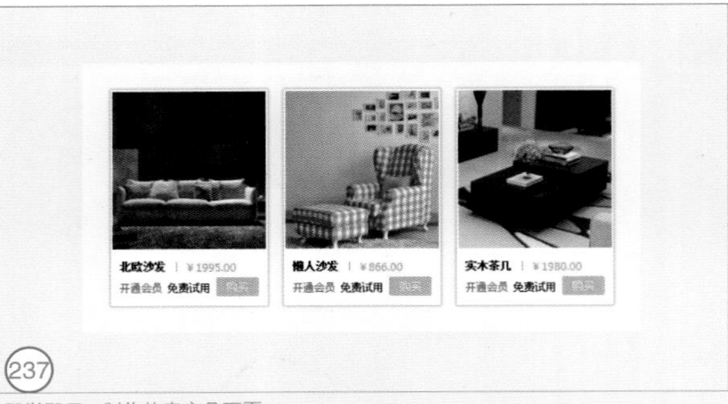

即学即用　制作热卖商品页面
技术掌握　学习使用CSS制作热卖商品页面的方法

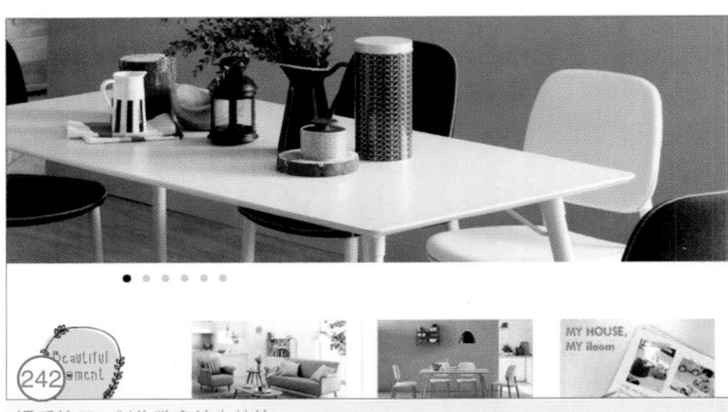

课后练习　制作数字放大特效
技术掌握　学习制作数字放大特效的方法

即学即用　使用DIV布局科技网站
技术掌握　学习使用DIV进行网页布局的方法

即学即用　使用DIV+CSS布局公司网页
技术掌握　学习使用DIV+CSS布局公司网页的方法

课后练习　使用DIV布局网页
技术掌握　学习使用DIV布局网页的方法

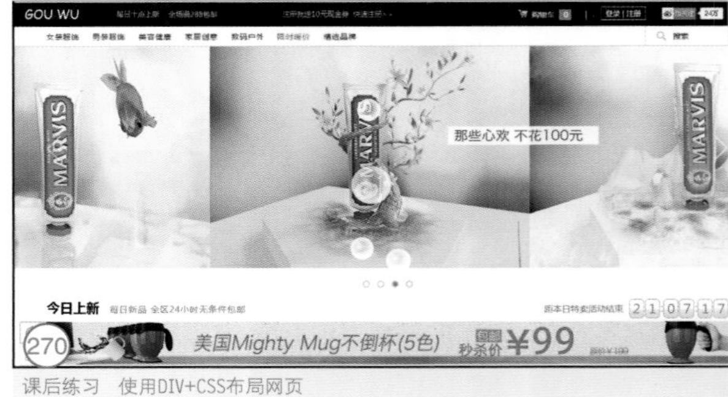

课后练习　使用DIV+CSS布局网页
技术掌握　学习使用DIV+CSS布局网页的方法

# 中文版 Dreamweaver CC 从入门到精通实用教程

微课版

余鹏 / 主编
洪晓芬 潘禄生 / 副主编

人民邮电出版社
北京

**图书在版编目（CIP）数据**

中文版Dreamweaver CC从入门到精通实用教程 : 微课版 / 余鹏主编. -- 北京 : 人民邮电出版社, 2019.2（2024.1重印）
ISBN 978-7-115-49633-1

Ⅰ. ①中… Ⅱ. ①余… Ⅲ. ①网页制作工具—教材
Ⅳ. ①TP393.092.2

中国版本图书馆CIP数据核字(2018)第235114号

## 内容提要

本书全面系统地介绍了 Dreamweaver CC 的基本功能，从最基础的知识开始讲解，以循序渐进的方式详细解读了站点的创建与管理、网页的基础操作、图像在网页中的应用、使用表格进行网页布局、使用多媒体丰富网页、网页中的超级链接、在网页中插入表单、模板和库的应用、行为在网页中的应用、HTML 代码的应用、CSS 样式表在网页中的应用、使用 DIV+CSS 布局网页等。

本书以“理论结合实例”的形式进行编写，共 13 章，包含 47 个实例（25 个即学即用+22 个课后习题）。每个实例都详细介绍了制作流程，图文并茂、一目了然、操作性极强，除此之外，每个章节都配有课后练习题，方便读者在学完当前章节后可通过习题进行深入学习、巩固知识，让读者学以致用。本书还附赠丰富的资源包，内容包括所有实战和商业案例的原始素材、实例效果、多媒体教学视频。

本书不仅可作为普通高等院校相关专业的教材，还可作为初中级读者的入门及提高参考书，尤其是零基础的读者。本书所有内容均采用中文版 Dreamweaver CC 进行编写，请读者注意。

◆ 主　　编　余　鹏
副 主 编　洪晓芬　潘禄生
责任编辑　刘　博
责任印制　彭志环

◆ 人民邮电出版社出版发行　　北京市丰台区成寿寺路 11 号
邮编　100164　　电子邮件　315@ptpress.com.cn
网址　https://www.ptpress.com.cn
涿州市般润文化传播有限公司印刷

◆ 开本：787×1092　1/16　　彩插：1
印张：17.5　　2019 年 2 月第 1 版
字数：451 千字　　2024 年 1 月河北第 2 次印刷

定价：79.80 元

读者服务热线：(010)81055256　印装质量热线：(010)81055316
反盗版热线：(010)81055315

# Dreamweaver CC

## 编写目的

Dreamweaver CC是Adobe公司推出的一款拥有可视化编辑界面，可用来制作并编辑网站和移动应用程序的网页设计软件。它将可视化布局工具、应用程序开发功能和代码编辑支持组合为一个功能强大的工具系统，使每个级别的开发人员和设计人员都可使用它快速地创建网页界面。

为帮助读者更有效地掌握所学知识，人民邮电出版社充分发挥在线教育方面的技术优势、内容优势和人才优势，潜心研究，为读者提供一种“纸质图书+在线课程”相配套，全方位学习Dreamweaver软件的解决方案，读者可根据个人需求，利用图书和“微课云课堂”平台上的在线课程进行碎片化、移动化的学习。

## 平台支撑

“微课云课堂”目前包含近50 000个微课视频，在资源展现上分为“微课云”“云课堂”两种形式。“微课云”是该平台中所有微课的集中展示区，读者可按需选择；“云课堂”是在现有微课云的基础上，为读者组建的推荐课程群，读者可以在“云课堂”中按推荐的课程进行系统化学习，或者将“微课云”中的内容进行自由组合，定制符合自己需求的课程。

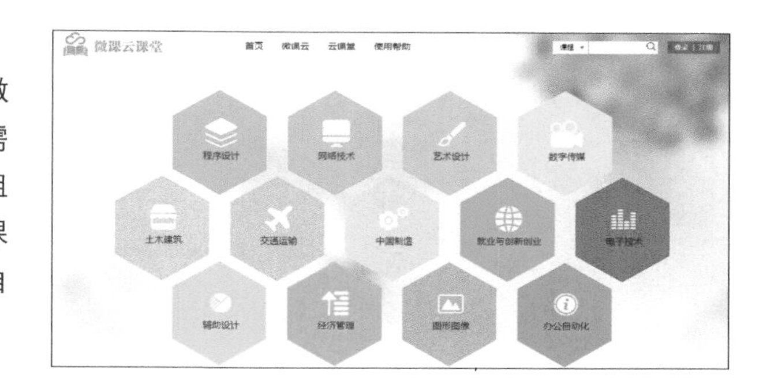


### ❖ “微课云课堂”主要特点

微课资源海量，持续不断更新：“微课云课堂”充分利用了出版社在信息技术领域的优势，以人民邮电出版社60多年的发展积累为基础，将资源经过分类、整理、加工以及微课化之后提供给用户。

资源精心分类，方便自主学习：“微课云课堂”相当于一个庞大的微课视频资源库，按照门类进行一级和二级分类，以及难度等级分类，不同专业、不同层次的用户均可以在平台中搜索自己需要或者感兴趣的资源。

多终端自适应，碎片化和移动化：绝大部分微课时长不超过10分钟，可以满足读者碎片化学习的需要；平台支持多终端自适应显示，除了在PC端使用，用户还可以在移动端随时随地进行学习。

### ❖ “微课云课堂”使用方法

扫描封面上的二维码或者直接登录“微课云课堂”（www.ryweike.com）→用手机号码注册→在用户中心输入本书激活码（84a03801），将本书包含的微课资源添加到个人账户，获取永久在线观看本课程微课视频的权限。

此外，购买本书的读者还将获得一年期价值168元VIP会员资格，可免费学习50 000个微课视频。

## 内容特点

全书共分为13章，第1章为Dreamweaver CC软件简介，第2~13章为操作软件的理论知识及案例制作。为了方便读者快速高效地学习和掌握Dreamweaver CC软件的知识，本书在内容编排上进行了优化，且内容按照“功能解析—随堂练习—思考与练习”这一思路进行编排。另外，本书还特意设计了很多“技巧与提示”和“技术链接”，千万不要跳读这些“小模块”，它们会给您带来意外的惊喜。

功能解析：结合实例对软件的功能和重要参数进行解析，让读者深入掌握该功能。

即学即用：通过作者精心安排的练习，读者能快速熟悉软件的基本操作和设计思路。

技巧与提示：本书设置要点提示这一环节，是为了帮助读者进一步拓展所学的知识，同时也讲解了一些实用技巧。

课后习题：可强化刚学完的重要知识。

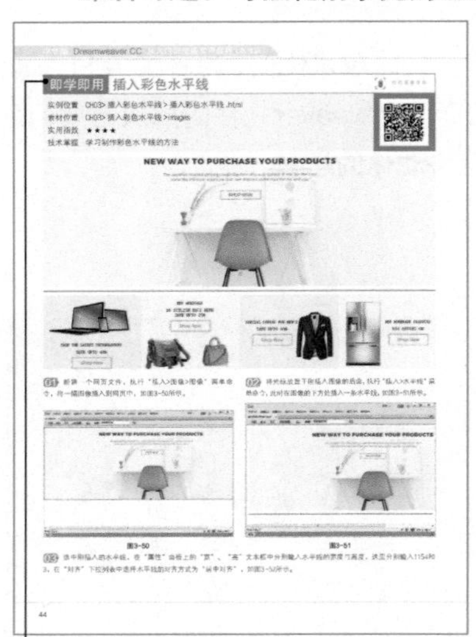

即学即用：通过作者精心安排的练习，读者能快速熟悉软件的基本操作和设计思路。

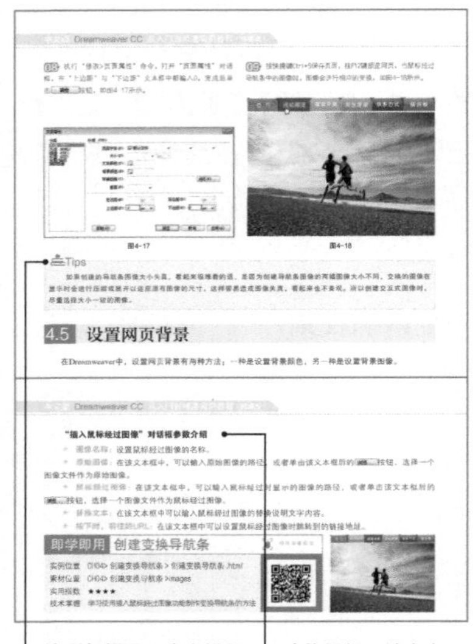

技巧与提示：本书设置了要点提示这一环节，主要目的是为了帮助读者进一步拓展所学的知识，同时也提供了一些实用技巧。

功能解析：结合实例对软件的功能和重要参数进行解析，让读者深入掌握该功能。

课后习题：可强化刚学完的重要知识。

## 资源下载

为方便读者线下学习以及教师教学，本书提供书中所有案例的微课视频、原始素材和实例效果文件，以及PPT课件等资料，用户请登录微课云课堂网站并激活本课程，进入右图所示界面，单击“下载方式一”链接进行下载。

本书由余鹏任主编，洪晓芬、潘禄生任副主编，余鹏编写第11~13章，洪晓芬编写第6~10章，潘禄生编写第1~5章。

编　者

2018年6月

# Dreamweaver CC

# 目录

CONTENTS

## 第01章 Dreamweaver CC基础入门 1



## 第02章 站点的创建与管理 19



## 第03章 网页的基础操作 29

CHAPTER

# 01 Dreamweaver CC基础入门

本章主要向读者介绍网页与网站的关系、常见的网站类型、Dreamweaver CC的启动与退出方法以及Dreamweaver CC首选参数的设置方法。希望通过本章内容的学习，读者能认识Dreamweaver CC的工作环境、掌握Dreamweaver CC首选参数的设置以及标尺、网格与辅助线的应用。

* 认识网页与网站
* 网络基本术语
* 常见的网站类型
* Dreamweaver CC的启动与退出
* Dreamweaver CC的工作界面
* 设置首选参数
* 可视化辅助工具

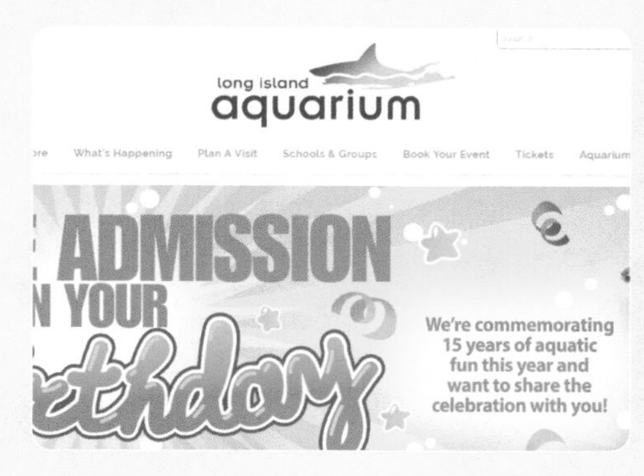

# 1.1 认识网页与网站

网页（WebPage)是通过网络发布的包含文本、声音、图像等多媒体信息的页面。网页是一个实实在在的文件，它存储在被访问的网站服务器上，通过网络进行传输，被浏览器解析和显示。网站是网页的集合，是用来进行网络交流，信息资源共享的平台。

## 1.1.1 什么是网页

网页是一个包含HTML（超文本标记语言）标签的纯文本文件，它是构成网站的基本元素。网页一般分为静态网页和动态网页。

静态网页是标准的HTML文件，它是采用HTML编写的，通过HTTP（超文本传输协议）在服务端和客户端之间传输的纯文本文件，其扩展名为.html或.htm。

动态网页在许多方面与静态网页是一致的。它们都是无格式的ASCII码文件，都包含HTML代码，都可以包含用脚本语言（如JavaScript或VBScript）编写的程序代码，都存放在Web服务器上，收到客户请求后都会把响应信息发送给Web浏览器。由于采用Web应用技术的不同，动态网页文件的扩展名会不同。例如，文件若使用ASP（Active Server Pages）技术，动态网页的扩展名是.asp；若使用JSP（Java Server Pages）技术，动态网页扩展名是.jsp。

将设计好的静态网页放置到Web服务器上，即可对其进行访问，若不对其进行修改或更新，这种网页将保持不变，因此称之为静态网页。实际上，静态网页从呈现形式上可能不是静态的，它可以包含翻转图像、GIF动画或Flash动画等，如图1-1所示。此处所说的静态是指在发送给浏览器之前不再进行修改。

图1-1

不管是访问静态网页还是动态网页，客户都需要使用网页浏览器（如IE或Navigator），在地址栏中输入要访问网页的统一资源定位器（URL，即通常所说的网址）并发出访问请求，才能看到浏览器所解释并呈现的网页内容。

URL用来标明访问对象，它由协议类型、主机名、路径及文件名组成。格式为：协议类型://主机名/目录/…/文件名。更多时候，访问网站的URL中并不包含文件路径及文件名。例如，访问网易网站时，只需输入http://www.163.com即可，如图1-2所示。这是由于主机在解释URL时，若发现URL没有指明具体文件，则认为它要访问默认的页面，http://www.163.com实际上就被解释为http://www.163.com/index.html。

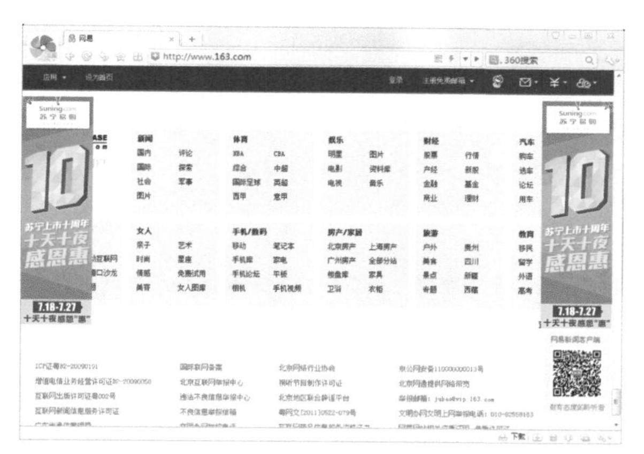


图1-2

网页和主页（Home Page）是两个不同的概念。一个网站中主页只有1个，而网页可能有成千上万个，人们通常所说的主页是指访问网站时看到的第1页，即首页。首页的名称是由网站建设者所指定的，一般为index.htm、index.html、default.htm、default.html、default.asp、index.asp等。图1-3和图1-4所示为某动物园网站的静态首页和某儿童网站的动态首页。

图1-3

图1-4

## 1.1.2 网页与网站的关系

一个完整的网站是由多个网页构成的，这些网页是分别独立的，独立的网页通过超级链接联系起来。超级链接的目标可以是另外一个网页，也可以是同一网页的不同位置。网站可以看作是许多网页的家，浏览者可以通过浏览器访问网站的地址后，读取这个网站内的网页。

网页是网站的基本信息单位，一个网站通常由众多的网页有机地组织起来，用来为网站用户提供各种各样的信息和服务。网页的设计必须考虑它们与网站的内在联系，是否符合网络技术的特点，是否体现了网站的功能。而这一点正是传统的设计所不曾有的问题。网页设计师必须深入理解网络技术的特点，了解网站与网页的关系，才能发挥出专业基础的优势，设计出精彩的网页。

Tips

**网页是由许多HTML文件集合而成，至于要多少网页集合在一起才能称作网站，这没有硬性规定，即使只有一个网页也能被称为网站。**

# 1.2 网络基本术语

前面已经介绍了网页的一些基本常识，这里就一些常用的网络术语做详细介绍，以方便读者学习后面的内容。

## 1.2.1 域名

域名相当于我们写信时的地址。简单地说，在浏览一个网站时，首先要在浏览器的地址栏中输入对应的网址，如http://www.163.com，该网址中的163.com就是网易网站的域名。域名在互联网上具有唯一性。

## 1.2.2 HTTP

超文本传输协议（HyperText Transfer Protocol，HTTP）是WWW服务器使用的主要协议，所有的WWW文件都必须遵守这个协议。此外，我们有时也会看到HTTPS这种协议。它是一种具有安全性的SSL加密传输协议，需要到电子商务认证授权机构（Certificate Authority，CA）申请证书。

## 1.2.3 FTP

FTP是网络上主机之间进行文件传输的用户级协议。

## 1.2.4 超级链接

超级链接是网络的联系纽带，用户通过网页中的超级链接可以在互联网上畅游，而不受任何阻隔。在网页中，超级链接体现最为明显的就是导航栏，它是网站中用于引导浏览者浏览本网站的基础目录。

## 1.2.5 站点

站点是网页设计人员在制作网站时，为了方便对同一个目录下的内容相互调用而创建的一个文件夹，主要用来管理网站的内容。一个网站可以包含一个站点，如个人网站、企业网站等；也可以包含若干站点，如新浪、网易、搜狐等大型门户网站。

# 1.3 常见的网站类型

根据网站用途的不同，可以将网站分为以下几类。

## 1.3.1 门户网站

门户网站是指共享某类综合性互联网信息资源并提供有关信息服务的应用系统，是涉及领域非常广泛的综合性网站，如图1-5所示。

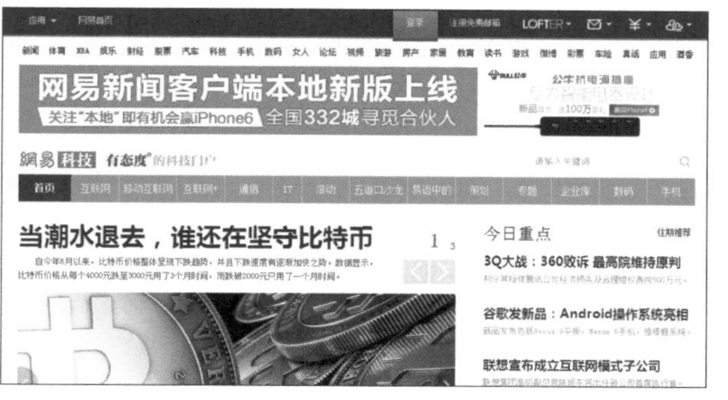


图1-5

## 1.3.2 企业网站

企业网站即企业门户，其拥有丰富的资讯信息和强大的搜索引擎功能，如图1-6所示。

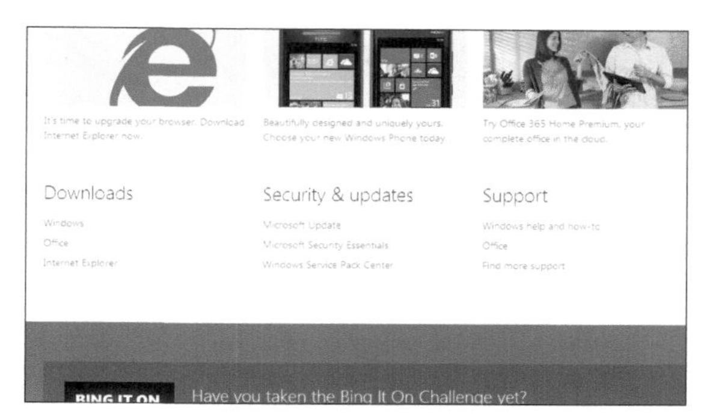


图1-6

## 1.3.3 个人网站

个人网站就是由个人开发建立的网站，它在内容形式上具有很强的个性化，通常用来宣传自己或展示个人的兴趣爱好，如图1-7所示。

图1-7

## 1.3.4 娱乐网站

娱乐网站大都是以提供娱乐信息和娱乐服务为主的网站，如在线游戏网站、电影网站和音乐网站等，它们可以提供丰富多彩的娱乐内容。这类网站的特点非常显著，通常色彩鲜艳明快，内容综合，多配以大量图片，设计风格或轻松活泼、或时尚另类，如图1-8所示。

图1-8

## 1.3.5 机构网站

机构网站通常指政府机关、非营利性机构或相关社团组织建立的网站。这类网站在互联网中十分常见，如学术组织网站、教育网站、机关网站等，都属于这一类型。这类网站的风格通常与其组织所代表的意义相一致，一般采用较常见的布局和配色方式，如图1-9所示。

图1-9

### ↘1.3.6 电子商务网站

电子商务网站就是企业、机构或者个人在互联网上建立的一个站点，是企业、机构或者个人开展电子商务的基础设施和信息平台，是实施电子商务的交互窗口，是从事电商的一种手段。图1-10所示就是电子商务网站。

图1-10

## 1.4 Dreamweaver CC的启动与退出

Dreamweaver CC是Adobe公司推出的一款拥有可视化编辑界面，用于制作并编辑网站和移动应用程序的网页设计软件。它将可视布局工具、应用程序开发功能和代码编辑支持组合为一个功能强大的工具系统，使每个级别的开发人员和设计人员都可利用它快速创建网页界面。在计算机中安装了Dreamweaver CC之后，就可以启用该软件进行网页制作了。

下面介绍启动与退出Dreamweaver CC的方法。

### ↘1.4.1 启动Dreamweaver CC

启动Dreamweaver CC有以下两种方法。

第1种：在计算机桌面的左下角单击“开始”菜单按钮，然后在“程序”菜单中单击Adobe Dreamweaver CC，即可启动Dreamweaver CC。

第2种：双击桌面上的快捷启动图标Dw。

当初次启动Dreamweaver CC时，软件显示的是“设计器”界面布局，这个工作界面包括菜单栏、欢迎屏幕和“属性”面板，如图1-11所示。

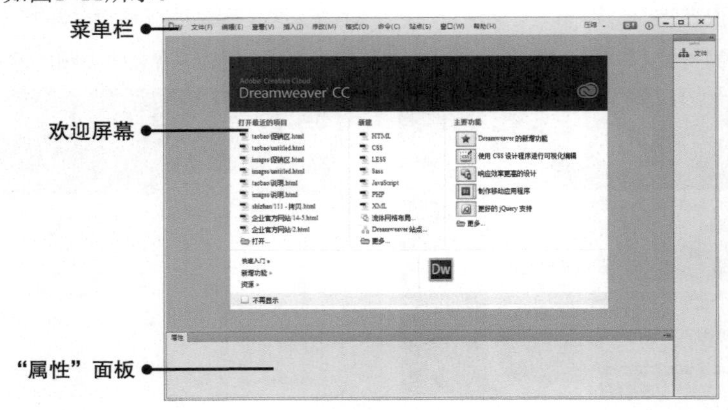


图1-11

欢迎屏幕包含4个栏目，分别是“打开最近的项目”“新建”“主要功能”以及“快速入门”等帮助链接，如图1-12所示。

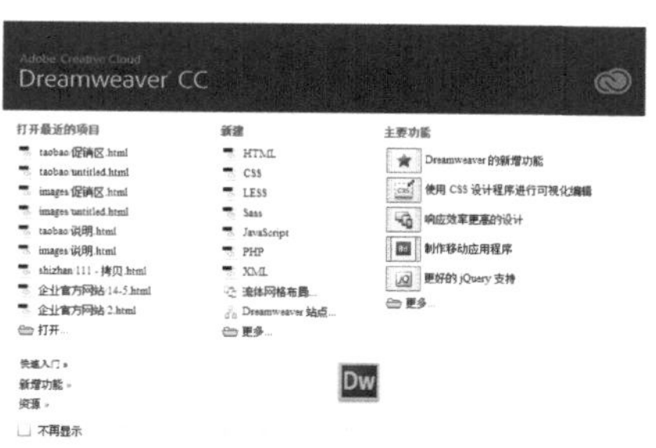

图1-12

欢迎屏幕中4个栏目的含义如下。

* 打开最近的项目：这里将显示用户最近编辑过的页面或站点，用鼠标左键单击项目名称，就可以打开相应的项目文件。
* 新建：快速创建新的文件，有多种文件类型可供用户选择。
* 主要功能：提供Dreamweaver CC最热门的功能介绍，并链接到Adobe官网上提供的网络视频。
* 快速入门：为用户提供一些软件使用方面的帮助信息。

如果不需要显示欢迎屏幕，可以勾选欢迎屏幕最下面的“不再显示”复选框，则下次启动Dreamweaver CC时，欢迎屏幕就不会再出现。

### 1.4.2 退出Dreamweaver CC

若要退出Dreamweaver CC，可以采用以下几种方式。

第1种：单击Dreamweaver CC程序窗口右上角的 × 按钮。

第2种：执行“文件>退出”菜单命令。

第3种：双击Dreamweaver CC程序窗口左上角的Dw图标。

第4种：按Alt+F4快捷键。

## 1.5 Dreamweaver CC的工作界面

启动Dreamweaver CC后，系统默认的工作界面如图1-13所示，下面分别对每个组成部分进行详细介绍。

图1-13

## ↘1.5.1 菜单栏

Dreamweaver CC菜单栏上共有10个菜单，分别是“文件”菜单、“编辑”菜单、“查看”菜单、“插入”菜单、“修改”菜单、“格式”菜单、“命令”菜单、“站点”菜单、“窗口”菜单和“帮助”菜单。

## ↘1.5.2 工具栏

使用工具栏中的视图工具可以在文档的不同视图之间进行切换，如“代码”视图、“设计”视图等，如图1-14所示。

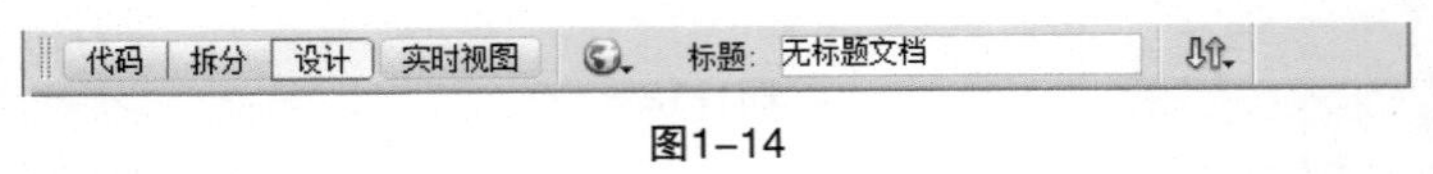


图1-14

**工具栏参数介绍**

* “代码”按钮代码：单击该按钮，仅在文档窗口中显示和修改HTML源代码。
* “拆分”按钮拆分：单击该按钮，可在文档窗口中同时显示HTML源代码和页面的设计效果。
* “设计”按钮设计：单击该按钮，仅在文档窗口中显示网页的设计效果。
* “实时视图”按钮实时视图：单击该按钮，可模拟在浏览器中看到的效果。
* “在浏览器中预览/调试”按钮：单击该按钮，可通过浏览器来预览网页文档。
* “标题“文本框标题: 无标题文档：在该文本框中可输入要在浏览器上显示的文档标题。
* “文件管理”按钮：单击该按钮，可管理站点中的文件，包括“上传”“取出”等。

## ↘1.5.3 文档窗口

文档窗口又称文档编辑区，主要用来显示或编辑文档，其显示模式有3种：代码视图（见图1-15）、拆分视图（见图1-16）、设计视图（见图1-17）。

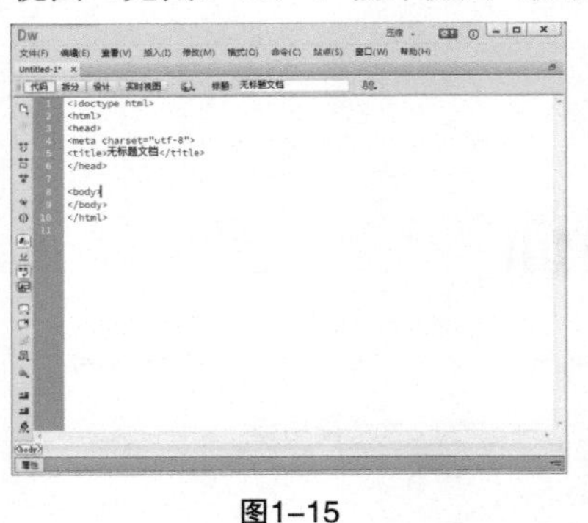

图1-15

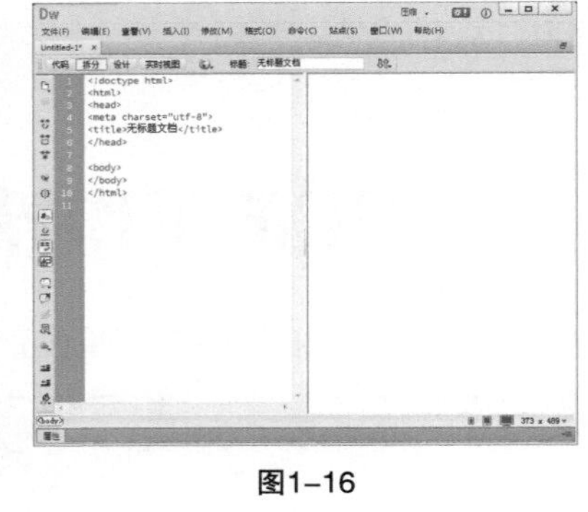

图1-16

图1-17

## ↘1.5.4 “属性”面板

“属性”面板位于状态栏的下方，主要用来设置页面上正被编辑内容的属性，如图1-18所示。用户可以通过执行“窗口>属性”菜单命令或按Ctrl+F3快捷键的方式打开或关闭“属性”面板。

根据当前选定内容的不同，“属性”面板中所显示的属性也会不同。在大多数情况下，对属性所做的更改会即时应用到文档窗口中，但有些属性则需要在“属性”文本框外单击鼠标左键或按下Enter键才会有效。

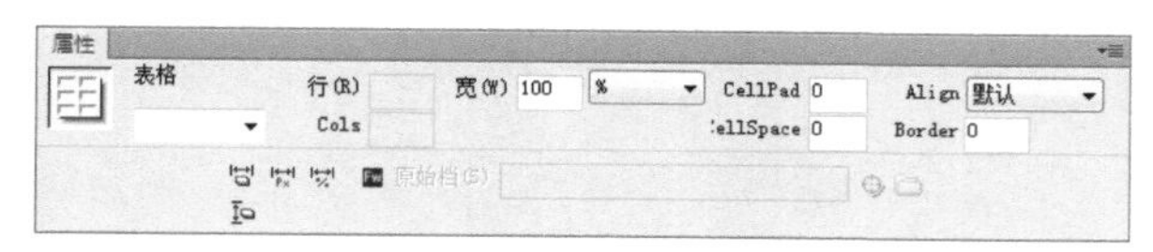

图1-18

Tips

不是所有的属性都会显示在“属性”面板中。在少数情况下，某些不重要的属性在展开的“属性”面板中也有可能不会显示，这时，可以使用“代码”视图或者“代码”检查器手动对这些属性进行编辑。

### 1.5.5 面板组

在Dreamweaver CC中，面板组都嵌入到了操作界面中。面板组位于工作界面的右侧，用于帮助用户监控和修改工作，如图1-19所示。在面板中对相应的文档进行编辑操作时，效果会同时显示在窗口中，从而更有利于用户对页面的编辑。

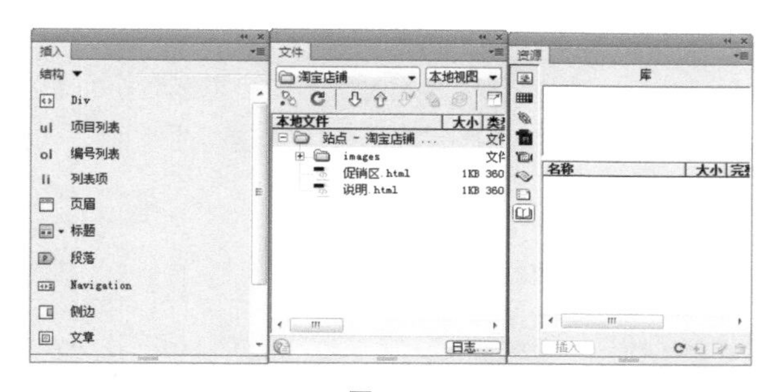

图1-19

## 1.6 设置首选参数

在Dreamweaver CC中，通过设置参数可以改变Dreamweaver界面的外观及面板、站点、字体等对象的属性特征。首选参数的类别比较多，这里将选择一些常用的类型进行介绍。

### 1.6.1 常规参数

执行“编辑>首选项”菜单命令，打开“首选项”对话框，选择“分类”列表框中的“常规”选项，如图1-20所示。

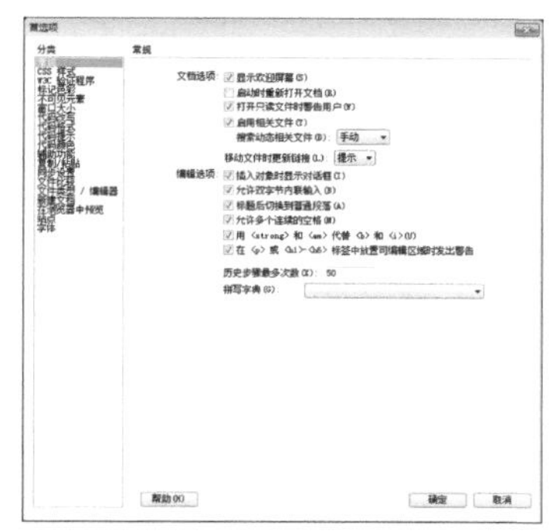

图1-20

按Ctrl+U快捷键可以快速打开“首选项”对话框。

**参数详解**

* 显示欢迎屏幕：选中该复选框，Dreamweaver在启动时将显示欢迎屏幕。
* 启动时重新打开文档：确定以前编辑过的文档在再次启动Dreamweaver后是否重新打开。
* 打开只读文件时警告用户：设置在打开只读文件时是否提示该文件为只读文件。
* 启用相关文件：选择该复选框，将会在打开网页文件时启用相关的文件。
* 移动文件时更新链接：设置移动文件时是否更新文件中的链接。
* 插入对象时显示对话框：该复选框用于决定在插入图片、表格、Shockwave电影及其他对象时，是否弹出对话框。若不选中该复选框，则不会弹出对话框，这时只能在“属性”面板中设置图片的源文件、表格行数等。
* 允许双字节内联输入：选中该复选框，就可以在文档窗口中直接输入双字节文本；不选中该复选框，则会出现一个文本输入窗口，用于输入和转换文本。
* 标题后切换到普通段落：选中该复选框，输入的文本中可以包含多个空格。
* 允许多个连续的空格：选中该复选框，就可以输入多个连续的空格。

在输入法为全角状态下，也能输入多个连续的空格。

* 用<strong>和<em>代替<b>和<i>：选中该复选框，代码中的<b>和<i>将分别用<strong>和<em>代替。
* 在<p>或<h1>–<h6>标签中放置可编辑区域时发出的警告：指定在Dreamweaver中保存一个段落或标题标签内具有可编辑区域的Dreamweaver模板时是否发出警告信息，该警告信息会通知用户无法在此区域创建更多段落。
* 历史步骤最多次数：用于设置“历史”面板所记录的步骤数目，如果步骤数超过了这里设置的数目，则“历史”面板中前面记录的步骤就会被删掉。
* 拼写字典：该下拉列表框用于检查所建立文件的拼写，默认为英语（美国）。

## 1.6.2 代码格式

选择“分类”列表框中的“代码格式”选项，可以对代码的格式进行设置，如图1-21所示。

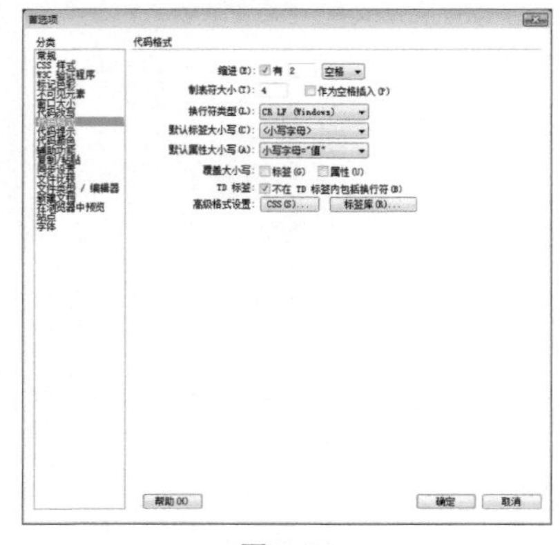


图1-21

**参数详解**

* 缩进：在Dreamweaver CC中，对于HTML标签的默认缩进值为两个空格，用户也可以根据需要自行设置。
* 制表符大小：在文本框中可以设置制表符的大小。
* 换行符类型："换行符类型"选项决定了哪种换行符会被添加到页面上。不同的操作系统使用的换行符也是不同的，Mac使用Carriage Return（CR），UNIX使用Line Feed（LF），而Windows使用CR和LF。如果知道远程服务器的类型，则可以选择正确的换行符类型以确保源代码在远程服务器上能够正确地显示。单击"换行符类型"右侧的下拉按钮，在弹出的下拉列表中可以选择所使用的操作系统。
* 默认标签大小写：设置标签的大小写。
* 默认属性大小写：设置属性的大小写。在Dreamweaver CC中，系统对标签和属性的默认设置为小写。
* 覆盖大小写：勾选"标签"复选框或"属性"复选框后，此后使用Dreamweaver CC打开的每个文档中的所有标签或属性也将转换为指定的大小写。
* TD标签：选择该复选框可以保证在<td>标签内没有换行符。
* 高级格式设置：可以设置CSS与标签库。

## 1.6.3 代码颜色

选择"分类"列表框中的"代码颜色"选项，其参数如图1-22所示。

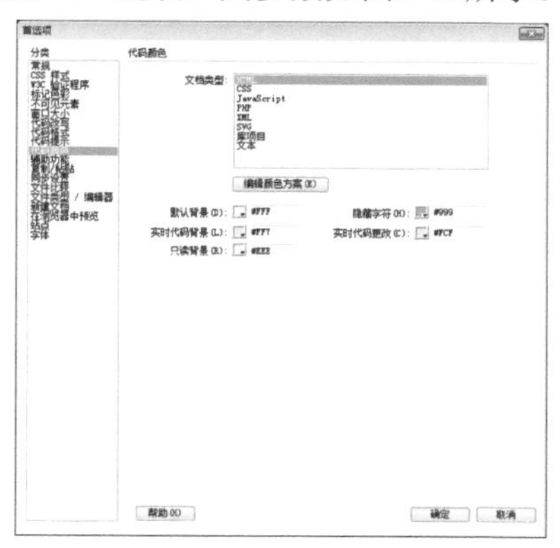

图1-22

**参数详解**

* 文档类型：单击"编辑颜色方案"按钮，可以打开"编辑HTML的颜色方案"对话框，如图1-23所示，通过该对话框可以修改Dreamweaver代码的颜色。

图1-23

* 默认背景：修改默认代码视图的背景颜色。
* 实时代码背景：修改实时代码的背景颜色。
* 只读背景：编辑只读背景颜色。
* 隐藏字符：修改隐藏字符的背景颜色。
* 实时代码更改：编辑实时代码的背景颜色。

## ↘1.6.4 复制/粘贴

选择“分类”列表框中的“复制/粘贴”选项，其参数如图1-24所示。Dreamweaver CC在处理文本时加强了它的复制和粘贴的功能。一段任意的文本文档被复制后（包含来自Microsoft Office的文本），都能粘贴到Dreamweaver CC中，并且Dreamweaver CC自动将其格式转化为HTML格式。

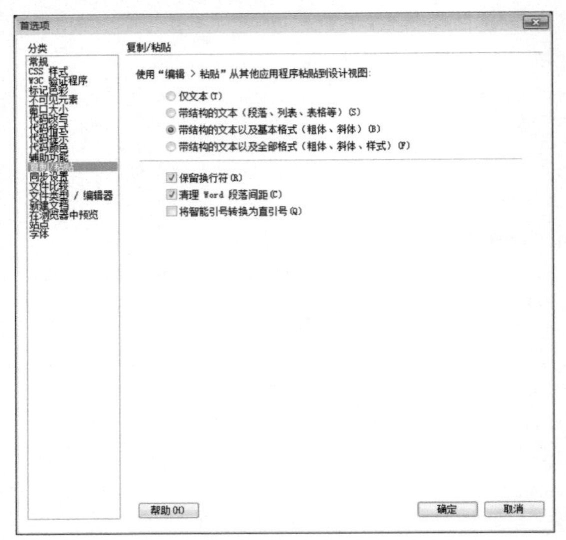


图1-24

**参数详解**

* 仅文本：粘贴无格式的纯文本。
* 带结构的文本：粘贴文本并保留结构，但不保留基本格式设置，如列表、段落、分行和间隔。
* 带结构的文本以及基本格式：粘贴简单的格式化文本，如粗体、斜体和下画线。如果文本是从HTML文档中复制的，粘贴的文本将保留所有的HTML文本类型标签，包括<b>、<i>、<u>、<strong>、<em>、<abbr>和<acronym>。
* 带结构的文本以及全部格式：粘贴文本并保留所有结构和格式。
* 保留换行符：复制/粘贴时保留文本换行符。
* 清理Word段落间距：从Word中复制文本时会清除相关文本的段落间距。
* 将智能引号转换为直引号：勾选该复选框时，可以把智能引号转换为直引号。

## ↘1.6.5 在浏览器中预览

选择“分类”列表框中的“在浏览器中预览”选项，其参数如图1-25所示。此时该对话框中将显示当前定义的主浏览器和次浏览器以及它们的参数设置。

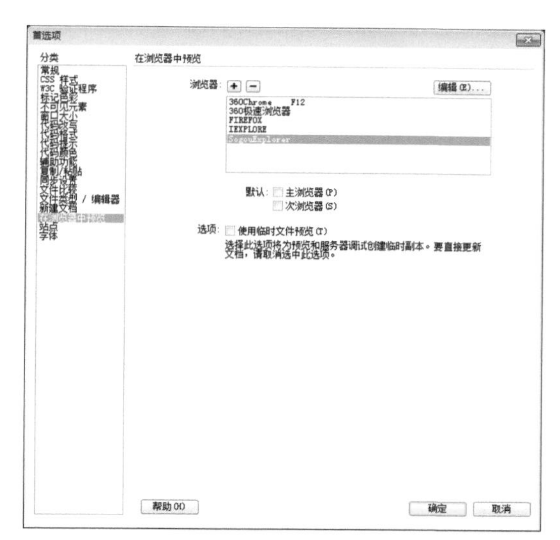


图1-25

**参数详解**

＊ “添加”按钮+：单击该按钮，可以在“浏览器”列表框中添加新的浏览器。

＊ “删除”按钮−：选择要删除的浏览器，单击该按钮，即可将选中的浏览器删除。

＊ “编辑”按钮编辑(E)...：若要更改选定浏览器的设置，可以单击该按钮进行更改。

＊ 默认：通过勾选“主浏览器”或“次浏览器”复选框，可以指定所选浏览器是主浏览器还是次浏览器。

＊ 使用临时文件预览：勾选此复选框，预览时Dreamweaver CC将创建用于预览和服务器调试的临时文件。如果要直接更新当前文档，则不需要勾选此复选框。

## ↘1.6.6 字体

在Dreamweaver中，可以为新文件设置默认字体或者对新字体进行编辑。选择“分类”列表中的“字体”选项，其参数如图1-26所示。

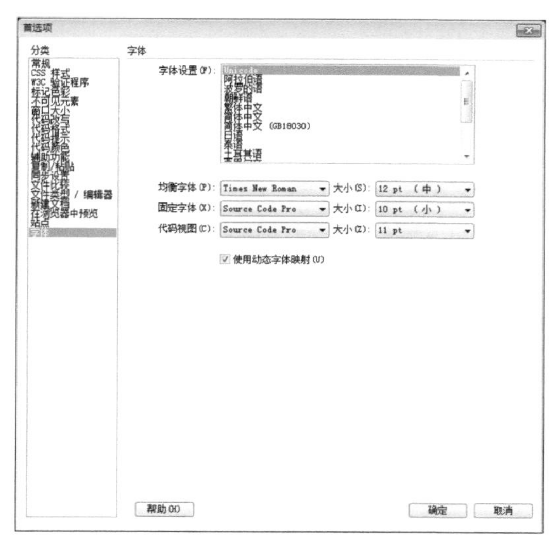


图1-26

**参数详解**

* 字体设置：设置Dreamweaver文件中可以使用的字体。
* 均衡字体：设置在正规文本中使用的字体，如段落、标题及表格中的文本。默认字体为系统已经安装的字体。
* 固定字体：设置在<pre>、<code>及<tt>标记中使用的字体。
* 代码视图：设置“代码”面板中文本的字体，默认字体与“固定字体”相同。
* 使用动态字体映射：勾选该复选框可以定义模拟设备时所使用的设备字体。在网页文件中，用户可以指定通用设备字体，如sans、serif 或 typewriter。Dreamweaver CC会在运行时自动尝试将选定的通用字体与设备上的可用字体相匹配。

# 1.7 可视化辅助工具

为了更准确、方便地使用Dreamweaver制作出精美的网页，该软件还为用户提供了几种可视化的辅助工具，如标尺、网格等。

## 1.7.1 标尺工具

使用标尺可以精确地计算所编辑网页的宽度和高度，还可以计算页面中图片、文字等页面元素与网页的比例，使网页能更符合浏览器的显示要求。标尺显示在页面的左边框和上边框中，以像素、英寸或厘米为单位，默认情况下标尺使用的单位是像素。

使用标尺的相关操作如下。

执行“查看>标尺>显示”菜单命令，可以在文档窗口中显示或关闭标尺，如图1-27所示。

图1-27

标尺原点的默认位置在Dreamweaver窗口设计视图的左上角，用户可以将标尺原点图标拖曳至页面的任意位置，如图1-28所示。

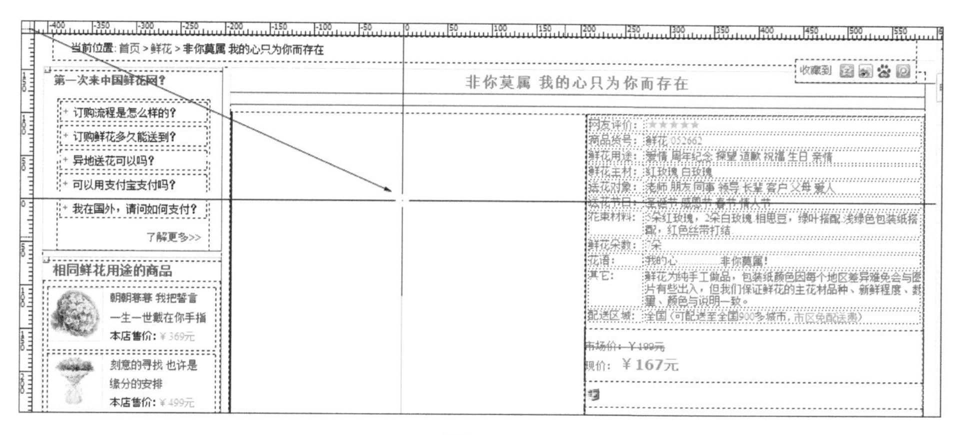


图1-28

若要将原点重设到它的默认位置，执行“查看>标尺>重设原点”菜单命令即可，如图1-29所示。若要改变标尺的单位，可以执行“查看>标尺>像素”菜单命令。

图1-29

## ↘1.7.2 网格工具

网格是网页设计师在“设计”视图中对层进行绘制、定位或大小调整的可视化向导。通过对网格的操作可以让页面元素在移动时自动靠齐到网格，还可以通过指定网格设置更改网格或控制其靠齐方式。

使用网格会使页面布局更加方便，使用网格的操作方法如下。

执行“查看>网格设置>显示网格”菜单命令，将会在文档窗口中显示或关闭网格，如图1-30所示。

图1-30

执行“查看>网格设置>网格设置”菜单命令，打开如图1-31所示的“网络设置”对话框，可以对网格进行设置。

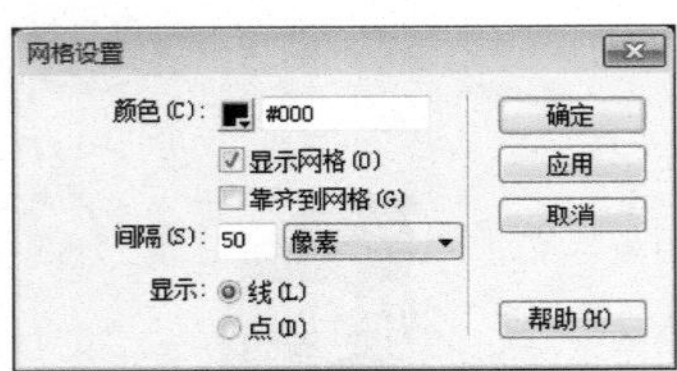


图1-31

**“网格设置”对话框参数介绍**

* 颜色：单击“颜色”选项框，可以在弹出的调色板选择不同的网格颜色。
* 显示网格：勾选该复选框，可以使网格在“设计”视图中可见。
* 靠齐到网格：勾选该复选框，网格中的层就能自动靠齐到网格。
* 间隔：用来控制网格线的间距，在其下拉列表框中可以为间距设置度量单位，有“像素”“英寸”和“厘米”选项可供选择，默认的网格间距是50像素。
* 显示：包括“线”和“点”两种方式，用于设置网格线以线或点的形式进行显示。

**如果未选择“显示网格”复选框，网格将在视图中不可见。**

## 1.7.3 辅助线工具

辅助线通常与标尺配合使用，通过文档中辅助线与标尺的对应，使用户更精确地对文档中的网页对象进行调整和定位。

使用辅助线的操作方法如下。

执行“查看>辅助线>显示辅助线”菜单命令，使辅助线呈可显示状态，然后在文档上方的标尺中向文档拖曳鼠标，即可创建出文档的辅助线，如图1-32所示。

图1-32

使用同样的方法，拖曳出其他水平和垂直辅助线，然后用鼠标对辅助线的位置进行调整，如图1-33所示。

图1-33

**Tips**

**如果不需要某条辅助线，可以使用鼠标将其拖曳到网页文档外，即可将其删除。如果不需要使用辅助线，执行“查看>辅助线>清除辅助线”菜单命令，可以将文档中的辅助线全部清除。**

执行“查看>辅助线>编辑辅助线”菜单命令，打开如图1-34所示的对话框，可以对辅助线进行设置。

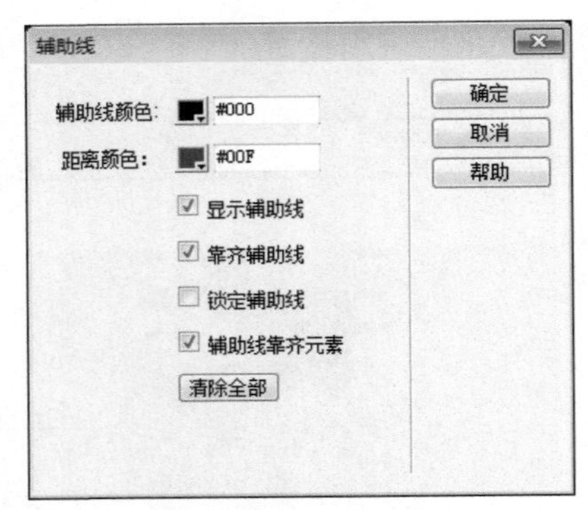


图1–34

**“辅助线”对话框参数介绍**

* 辅助线颜色：单击“颜色”选项框，在弹出的调色板中可以选择不同的辅助线颜色。
* 距离颜色：当用户把鼠标指针保持在辅助线之间时，将显示一个作为距离指示器的线条，该参数就是用来设置这个线条的颜色。
* 显示辅助线：勾选该复选框，可以使辅助线在“设计”视图中可见。
* 靠齐辅助线：勾选该复选框，可以使页面元素在页面中移动时靠齐辅助线。
* 锁定辅助线：勾选该复选框，可以将辅助线锁定在适当位置。
* 辅助线靠齐元素：勾选该复选框，拖曳辅助线时将辅助线靠齐页面上的元素。
* “清除全部”按钮清除全部：单击该按钮，可清除页面中所有的辅助线。

## 1.8 章节小结

本章向读者介绍了常用网络术语、网站的常见类型，然后介绍了网页设计工具Dreamweaver CC的工作界面，最后介绍了标尺、网格与辅助线的应用，使初学者对网站建设有一个大致的了解，为以后的学习打好基础。

CHAPTER

# 02 站点的创建与管理

合理地规划站点，不但可以使网站的结构更清晰有序，而且对网站的开发和后期维护都起着非常重要的作用。本章主要介绍站点创建、管理与上传的方法。通过本章的学习，读者可以了解站点的规划原则，掌握站点的创建方法。

* 站点的规划
* 认识站点面板
* 导出和导入站点
* 管理站点

# 2.1 站点的规划

站点就是放置网站上所有文件的地方。在Dreamweaver CC中，站点包括远程站点和本地站点。远程站点是指位于Internet服务器上的站点，本地站点是指位于本地计算机上的站点。合理地规划站点，不仅可以使网站的结构清晰、有序，而且有利于网站的开发和后期维护。

一般来说，规划站点应遵循以下规则。

## 2.1.1 文档分类保存

如果是一个复杂的站点，它包含的文件会有很多，而且各类型的文件内容上也不尽相同。为了能合理地管理文件，需要将文件分门别类地存放在相应的文件夹中。如果将所有文件都存放在一个文件夹中，当站点的规模越来越大时，管理起来就会非常困难。

用文件夹合理构建文档的结构时，应该先为站点在本地磁盘上创建一个根文件夹。在此文件夹中，可分别创建多个子文件夹，如网页文件夹、媒体文件夹、图像文件夹等。再将文件放入相应的文件夹中。而站点中的一些特殊文件，如模板、库等最好存放在系统默认创建的文件夹中。

## 2.1.2 合理命名文件名称

为了方便管理，文件和文件夹的名称必须用文字描述清楚，特别是在网站的规模变得很大时，容易理解的文件名，让人们一看就能明白网页描述的内容；否则，随着站点中文件的增多，不易理解的文件名会影响用户的工作效率。

Tips

**应尽量避免使用中文文件名，因为很多Internet服务器使用的是英文操作系统，不能对中文文件名提供很好的支持，但是可以使用汉语拼音。**

## 2.1.3 本地站点与远程站点结构统一

在设置本地站点时，应尽量保持本地站点与远程站点的结构一致。将本地站点上的文件上传到服务器上时，可以保证远程站点是本地站点的完整复制，这样既可以避免出错，又便于对远程站点的调试与管理。

# 2.2 认识站点面板

站点面板即“文件”面板，包含在“文件”面板组中，默认情况下位于浮动面板停靠区，如果该区域无“文件”面板，可执行“窗口>文件”菜单命令（或按F8键）将其打开，站点面板的结构如图2-1所示。

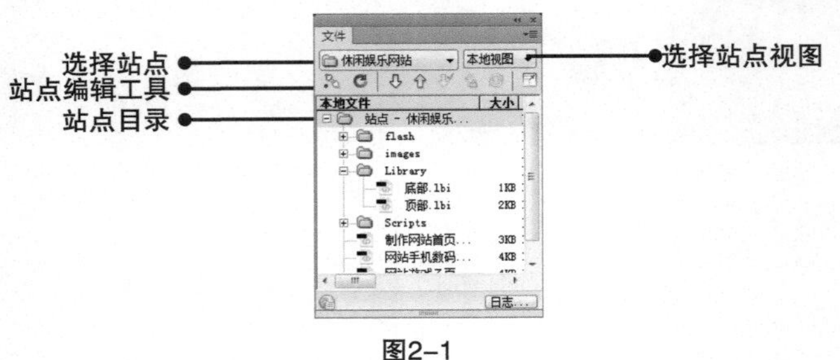


图2-1

**站点面板参数介绍**

* 休闲娱乐网站：在该下拉列表中可以选择已建立的站点，如图2-2所示。

图2-2

* 本地视图：在该下拉列表中可以选择站点视图的类型，包括本地视图、远程服务器、测试服务器和存储库视图4种类型，如图2-3所示。

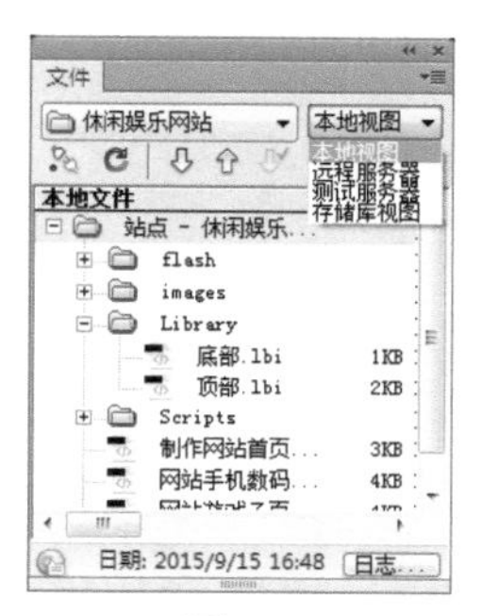

图2-3

* 连接到远程服务器：连接到远程站点或断开与远程站点的连接。
* 刷新：用于刷新本地与远程站点的目录列表。
* 从“远程服务器”获取文件：将文件从远程站点或测试服务器复制到本地站点。
* 向“远程服务器”上传文件：将文件从本地站点复制到远程站点或测试服务器。
* 取出文件：将远程服务器中的文件下载到本地站点，此时该文件在服务器上的标记为取出。
* 存回文件：将本地文件传输到远程服务器上，并且可供他人编辑，而本地文件为只读属性。
* 与“远程服务器”同步：可以同步本地和远程文件夹之间的文件。
* 展开以显示本地和远端站点：用于扩展“文件”面板为双视图，如图2-4所示。

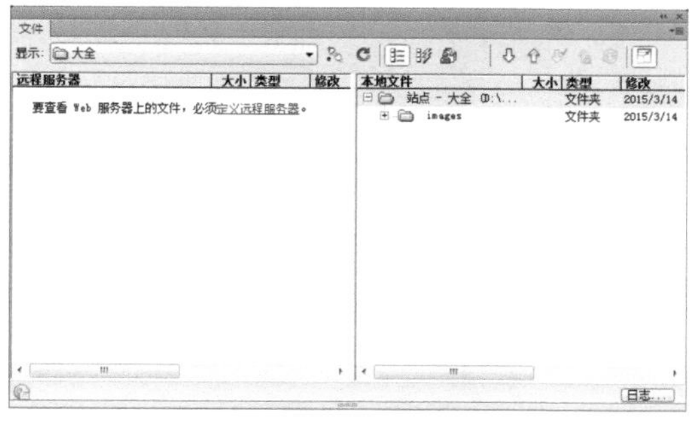

图2-4

## 即学即用 创建我的第一个站点

实例位置 CH02> 创建我的第一个站点 > first web

素材位置 无

实用指数 ★★★

技术掌握 学习创建站点的方法

01 在计算机硬盘上创建一个名为first web的文件夹，然后在first web文件夹里创建一个名为images的文件夹，用来存放网站中用到的图像文件。

02 启动Dreamweaver CC，执行“站点>新建站点”菜单命令，打开“站点设置对象web1”对话框，在“站点名称”文本框中输入web1，如图2-5所示。

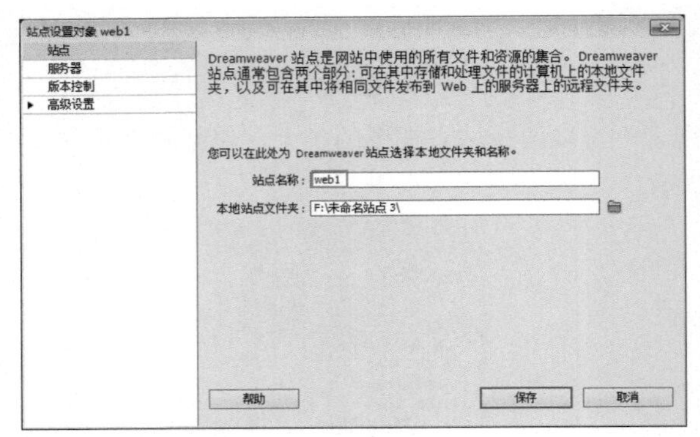


图2-5

03 在“本地站点文件夹”文本框中输入刚才创建好的first web文件夹的路径，如图2-6所示。也可以单击后面的文件夹图标，进行浏览选择。

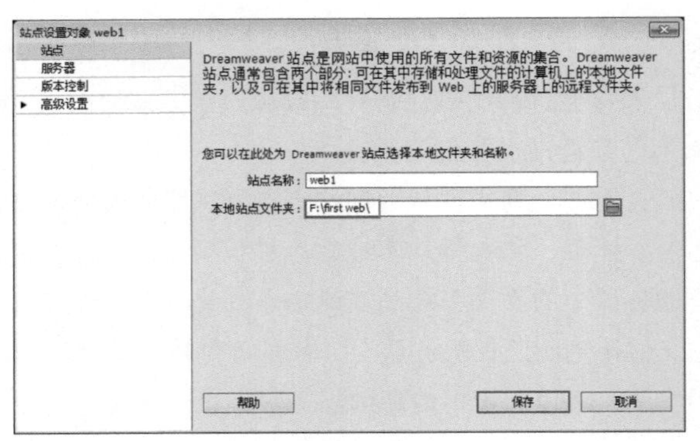


图2-6

04 完成所有设置后，单击 保存 按钮，完成站点的建立。这时在“文件”面板中将出现建立好的站点列表，如图2-7所示。

图2-7

Tips

如果创建站点时没有指明本地根文件夹，Dreamweaver会默认把站点文件存储在系统上的“我的文档”中。建议不要使用默认设置，如果用户的计算机操作系统出现问题需要重装，而又忘记备份网站文件的话，那么就可能导致文件丢失。

# 2.3 导出和导入站点

使用Dreamweaver可以将站点导出为ste文件，然后将其导入回Dreamweaver，这样就可以在各计算机和产品版本之间移动站点。最好定期导出站点，如果该站点出现意外，也还有它的备份副本可用。一般来说，导入、导出站点的作用在于保存和恢复站点及本地文件的连接关系。

## 2.3.1 导出站点

导出站点的操作步骤如下。

第1步：执行“站点>管理站点”菜单命令，在打开的“管理站点”对话框中选中需要导出的站点名称，如图2-8所示。

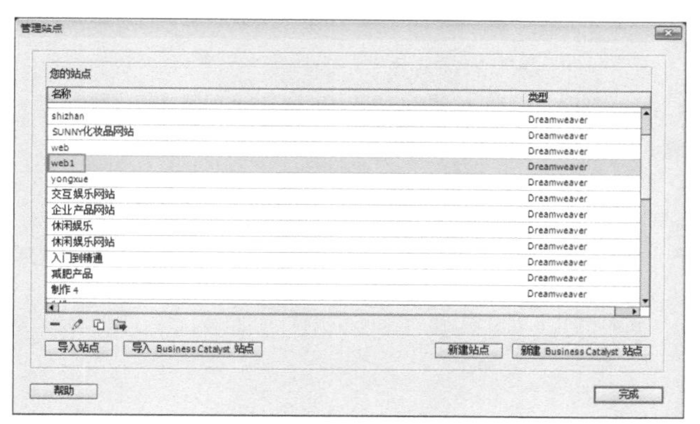


图2-8

第2步：单击“导出当前选定的站点”按钮，打开“导出站点”对话框，在“文件名”文本框中为导出的站点文件输入一个文件名，完成后单击保存(S)按钮，导出站点文件，如图2-9所示。

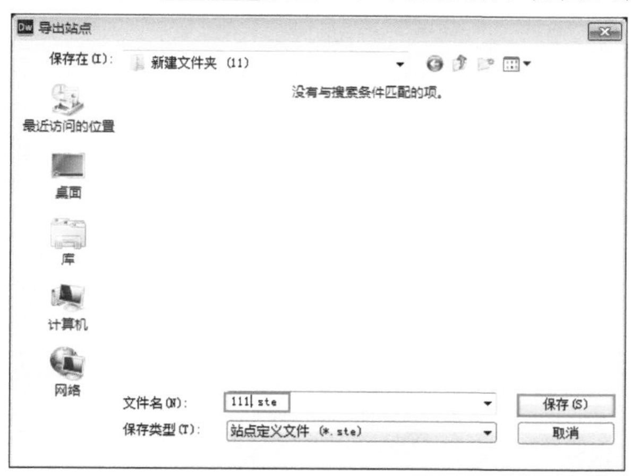


图2-9

## 2.3.2 导入站点

在导入站点之前，必须先从Dreamweaver中导出站点，并将站点保存为扩展名为.ste的文件。导入站点的操作步骤如下。

第1步：执行“站点>管理站点”菜单命令，在打开的“管理站点”对话框中单击导入站点按钮，如图2-10所示。

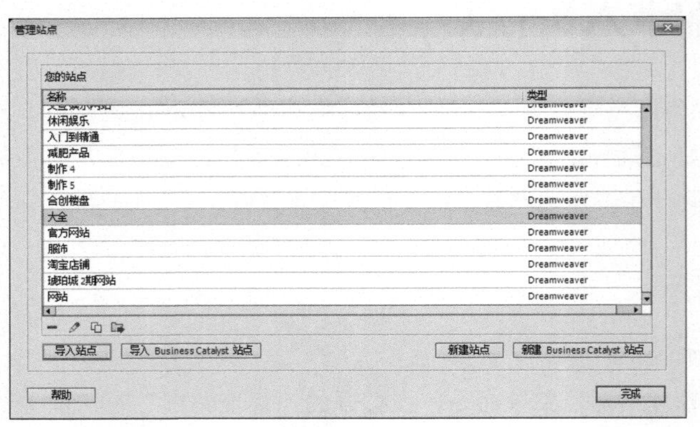


图2-10

第2步：在打开的“导入站点”对话框中选择需要导入的站点文件，然后单击打开(O)按钮，即可导入站点文件，如图2-11所示。

图2-11

# 2.4 管理站点

如果我们对创建的站点有不满意的地方，可以随时对它进行编辑管理维护。

## 2.4.1 编辑站点

如果需要对已创建好了的站点进行修改，比如更改站点名称、站点位置等，可使用Dreamweaver CC的编辑站点功能。

编辑站点的具体操作步骤如下。

第1步：执行“站点>管理站点”菜单命令，在打开“管理站点”对话框中选择要编辑的站点，然后单击“编辑当前选定的站点”按钮，如图2-12所示。

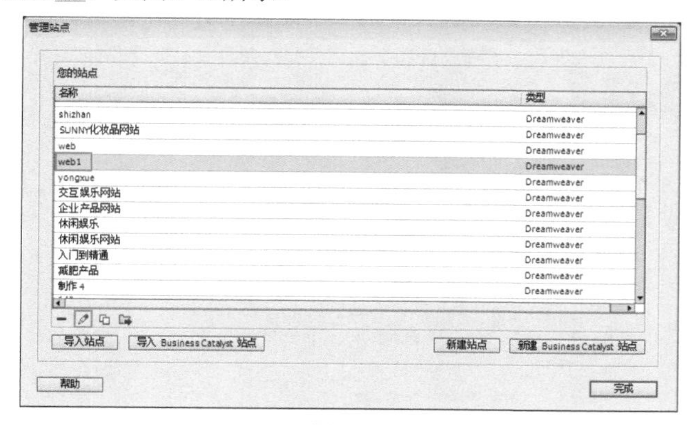


图2-12

第2步：在打开的“站点设置对象web1”对话框中可以修改站点的名称、更改站点的位置，完成后单击 保存 按钮即可，如图2-13所示。

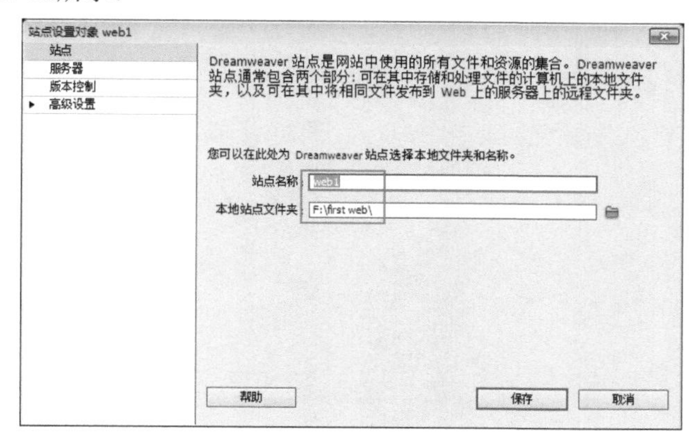


图2-13

Tips

用户还可以单击“文件”面板上的站点下拉列表，从中选择“管理站点”命令，然后再选择“编辑”站点，如图2-14所示。

图2-14

## ↘2.4.2 复制站点

在Dreamweaver CC中，如果需要把一个站点复制一份或者更多，可以直接选择复制站点命令，而不必重新建立一个站点。

复制站点的具体操作步骤如下。

第1步：执行“站点>管理站点”菜单命令，打开“管理站点”对话框。

第2步：选中将要复制的站点，然后单击“复制当前选定的站点”按钮，如图2-15所示，即可复制一个站点，复制的站点会在原文件名称的后面加上“复制”两字。

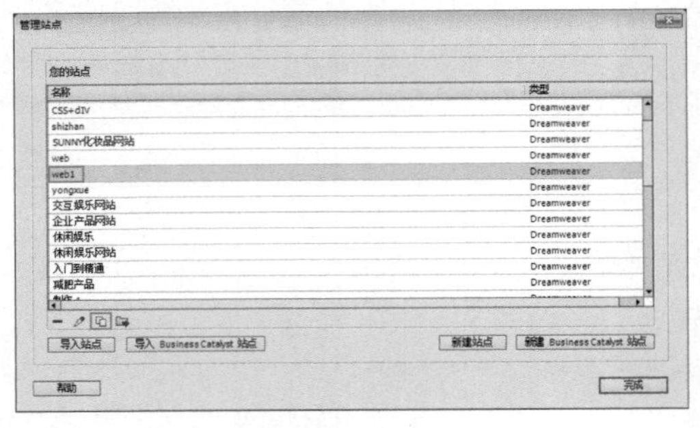

图2-15

第3步：单击 完成 按钮，这样就复制了一个站点，复制的站点在“文件”面板下的显示如图2-16所示。

图2-16

## ↘2.4.3 删除站点

如果觉得某个站点已经没有用了，可以将其删除，删除站点的具体步骤如下。

第1步：执行“站点>管理站点”命令，打开“管理站点”对话框。

第2步：选择要删除的站点，然后单击“删除当前选定的站点”按钮，如图2-17所示。

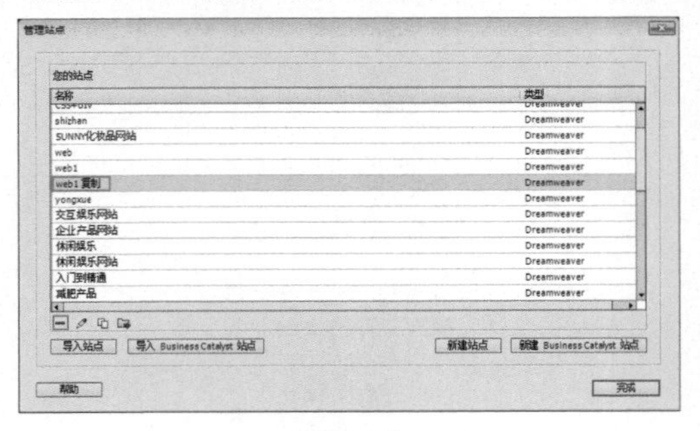

图2-17

第3步：在弹出的Dreamweaver提示框中单击 是 按钮，如图2-18所示。

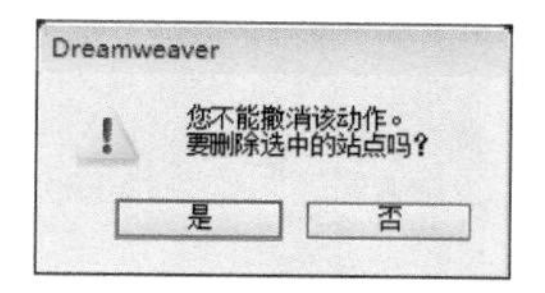


图2-18

第4步：返回“管理站点”对话框中，单击 完成 按钮，这样站点就被删除了。

Tips

使用Dreamweaver CC编辑网页或者进行网站管理时，每次只能操作一个站点。如果需要切换站点，可以在“文件”面板的“站点”下拉列表中选择已经创建的站点，这样即可切换到所选择的站点，如图2-19所示。

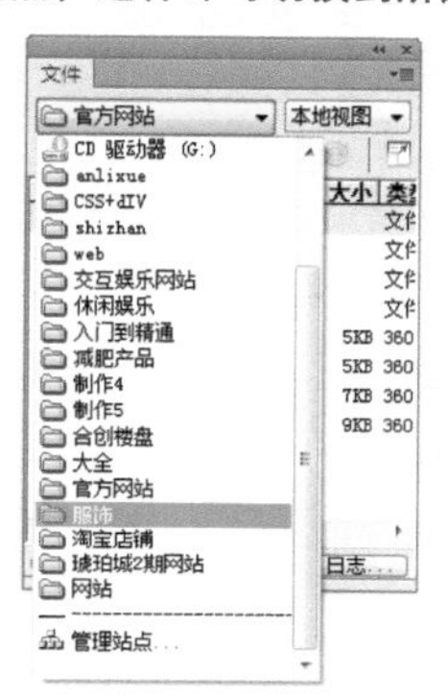


图2-19

另外，还可以在“管理站点”对话框中选择需要切换到的站点，如图2-20所示，然后单击 完成 按钮即可。

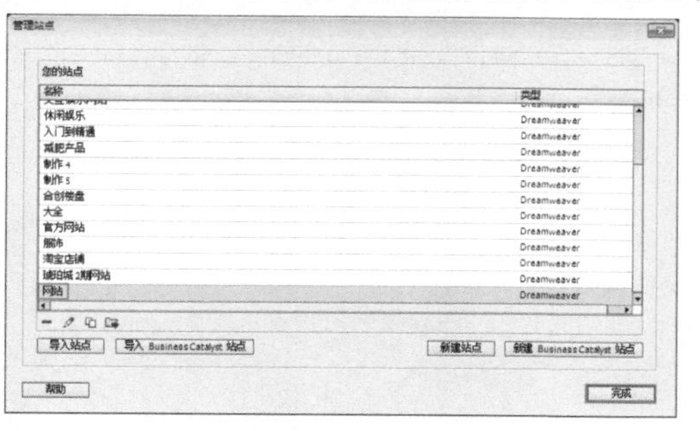

图2-20

## 即学即用 管理网页文档

实例位置 CH02> 管理网页文档 > first web

素材位置 无

实用指数 ★★★

技术掌握 学习管理网页文档的方法

01 在Dreamweaver CC中打开“文件”面板，在“站点”下拉列表中选择web1，即可设置该站点为当前站点。

02 在web1根目录上单击鼠标右键，在弹出的快捷菜单中选择“新建文件夹”命令，如图2-21所示。并将新建的文件夹更名为org，如图2-22所示。

03 按照同样的方法，分别新建flash文件夹（flash）、内页文件夹（web），如图2-23所示。

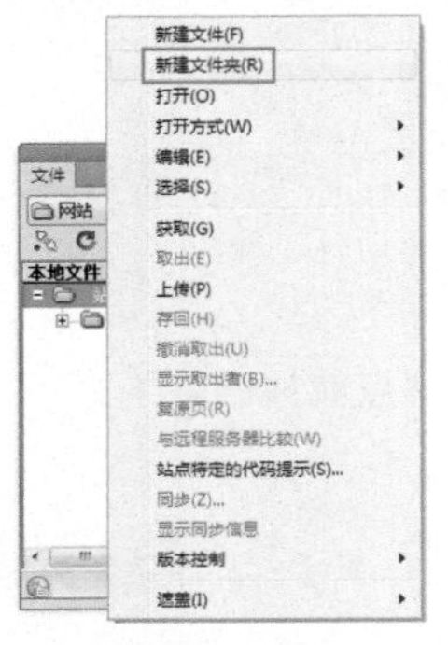

图2-21

图2-22

图2-23

04 在web1根目录上单击鼠标右键，在弹出的快捷菜单中选择“新建文件”命令，然后将文件更名为index.html，如图2-24所示。

05 按照同样的方法，新建两个网页文件，并分别将其命名为index1.html与index2.html，如图2-25所示。

06 选中index2.html，单击鼠标右键，在弹出的快捷菜单中选择“编辑>删除”命令，如图2-26所示。

07 在打开的Dreamweaver提示框中单击 是(Y) 按钮，即可将该文件从站点中删除，如图2-27所示。

图2-24

图2-25

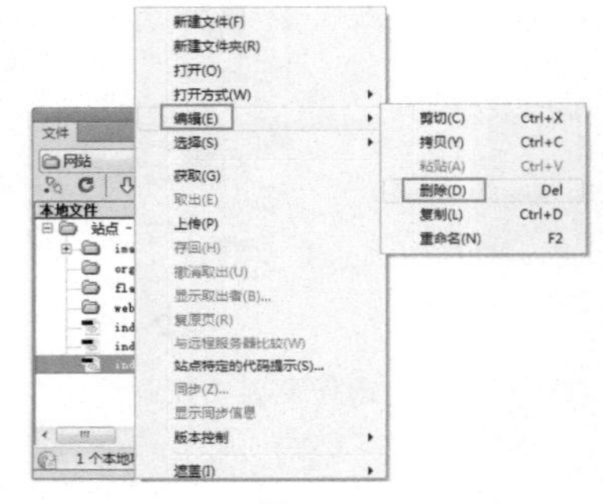

图2-26

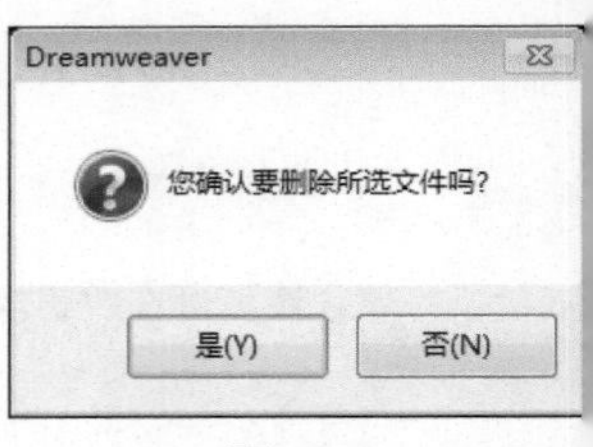

图2-27

**Tips**

**每个站点都有自己的文件及分类文件夹。在建立站点后，一般需要在站点中创建图像文件夹、数据文件夹、网页文件夹、Flash文件夹。如果是音乐网站，还需要创建音乐文件夹。总之，站点中的文件夹是为了分类管理站点中的内容而建立的。**

## 2.5 章节小结

本章介绍了站点的创建与管理，建立站点是建设网站的前提，也是网站建设中必不可少的一环。站点以目录树的形式将网站结构显示出来，使网站建设、网页设计人员能够一目了然该网站内容的嵌套层次。此外，建立站点便于设计人员管理、查看、存回和取出网站文件。

CHAPTER

# 03 网页的基础操作

本章主要向读者介绍使用Dreamweaver CC创建网页基本对象的方法。希望通过对本章内容的学习，读者能够掌握网页的创建与保存，以及在网页中插入日期与水平线、添加文本、插入项目列表与编号列表等知识。

* 创建与保存网页
* 在网页中输入文本
* 插入特殊字符与日期
* 插入项目列表与编号列表
* 插入水平线
* 设置页面属性

# 3.1 网页的创建与保存

在使用Dreamweaver制作网页之前，我们先来介绍一下网页的创建与保存等基本操作。

## 3.1.1 创建网页

执行“文件>新建”菜单命令，如图3-1所示，打开“新建文档”对话框，选择左侧的“空白页”选项，在“页面类型”列表框中选择“HTML”选项，然后在“布局”列表框中选择“<无>”选项即可，如图3-2所示。

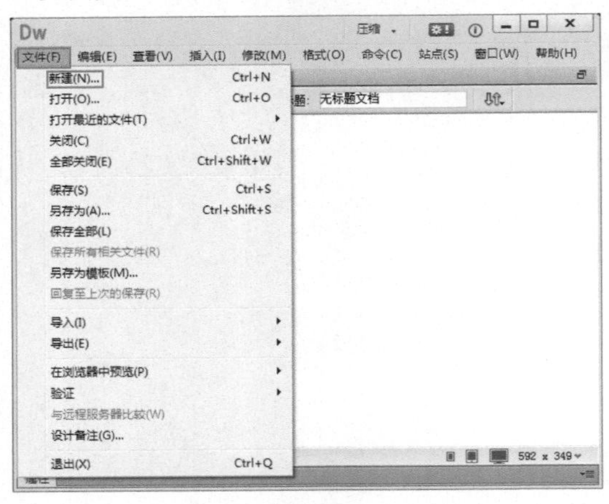


图3-1

图3-2

## 3.1.2 保存网页

编辑好的网页需要将其保存起来，执行“文件>保存”菜单命令或者按Ctrl+S快捷键，打开“另存为”对话框，然后在“保存在”下拉列表中选择文件保存的位置，在“文件名”文本框中输入保存文件的名称，设置完成后单击“保存”按钮，如图3-3所示。

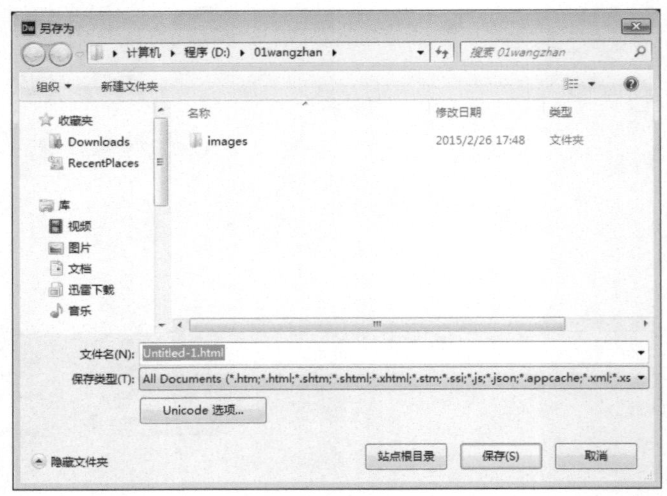


图3-3

也可以直接在工具栏上方选中需要保存的网页文档，然后单击鼠标右键，在弹出的快捷菜单中选择“保存”命令，如图3-4所示。

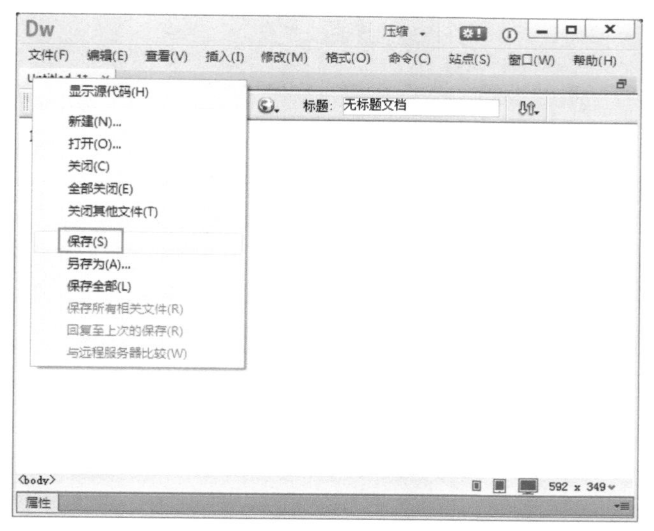


图3-4

# 3.2 网页的打开与关闭

下面将向大家介绍网页的打开与关闭操作。

## 3.2.1 打开网页

如果要打开计算机中已经存在的网页文件，可执行“文件>打开”菜单命令，在弹出的对话框中选择需要打开的文件，然后单击“打开”按钮，即可打开被选中的文件，如图3-5所示。

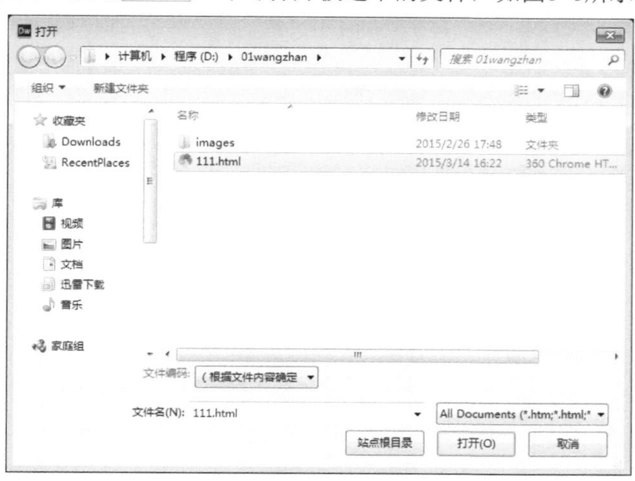


图3-5

## 3.2.2 关闭网页

要关闭网页，可执行下列几种操作方法。

第1种：单击文档窗口右上方的关闭网页按钮，如图3-6所示。

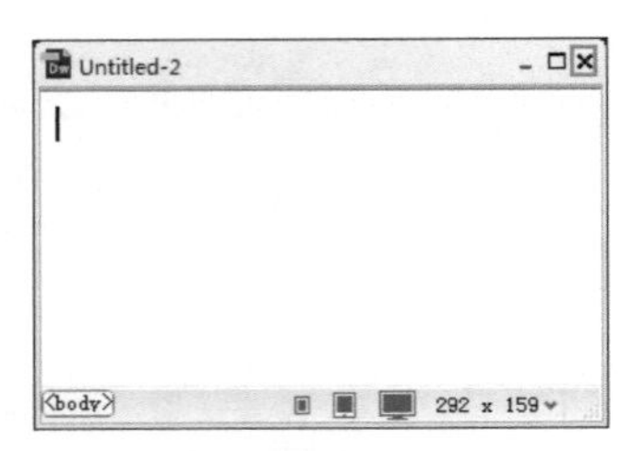

图3-6

第2种：直接在工具栏上方选中需要关闭的网页文档，然后单击鼠标右键，在弹出的快捷菜单中选择“关闭”命令，如图3-7所示。如果选择“全部关闭”命令，则可关闭所有网页。

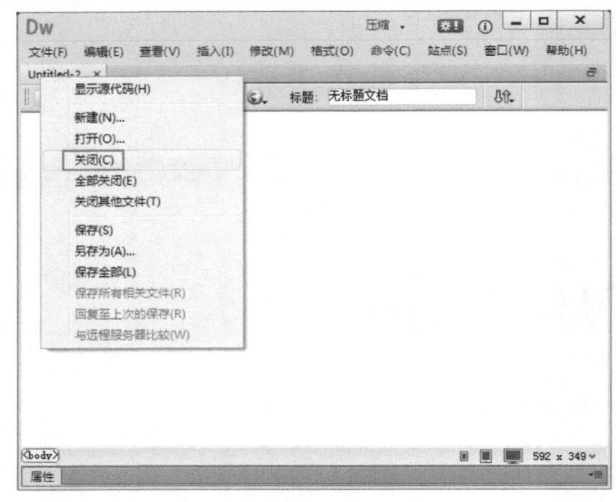

图3-7

第3种：执行“文件>关闭”菜单命令关闭网页，如图3-8所示。

图3-8

# 3.3 在网页中插入当前日期

在Dreamweaver CC中可以插入日期，当文档保存时，还可以自动更新。具体操作步骤如下。

（1）将光标放置到要插入日期的位置。

（2）执行“插入>日期”菜单命令，可以打开“插入日期”对话框，如图3-9所示，从中选择日期格式。

（3）单击 确定 按钮后，将在网页上显示插入日期的效果，如图3-10所示。

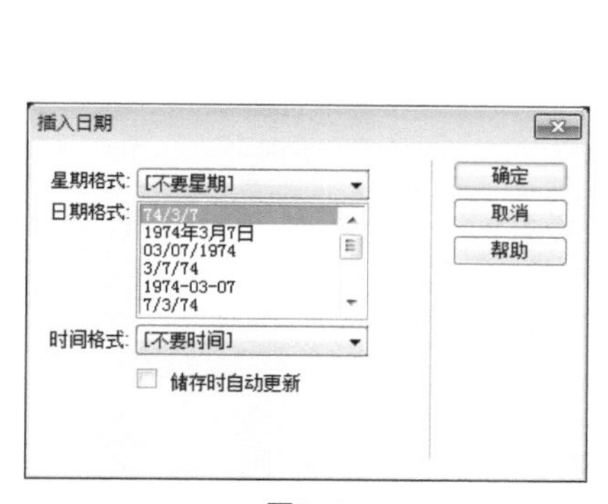

图3-9

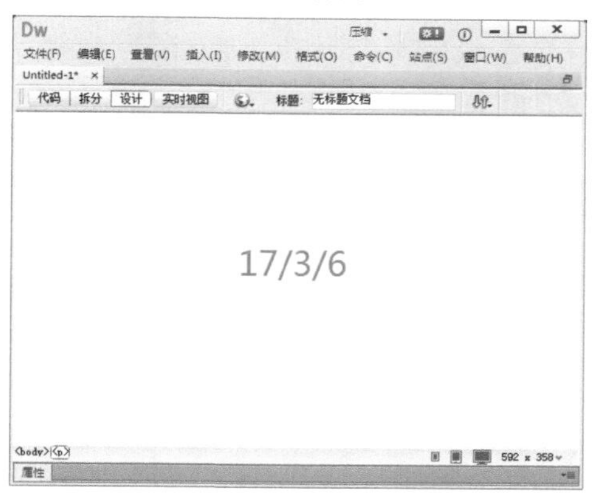

图3-10

**“插入日期”对话框参数介绍**

* 星期格式：“星期格式”下拉列表框用于设置星期的格式，共有7个选项，如图3-11所示，选择其中的一个选项，则星期的格式会按照所选选项的格式插入到网页中。因为星期格式中文的支持不是很好，所以一般情况下都选择“[不要星期]”选项，这样插入的日期不显示当前是星期几。

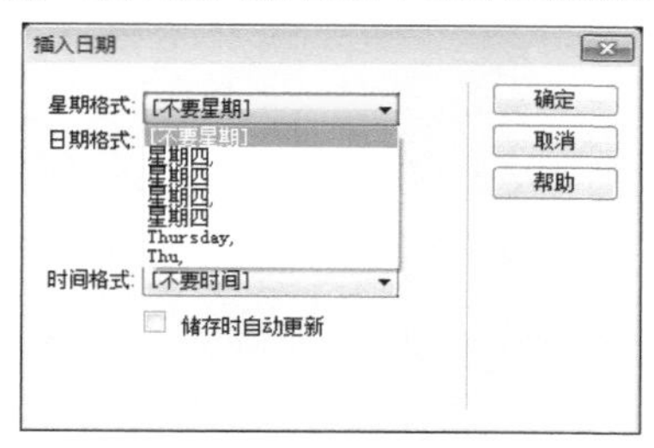

图3-11

* 日期格式：“日期格式”列表框用于设置日期的格式，共有12个选项，选择其中的一个选项，则日期的格式会按照所选选项的格式插入到网页中。

* 时间格式：“时间格式”下拉列表框用于设置时间的格式，共有3个选项，分别为“[不要时间]”“10:18PM”“22:18”。如果选择“[不要时间]”选项，则插入的日期不显示时间。

* 储存时自动更新：在向网页中插入日期时，如果选中“储存时自动更新”复选框，则插入的日期将在网页每次保存时，自动更新为最新的日期。

# 3.4 在网页中输入文本

网页中的文本构成整个网页的灵魂，文本的基本编辑操作是制作网页必须掌握的基本内容。

## 3.4.1 直接在网页窗口中输入文本

将光标放置到文档窗口中要插入文本的位置，然后直接输入文本，如图3-12所示。在输入文字时，如果需要分段换行则需按下Enter键。

Dreamweaver不允许输入多个连续的空格，需要先勾选“首选参数”中的“允许多个连续的空格”复选项，或者将输入法设为全角状态，才能输入多个连续的空格。

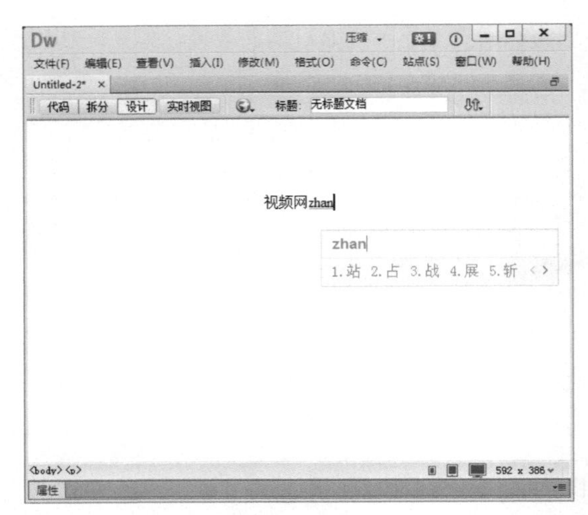


图3-12

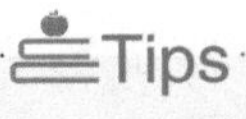
Tips

**按快捷键Shift+Enter可将行间距变为分段行间距的一半。**

## 3.4.2 复制/粘贴外部文本

打开其他应用程序，如Word（.doc格式）、文本文档（.txt格式），复制其中的文本后，在Dreamweaver CC中将光标移到要插入文本的位置，然后执行“编辑>粘贴”菜单命令，就能完成外部文本的插入。粘贴后的文本不保留在其他应用程序中的文本格式，只保留换行符。

Tips

**如果要应用其他程序中的段落、表格或加粗等格式，可执行“编辑>选择性粘贴”菜单命令，打开“选择性粘贴”对话框，如图3-13所示，在“粘贴为”参数栏中可选择需要粘贴的格式。**

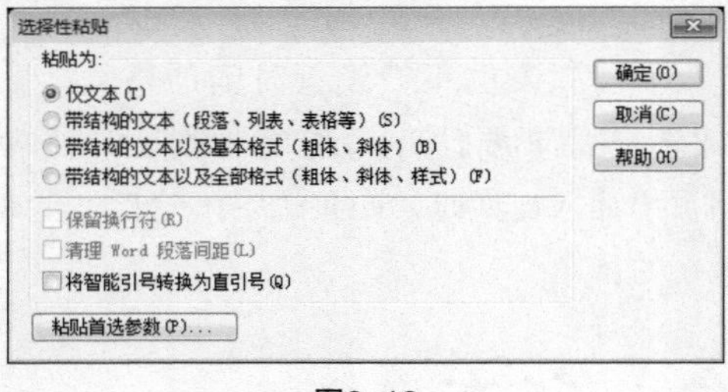


图3-13

## 3.4.3 调整文本

如果要调整文本大小，则选定页面中的文本，然后在“属性”面板上的“大小”下拉列表框中选择合适的文字大小，如图3-14所示。

如果需要改变文本字体，则先选定文本，然后在“属性”面板上的“字体”下拉列表框中选择字体样式，如图3-15所示。

图3-14

图3-15

如果“字体”下拉列表框中没有需要的字体，则选择“管理字体”选项，打开“管理字体”对话框，如图3-16所示。在“可用字体”列表框中选择需要的字体，然后单击[<<]按钮把选择的字体导入“选择的字体”框，最后单击[完成]按钮，此时“字体列表”中将出现添加的新字体。

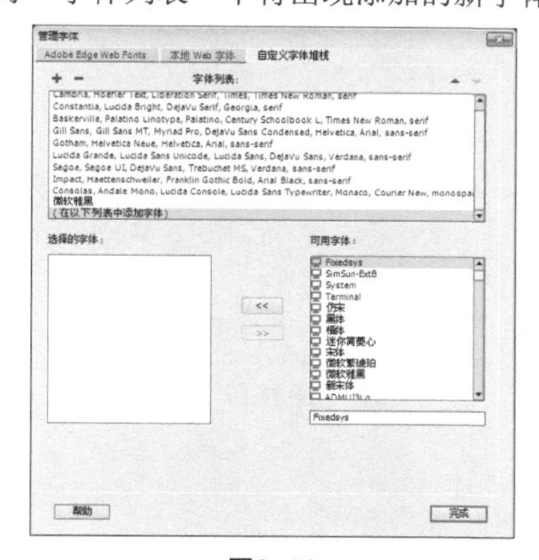

图3-16

## 3.4.4 插入特殊字符

网页中常常会用到一些特殊符号，如注册符®、版权符©、商标符™等。这些特殊符号是不能直接通过键盘输入到Dreamweaver中的。

执行“窗口>插入”菜单命令，打开“插入”面板，单击“特殊”字符按钮，在弹出的菜单中选择要插入的特殊字符即可，如图3-17所示。如果在弹出的菜单没有找到需要的特殊字符，可以选择“其他字符”命令，打开如图3-18所示的“插入其他字符”对话框，在其中选择要插入的字符后单击[确定]按钮即可。

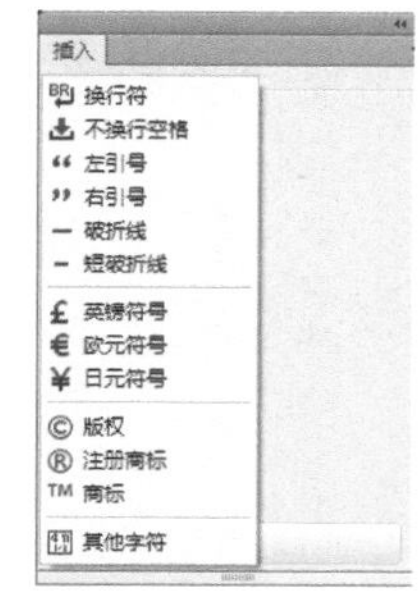

图3-17

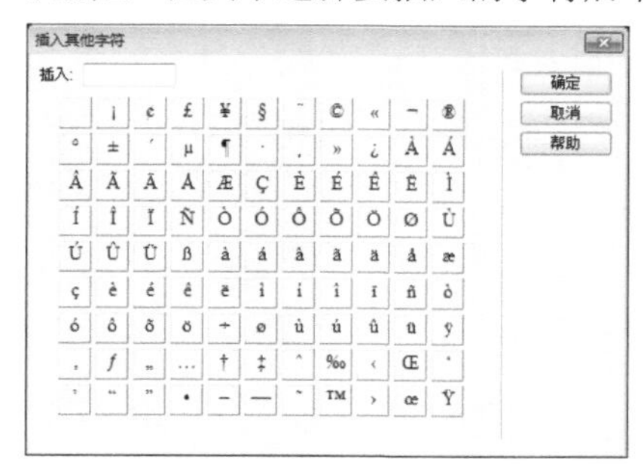

图3-18

需要注意的是，在图3-17所示菜单的最上面的两个命令，分别用于插入换行符和不换行空格。这两个命令在录入和编辑文本时非常有用。比如按快捷键Shift+Return（Enter）插入一个换行符，相当于在文档中插入一个<br>标签；按快捷键Ctrl+Shift+Space（空格）插入一个不换行空格，相当于在文档中插入一个 标记，即在文档中产生一个空格。

## ↘3.4.5 检查拼写与查找替换

在Dreamweaver中使用“命令”菜单中的“检查拼写”命令，可以检查当前文档中的拼写错误。使用“编辑”菜单中的“查找和替换”命令，可以查找和替换选择的文本、当前文档、文件夹、站点中选定的文件或整个当前本地站点中的内容。

### 1. 检查拼写

执行“命令>检查拼写”菜单命令，即可对文档进行检查。如果文档中有出错的单词，会弹出“检查拼写”对话框，如图3-19所示。

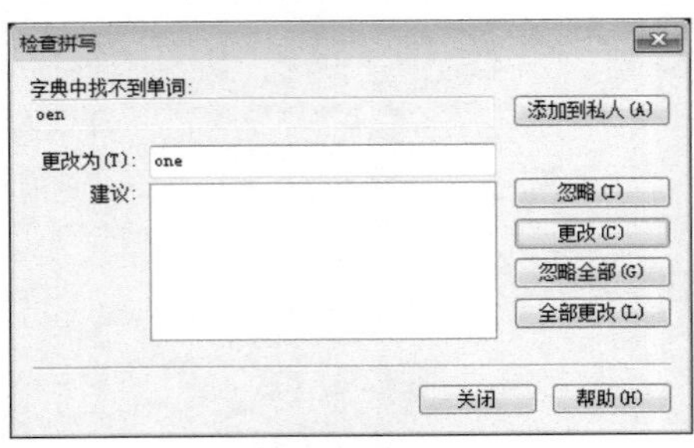


图3-19

Tips

按下组合键Shift+F7能快速打开“检查拼写”对话框。

**“检查拼写”对话框参数介绍**

* 字典中找不到单词：在“字典中找不到单词”文本框中，显示当前文档中查找到的可能存在拼写错误的单词。

* 更改为：在“更改为”文本框中显示Dreamweaver建议将该单词修改为某个单词，也可以在“建议”列表中选择其他单词，或是自行在该文本框中输入修正的单词。

要修正出现拼写错误的单词，可以单击“更改”按钮，这时当前的单词就被修改为“更改为”文本框中的单词，如果希望对文档中所有的该单词都进行修改，可以单击“全部更改”按钮。

如果希望忽略可能存在拼写错误的单词，不对其进行修正，可以单击“忽略”按钮，如果希望忽略文档中所有出现的该单词，不在检查其拼写，可以单击“忽略全部”按钮。

最后，Dreamweaver提示框会显示拼写检查完成，如图3-20所示。

图3-20

需要注意的是，Dreamweaver中的“检查拼写”功能只针对英文单词起作用，对于中文和拼音等没有任何作用。

## 2. 查找替换

执行“编辑>查找和替换”菜单命令，弹出“查找和替换”对话框，如图3-21所示。

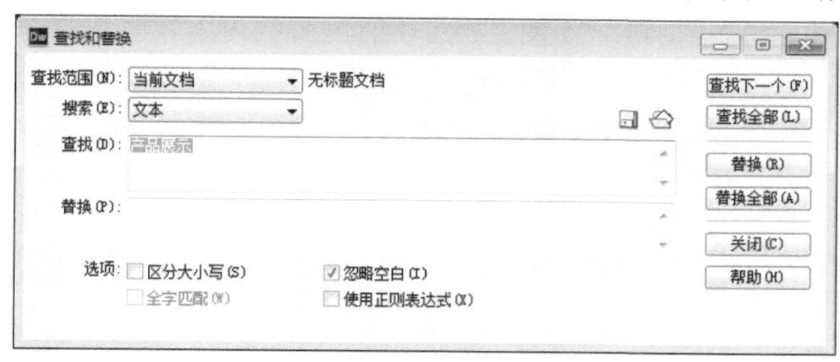


图3-21

**“查找和替换”对话框参数介绍**

* 查找范围：在“查找范围”下拉列表框中选择查找的范围，其中包括6个选项，如图3-22所示。

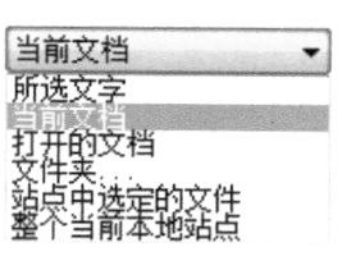


图3-22

**所选文字：**在选中的文本中查找和替换。

**当前文档：**在当前文档中查找和替换。

**打开的文档：**在打开的文档中查找和替换。

**文件夹：**可以查找指定的文件夹。

**站点中选定的文件：**可以查找站点窗口中选择的文件或文件夹。

**整个当前本地站点：**可以查找当前站点中所有的HTML文档、库文件和文本文件。当选择该选项时，当前站点的名称将显示在下拉列表框之后。

* 搜索：在“搜素”下拉列表框中可以选择查找的种类，其中包括4个选项，如图3-23所示。

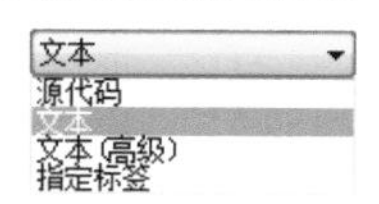


图3-23

**源代码：**可以在HTML源代码中查找特定的文本字符。

**文本：**可以在文档窗口中查找特定的文本字符。

**文本（高级）：**只可以在HTML标记里面或者只在标记外面查找特定的文本字符。

**指定标签：**可以查找指定的标记、属性和属性值。

* 查找：在“查找”文本框中输入需要查找的内容，如果在执行“查找>替换”命令之前，已经在页面中选择了文本，则选中的文本将会自动添加到“查找”文本框中。

* 替换：在“替换”文本框中输入需要替换的内容。

* 选项：为了扩大或缩小查找范围，在“选项”中可以对相关选项进行设置。

**区分大小写：**选中该复选框，则查找时严格匹配大小写。

**忽略空白：**选中该复选框，则所有的空格被作为一个间隔来匹配。

**全字匹配：**选中该复选框，则查找时按照整个单词来进行查找。比如需要查找come，将只能找到come这个单词，而不会找到welcome。

* 相关按钮：单击“查找下一个”按钮，则可查找下一个匹配的内容；单击“查找全部”按钮，则可查找所有匹配的内容。在“替换”文本框中输入替换后的内容后，单击“替换”按钮，则可替换当前查找到的内容；如果单击“替换全部”按钮，则可替换文档中所有与查找内容相匹配的内容。

# 3.5 项目列表与编号列表

在网页中插入文本列表可以使文本内容显得更加工整直观。Dreamweaver CC有两种类型的列表：项目列表和编号列表。

## ↘3.5.1 插入项目列表

插入项目列表的具体操作步骤如下。

第1步：在文档中输入文本，然后用鼠标选中要插入项目列表的文本内容，如图3-24所示。

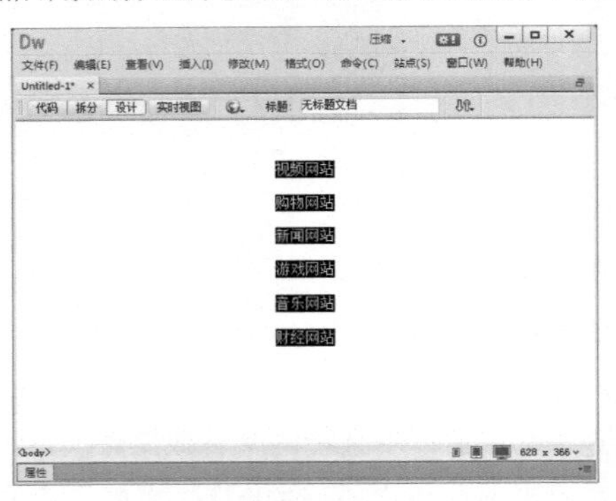


图3-24

第2步：执行“窗口>插入”菜单命令，打开“插入”面板，切换到插入“结构”对象，然后单击“项目列表”按钮ul 项目列表，如图3-25所示。

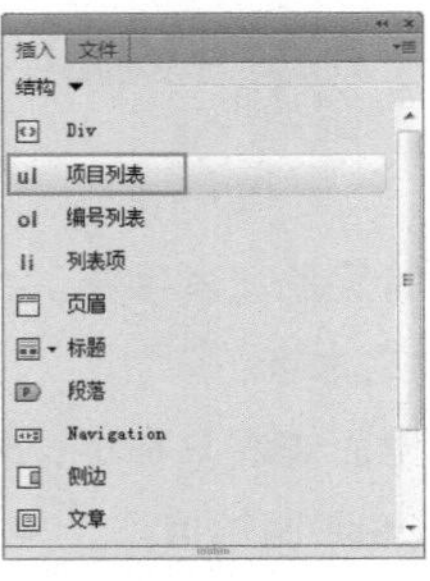


图3-25

Tips

**在“属性”面板中单击“项目列表”按钮，也能为文本添加项目列表。**

这样就能在选定的文本前面添加项目列表，如图3-26所示。

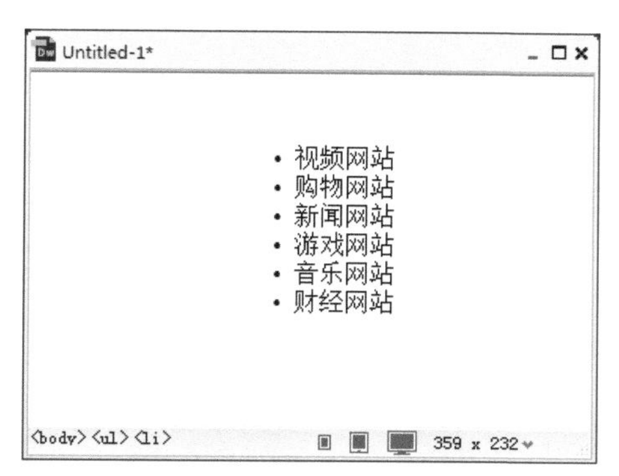


图3-26

## 3.5.2 插入编号列表

使用编号列表可以对内容进行有序排列。在文档窗口中选中要插入编号列表的内容，然后单击“插入”面板下“结构”对象中的“编号列表”按钮，或者在“属性”面板上单击“编号列表”按钮，即可插入编号列表，插入编号列表后的效果如图3-27所示。

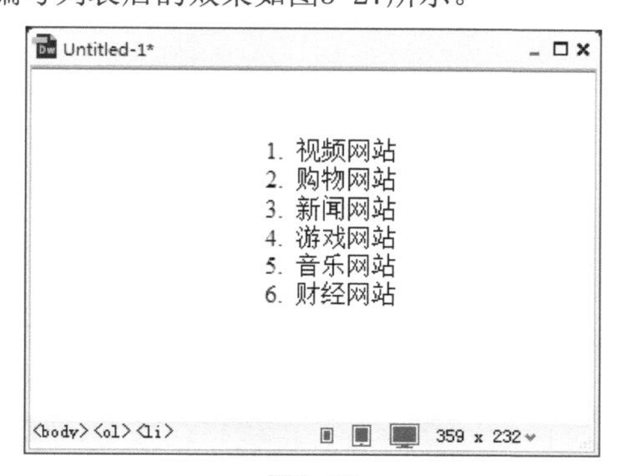


图3-27

在网页文档中选中已有列表的其中一项，执行“格式>列表>属性”命令，弹出“列表属性”对话框，如图3-28所示，在该对话框中可以对列表进行更深入的设置。

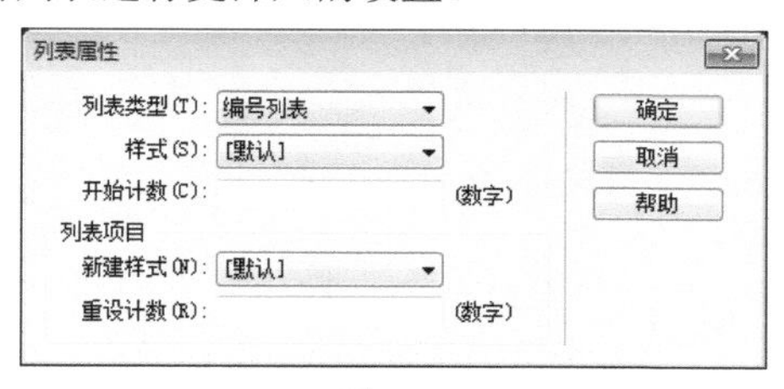


图3-28

**“列表属性”对话框参数介绍**

* 列表类型：在该选项的下拉列表框中提供了“编号列表”“项目列表”“目录列表”和“菜单列表”4个选项，如图3-29所示，可以改变选中列表的列表类型，其中，“目录列表”类型和“菜单列表”类型只在较低版本的浏览器中起作用，在目前能用的高版本浏览器中已失去效果。

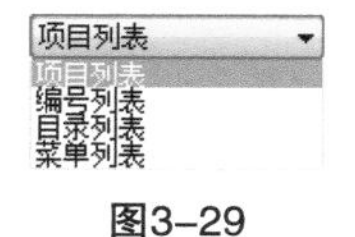


图3-29

* 样式：在该选项的下拉列表框中可以选择列表的样式。如果在“列表类型”下拉列表框中选择“项目列表”，则“样式”下拉列表框中共有3个选项，分别为“默认”“项目符号”和“正方形”，如图3-30所示，它们用来设置项目列表里每行开头的列表标志，图3-31所示的是以正方形作为项目列表的标志。

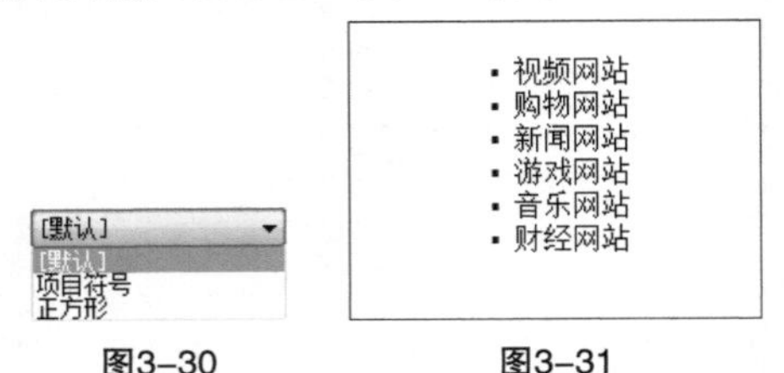

图3-30　图3-31

Tips

**默认的列表标志是项目符号，也就是圆点。在“样式”下拉列表框中选择“默认”或“项目符号”，都将设置列表标志为项目符号。如果在“列表类型”下拉列表框中选择“编号列表”，则“样式”下拉列表框中会有6个选项，分别为“默认”“数字”“小写罗马字母”“大写罗马字母”“小写字母”和“大写字母”，如图3-32所示，这是用来设置编号列表里每行开头的编辑符号。图3-33所示的是以小写罗马字符作为编号符号的有序列表。**

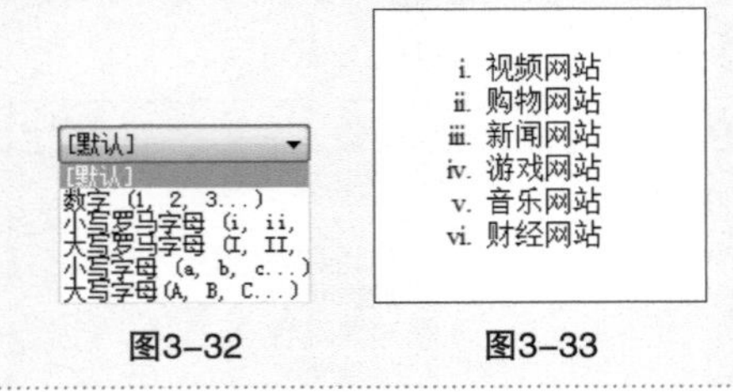

图3-32　图3-33

* 开始计数：如果在“列表类型”下拉列表框中选择“编号列表”选项，则该选项区可用，可以在该选项区的“开始计数”文本框中输入一个数字，指定编号列表从×开始，如图3-34所示。单击“确定”按钮后，编号列表的效果如图3-35所示。

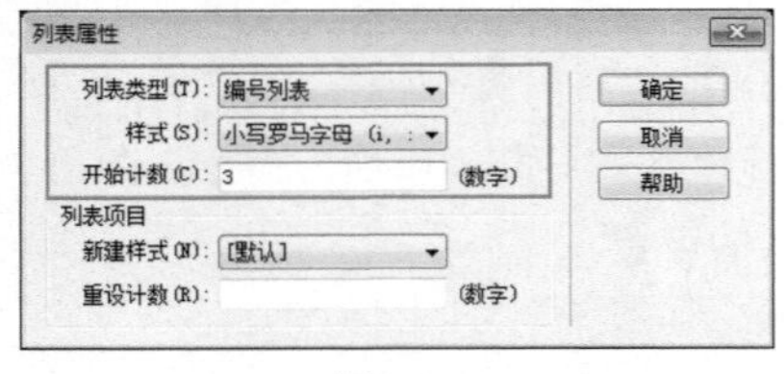

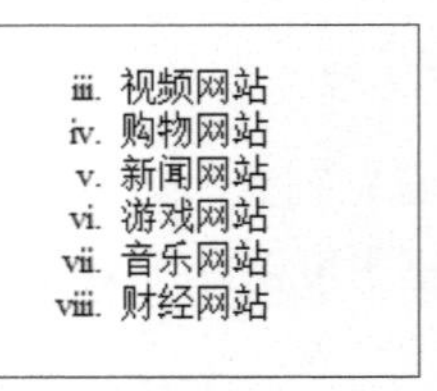

图3-34　图3-35

* 新建样式：该下拉列表框与“样式”下拉列表框中的选项相同，如果在该下拉列表框中选择一个列表样式，则在页面中创建列表时，将自动运用该样式。

* 重设计数：该文本框的使用方法与“开始计数”文本框的使用方法相同，如果在该文本框中设置一个值，则在页面中创建的编号列表中，将从设置的数开始有序排列列表。

## 即学即用　制作公司介绍网页

实例位置　CH03> 制作公司介绍网页 > 制作公司介绍网页.html

素材位置　CH03> 制作公司介绍网页 >images

实用指数　★★★★

技术掌握　学习综合使用文本、项目列表与编号列表来制作网页的方法

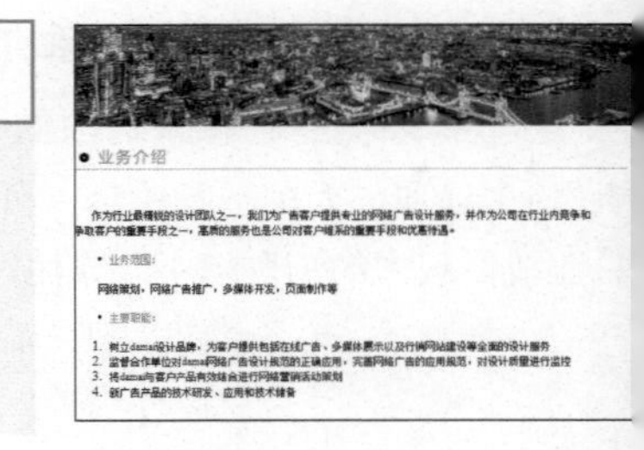

01 新建一个网页文件，然后执行“插入>图像>图像”菜单命令，打开“选择图像源文件”对话框，在对话框中选择本例的素材图像，如图3-36所示。

图3-36

03 将光标放置于图像之后，按快捷键Shift+Enter强制换行，然后在文档中插入一幅图像，如图3-38所示。

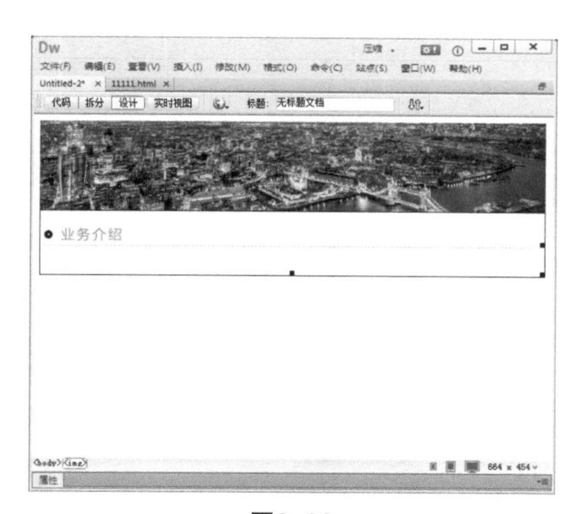

图3-38

05 按Enter键换行，在文档中输入文本“业务范围：”，并在“属性”面板中将文本大小设置为12、颜色设置为橙黄色（#FF3300），如图3-40所示。

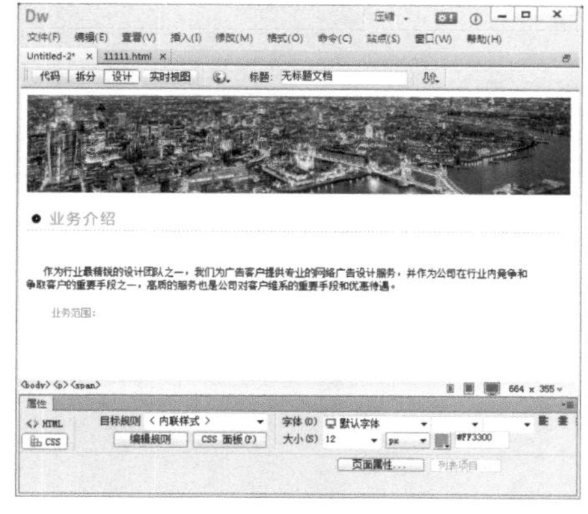

图3-40

02 完成后单击 确定 按钮，在网页中插入一幅图像，如图3-37所示。

图3-37

04 将光标放置于插入的图像之后，按快捷键Shift+Enter强制换行，然后在文档中输入文本。在“属性”面板中将文本大小设置为12，如图3-39所示。

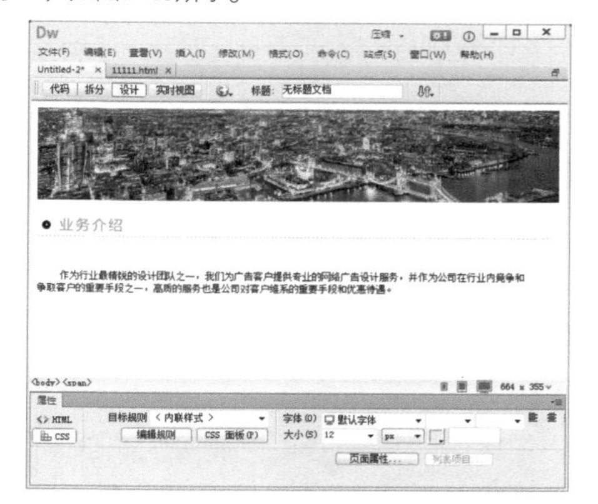

图3-39

06 按Enter键换行，继续在文档中输入文本“主要职能：”，并在“属性”面板中将文本大小设置为12、颜色设置为橙黄色（#FF3300），如图3-41所示。

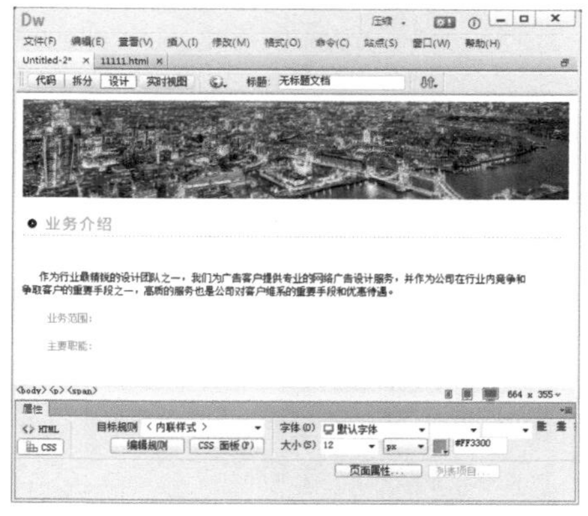

图3-41

**07** 选中文本“业务范围：”与“主要职能：”，然后在“插入”面板中选择“结构”对象，接着单击其中的“项目列表”按钮 ul 项目列表 ，为文本添加项目列表，如图3-42所示。

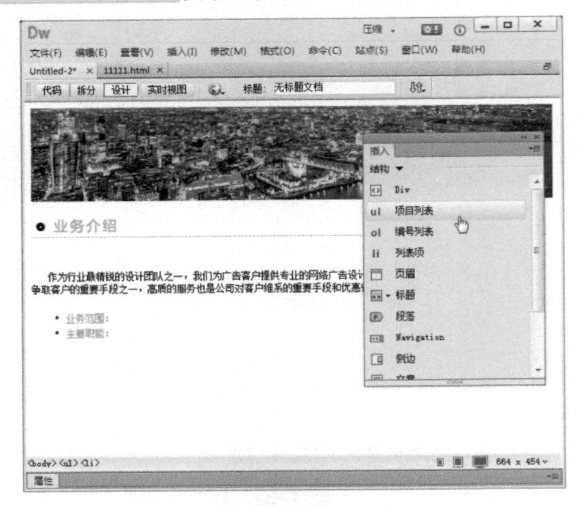

图3-42

**08** 将光标放置于第1个项目列表之后，先按两次Enter键换行，然后按8次空格键，接着在文档中输入文本。在“属性”面板中将文本大小设置为12，颜色设置为黑色，如图3-43所示。

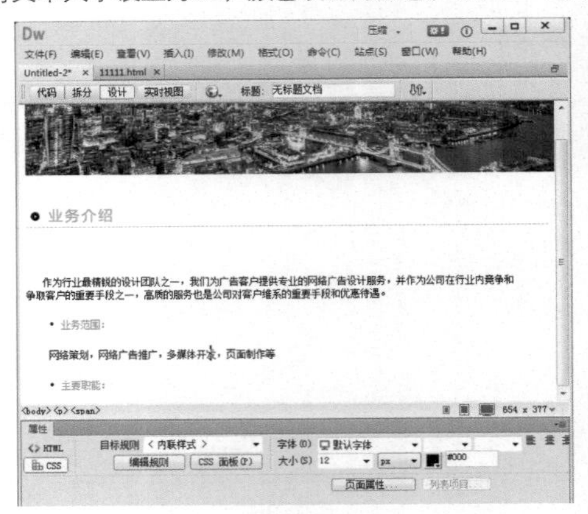

图3-43

**09** 将光标放置于第2个项目列表之后，先按两次Enter键换行，然后按8次空格键，接着在文档中输入文本。在“属性”面板中将文本大小设置为12，如图3-44所示。

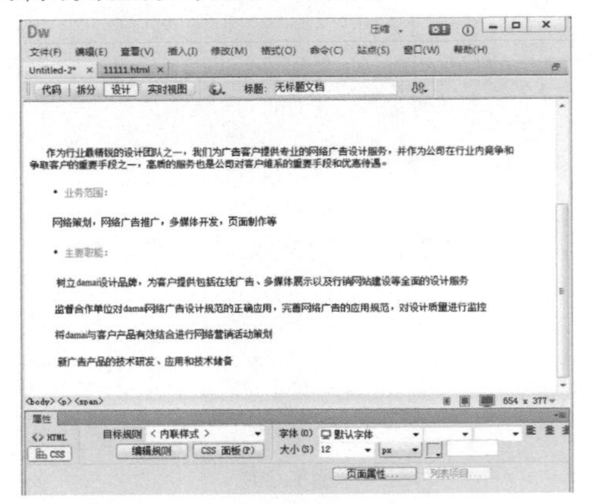

图3-44

**10** 选中刚输入的文本，然后在“插入”面板中选择“结构”对象，接着单击其中的“编号列表”按钮 ol 编号列表 ，为文本添加编号列表，如图3-45所示。

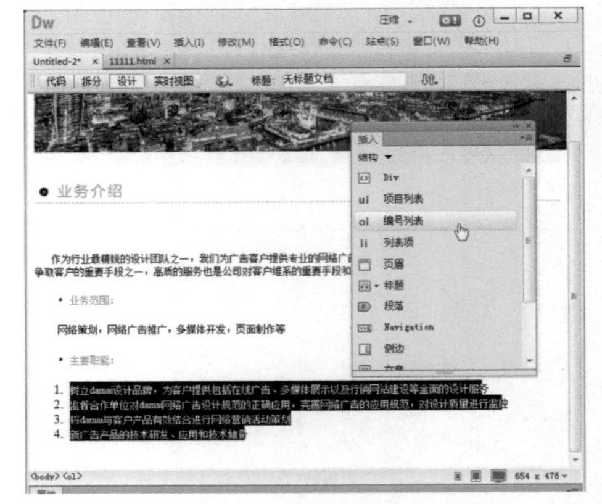

图3-45

**11** 单击“属性”面板中的 页面属性... 按钮，打开“页面属性”对话框，将“上边距”设置为0，如图3-46所示。

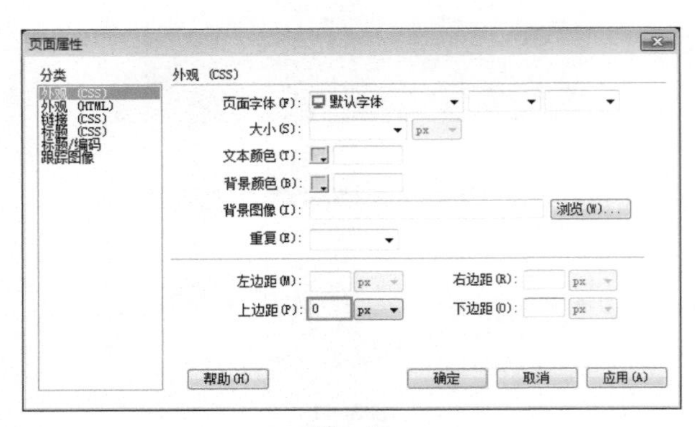


图3-46

**12** 执行“文件>保存”菜单命令，将文件保存，然后按F12键浏览网页，最终效果如图3-47所示。

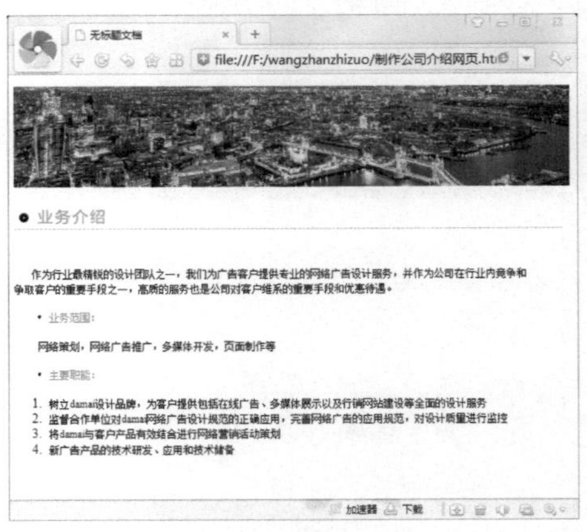

图3-47

# 3.6 水平线的插入与设置

水平线可以使网页中的信息看起来更清晰，在页面上可以使用一条或多条水平线以可视方式分隔文本和对象。

## 3.6.1 插入水平线

将光标放到要插入水平线的位置，然后在“插入”面板中选择“常用”对象，单击 水平线 按钮；或者执行“插入>水平线”菜单命令，即可在文档窗口中插入一条水平线，如图3-48所示。

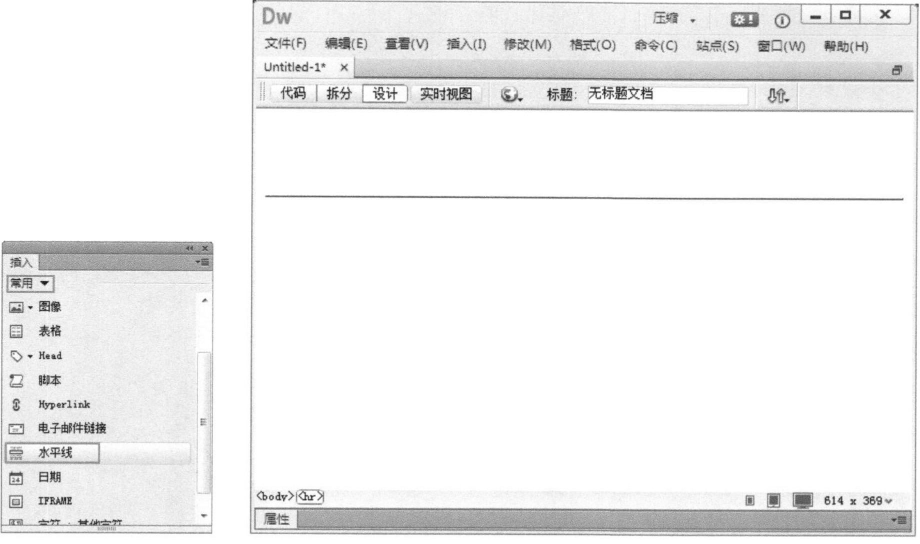

图3–48

## 3.6.2 设置水平线属性

通过水平线的“属性”面板可以设置水平线的高度、宽度及对齐方式。选定水平线，“属性”面板如图3-49所示，可以在其中修改水平线的属性。

图3–49

**参数介绍**

* 水平线：在文本框中输入水平线的名称。
* 宽、高：以像素为单位或以页面尺寸百分比的形式指定水平线的宽度和高度。
* 对齐：指定水平线的对齐方式，其下拉列表框中共有“默认”“左对齐”“居中对齐”和“右对齐”4个选项。只有当水平线的宽度小于浏览器窗口的宽度时，该设置才适用。
* 阴影：指定绘制水平线时是否带阴影。取消选择该复选项后，将使用纯色绘制水平线。

## 即学即用 插入彩色水平线

实例位置 CH03> 插入彩色水平线 > 插入彩色水平线.html
素材位置 CH03> 插入彩色水平线 >images
实用指数 ★★★★
技术掌握 学习制作彩色水平线的方法

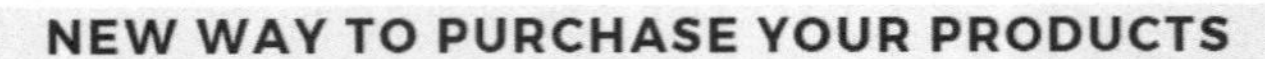


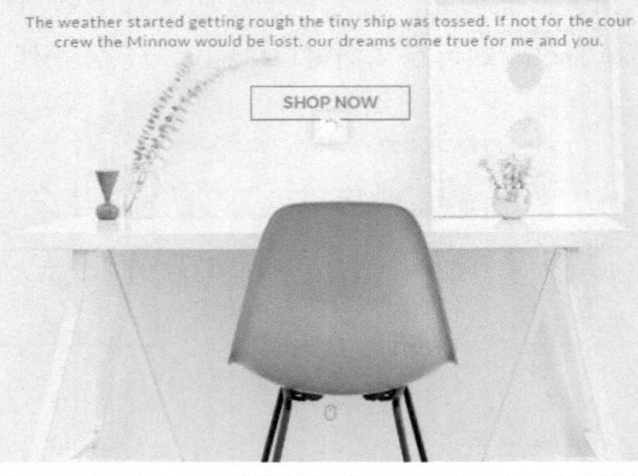


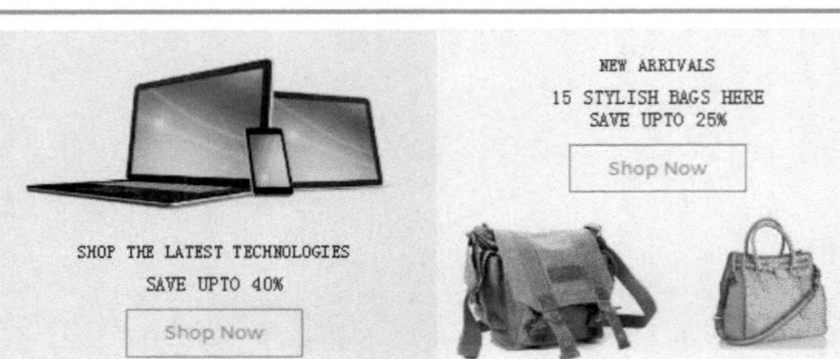

**01** 新建一个网页文件，执行“插入>图像>图像”菜单命令，将一幅图像插入到网页中，如图3-50所示。

**02** 将光标放置于刚插入图像的后面，执行“插入>水平线”菜单命令，此时会在图像的下方插入一条水平线，如图3-51所示。

图3-50

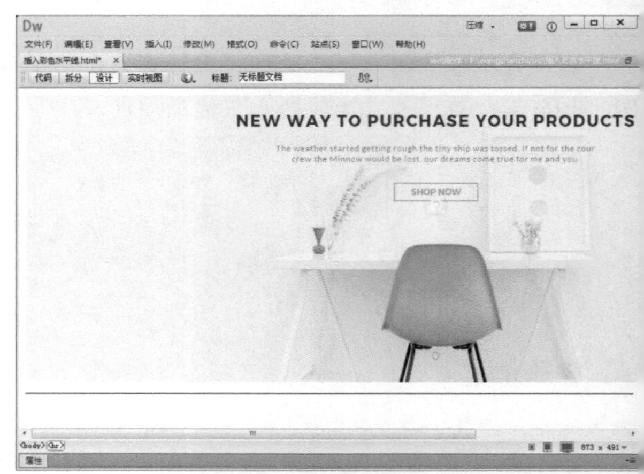

图3-51

**03** 选中刚插入的水平线，在“属性”面板中的“宽”“高”文本框中分别输入水平线的宽度与高度，这里分别输入1154和3，在“对齐”下拉列表框中选择水平线的对齐方式为“居中对齐”，如图3-52所示。

04 在“属性”面板的最右侧单击“快速标签编辑器”按钮，打开快速标签编辑器。在快速标签编辑器中对其参数进行<hr color="# xxxxxx" />设置就可以改变水平线的颜色，其中，“#xxxxxx”是需要颜色的色标值。比如本例就在快速标签编辑器中输入hr color= “#1CA68F”，如图3-53所示，表示是插入绿色的水平线。

图3-52

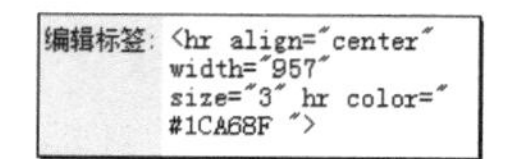


图3-53

05 将光标放置于刚插入的水平线的右侧，执行“插入>图像>图像”菜单命令，此时可在水平线的下方插入一幅图像，如图3-54所示。

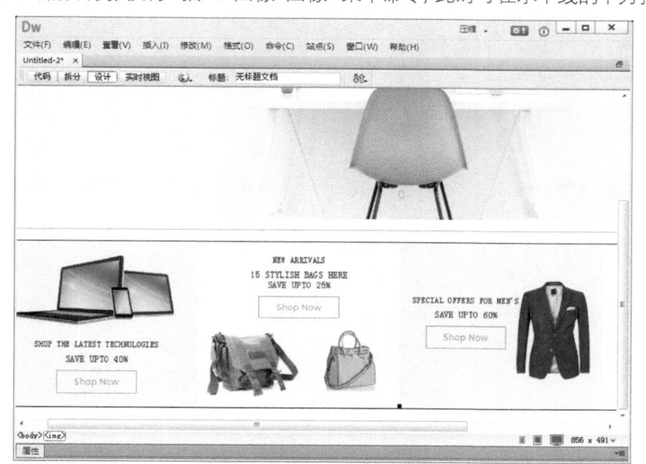


图3-54

06 执行“文件>保存”菜单命令，将文件保存，然后按F12键浏览网页，最终效果如图3-55所示。

图3-55

# 3.7 设置页面属性

页面属性包括网页中文本的颜色、网页的背景颜色、背景图像、网页边距等。

执行“修改>页面属性”菜单命令或者在“属性”面板中单击 页面属性... 按钮，即可打开“页面属性”对话框，如图3-56所示。

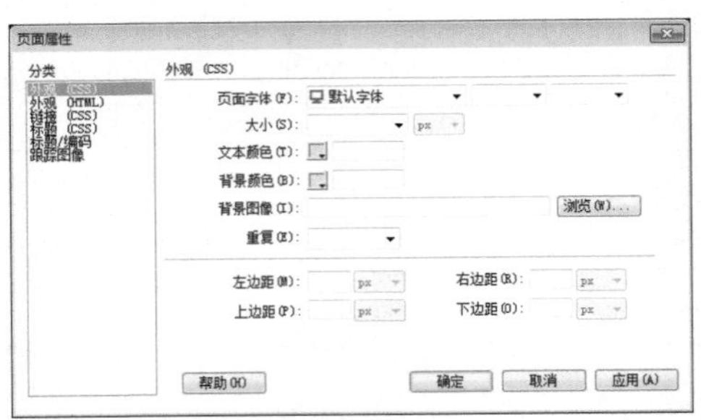


图3-56

Tips

按组合键Ctrl+J能快速打开“页面属性”对话框。

## 3.7.1 外观（CSS）

选择“页面属性”对话框左侧“分类”列表框中的“外观（CSS）”选项，如图3-57所示。

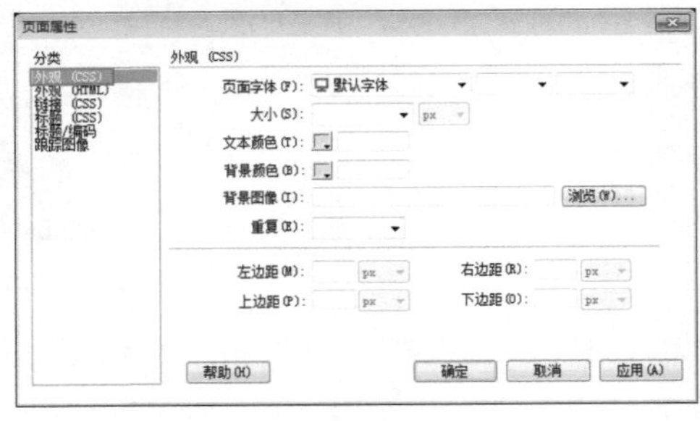


图3-57

**参数介绍**

* 页面字体：在“页面字体”下拉列表框中选择一种字体作为页面字体。

* 大小：在“大小”下拉列表框中可以选择页面中的默认文本字号，还可以设置页面字体大小的单位，默认为“px（像素）”。

* 文本颜色：在“文本颜色”文本框中可以设置网页中默认的文本颜色。如果未对该选项进行设置，则网页中默认的文本颜色为黑色。

* 背景颜色：在“背景颜色”文本框中可以设置网页的背景颜色。一般情况下，背景颜色都设置为白色，如果在这里不设置颜色，常用的浏览器也会默认网页的背景色为白色，但低版本的浏览器会显示网页背景色为灰色。为了增强网页的通用性，这里最好还是对背景色进行设置。

* 背景图像：在“背景图像”文本框中可以输入网页背景图像的路径，给网页添加背景图像。也可以单击文本框右侧的 浏览(W)... 按钮，打开“选择图像源文件”对话框，如图3-58所示，选择需要设置为背景图像的文件，单击 确定 按钮即可。

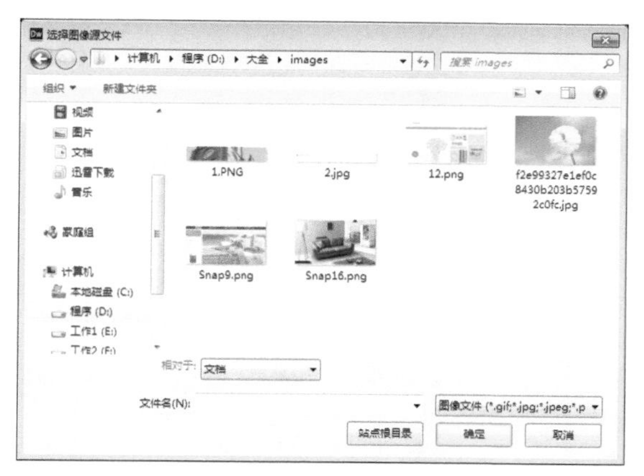

图3-58

* 重复：在使用图像作为背景时，可以在“重复”下拉列表框中选择背景图像的重复方式，其选项包括no-repeat、repeat、repeat-x、repeat-y。

Tips

**在“重复”下拉列表框中选择no-repeat选项时，背景图像不会重复，只在页面上显示一次；当选择repeat选项时，背景图像将会在横向和纵向上重复显示；当选择repeat-x选项时，背景图像只会在横向上重复显示；当选择repeat-y时，背景图像只会在纵向上重复显示。当没有对“重复”选项进行设置时，默认背景图像是横向和纵向都重复的。**

* 边距：在“左边距”“右边距”“上边距”“下边距”文本框中可以分别设置网页四边与浏览器四边边框的距离。

## 3.7.2 外观（HTML）

选择“页面属性”对话框左侧“分类”列表框中的“外观（HTML）”选项，如图3-59所示。该选项区的设置与“外观（CSS）”的设置基本相同，唯一不同的是在“外观（HTML）”选项区中设置的页面属性，将会自动在页面主体标签<body>中添加相应的属性设置代码，而不会自动生成CSS样式。

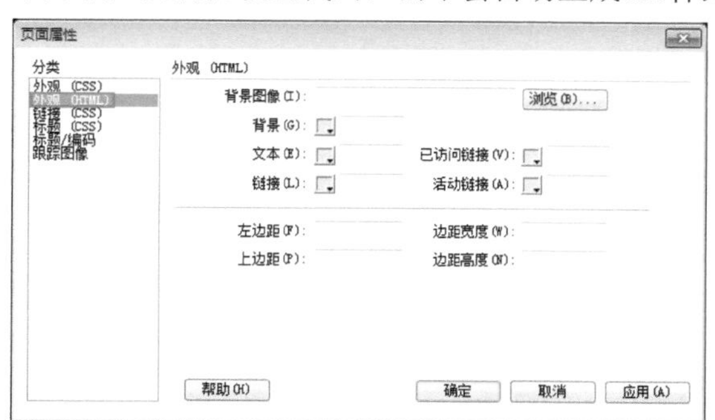

图3-59

“外观（HTML）”的相关设置选项与“外观（CSS）”的相关设置选项基本相同，只是多了3个关于文本超链接的设置。

## 3.7.3 链接（CSS）

选择“页面属性”对话框左侧“分类”列表框中的“链接（CSS）”选项，如图3-60所示。

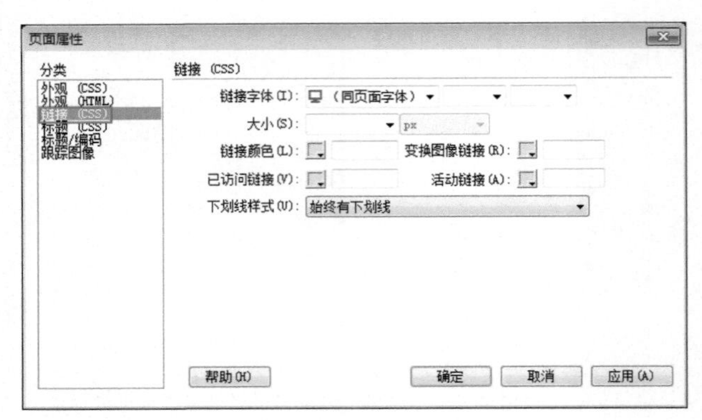


图3-60

**参数介绍**

* 链接字体：设置链接文字的字体。
* 大小：设置链接文字的大小。
* 链接颜色：设置存在链接而又未访问过的文字颜色。
* 变换图像链接：设置鼠标移到文字上的颜色。
* 已访问链接：设置访问过的文字颜色。
* 活动链接：设置单击时文字的颜色。
* 下画线样式：设置链接的文字的下画线样式，包括“始终有下画线”“始终无下画线”“仅在变换图像时显示下画线”“变换图像则隐藏下画线”这4种样式。

## ↘3.7.4 标题（CSS）

选择“页面属性”对话框左侧“分类”列表框中的“标题（CSS）”选项，如图3-61所示。

图3-61

**参数介绍**

* 标题字体：在其下拉列表框中可以选择一种字体，将其设置为标题的文字。
* 标题1~标题6：可以对6种标题样式的字体、颜色等进行重新设置。

## ↘3.7.5 标题/编码

选择“页面属性”对话框左侧“分类”列表框中的“标题/编码”选项，如图3-62所示。

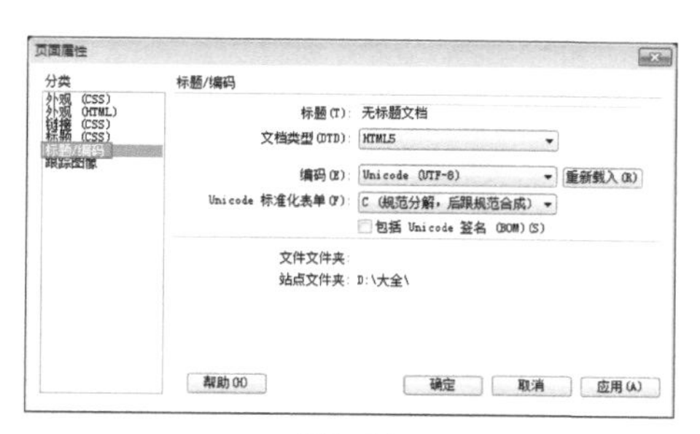


图3-62

**参数介绍**

＊ 标题：指定在“文档”窗口和大多数浏览器窗口的标题栏中出现的页面标题。

＊ 文档类型：可以在其下拉列表框中选择文档的类型，在Dreamweaver CC中默认新建的文档类型是XHTML 1.0 Transitional。

＊ 编码：在其下拉列表框中可以选择网页的文字编码，在Dreamweaver CC中默认新建的文档编码是Unicode（UTF-8），也可以选择“简体中文（GB2312）”。

＊ 重新载入：如果在“编码”下拉列表框中更改页面的编码，可以单击[重新载入(R)]按钮，转换现有文档或者使用新编码重新打开该页面。

＊ Unicode标准化表单：只有用户选择Unicode（UTF-8）作为页面编码时，该选项才可以使用。在该选项的下拉列表框中提供了4种Unicode标准化表单。

＊ 包括Unicode签名（BOM）：选中该复选项，则在文档中包括一个字节顺序标记（BOM）。BOM是Byte Order Mark 的缩写，是UTF编码方案里用于标识编码的标准标记。

## 3.7.6 跟踪图像

选择“页面属性”对话框左侧“分类”列表框中的“跟踪图像”选项，如图3-63所示。

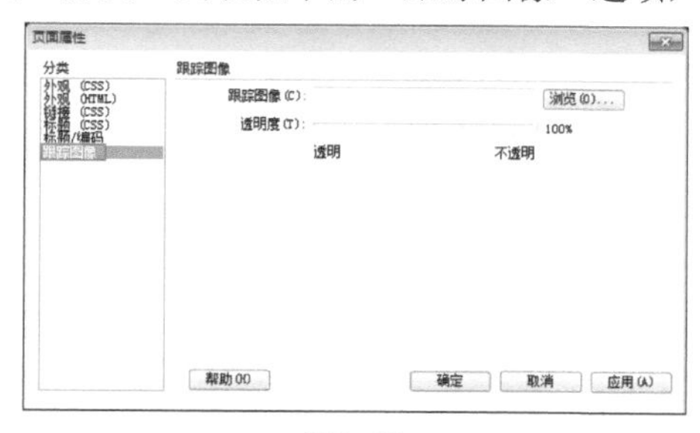


图3-63

**参数介绍**

＊ 跟踪图像：可以设置网页的跟踪图像。单击“跟踪图像”右侧的[浏览(O)...]按钮，在打开的“选择图像源文件”对话框中选择一幅图像文件即可插入跟踪图像。

＊ 透明度：设置跟踪图像的透明度。拖动“透明度”后面的滑块，跟踪图像的透明度也随之发生相应的变化。

# 3.8 章节小结

本章主要介绍了网页的基本编辑操作，如对于网页的创建、保存、打开和关闭等进行了简单介绍；对于文本的插入和设置等进行了简单讲解；对在页面中插入项目列表和编号列表进行了详细讲解。熟练掌握网页的基本操作和文本的编辑功能以及列表的设置，对我们在以后的实际网页制作中有很大的帮助。

# 3.9 课后习题

## 课后练习 将Word文本导入网页中

实例位置 CH03> 将 Word 文本导入网页中 > 将 Word 文本导入网页中.html
素材位置 CH03> 将 Word 文本导入网页中 >images
实用指数 ★★★★
技术掌握 学习在网页中导入 Word 文本的方法

在Dreamweaver CC中，用户可将Word中的内容插入网页中，将Word中的文本内容导入网页中的效果如图3-64所示。

**主要步骤：**

（1）准备一个已有内容的Word文档，或者新建一个Word文档，在文档中输入内容。

（2）在Dreamweaver CC中执行“文件>导入>Word文档”菜单命令，打开“导入Word文档”对话框。

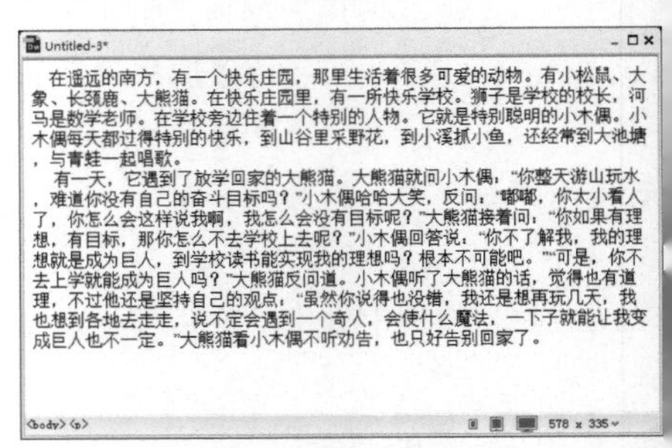

图3-64

（3）从计算机中找到要导入的Word文档并选中文档，在“格式化”下拉列表框中选择要导入文件的保留格式。

（4）单击 打开(O) 按钮即可将Word文档内容导入网页中。

## 课后练习 使用页面属性制作网页

实例位置 CH03> 使用页面属性制作网页 > 使用页面属性制作网页.html
素材位置 CH03> 使用页面属性制作网页 >images
实用指数 ★★★★
技术掌握 学习使用页面属性制作网页的方法

本例使用页面属性来制作网页，完成后的效果如图3-65所示。

**主要步骤：**

（1）新建一个网页文件，执行“插入>图像>图像”菜单命令，在网页中插入一幅图像。

（2）将光标放置于图像右侧，按下快捷键Shift+Enter强制换行，然后执行“插入>图像>图像”菜单命令，在文档中插入一幅图像。

图3-65

（3）执行“修改>页面属性”菜单命令，打开“页面属性”对话框，在“上边距”与“下边距”文本框中输入0。

（4）执行“文件>保存”菜单命令，将文件保存，然后按F12键浏览网页即可。

CHAPTER

# 04 网页中的图像

图像是网页吸引浏览者眼球的重要部分，恰当地使用图像既能达到美化网页的目的，又能更好地传递信息。本章将介绍在网页中插入鼠标经过图像、设置网页背景以及创建图像映射的方法。通过本章的学习，读者可以熟练掌握图像在网页设计中的作用，及制作不同网页图像的方法和技巧。

* 网页中常用的图像格式
* 网页中图像与文字的搭配
* 插入图像
* 交互式导航图像
* 设置网页背景
* 图像映射

# 4.1 网页中常用的图像格式

图片带给我们丰富的色彩与强烈的冲击力，正是图片给了网页修饰与点缀。合理地使用图片，能给人们带来美的享受。如果网页中没有了图片，光是纯文字的页面该是多么的单调。图片有多种格式，如JPG、BMP、TIF、GIF、PNG等。互联网上大多使用JPG和GIF两种格式的图片，因为它们具有压缩比例高的优点，而且各个操作系统都可使用。

下面简单介绍一下常用的图像文件存储格式。

## 4.1.1 GIF

GIF格式使图形文件的体积大大缩小，并基本保持了图片的原貌。为方便传输，在制作主页时一般都采用GIF格式的图片。此种格式的图像文件最多可以显示256种颜色，在网页制作中，适用于显示一些不间断色调或大部分为同一色调的图像。还可以将其作为透明的背景图像，作为预显示图像或在网页页面上移动的图像。

## 4.1.2 JPG

JPG图片格式是在Internet上被广泛支持的图像格式，JPG是一种以损失质量为代价的压缩方式，压缩比越高，图像质量损失越大，适用于一些色彩比较丰富的照片以及24位图像。这种格式的图像文件能够保存数百万种颜色，适用于保存一些具有连续色调的图像。

## 4.1.3 PNG

PNG是Portable Network Graphic的缩写。这种格式的图像文件可以完全替换GIF文件，而且无专利限制。非常适合Adobe公司的Fireworks图像处理软件，能够保存图像中最初的图层、颜色等信息。

目前，各种浏览器对JPG和GIF图像格式的支持情况最好。由于PNG文件较小，并且具有较大的灵活性，所以它非常适合用作网页图像。但是，某些浏览器版本不支持PNG图像，因此，它在网页中的使用受到了一定程度的限制。除非特别必要，在网页中一般都使用JPG或GIF格式的图像。

# 4.2 网页中图像与文字的搭配

网页主要由文字和图像构成，并且因为文字与图像在版面中所处位置和主次的不同，而有大小之分。作为标题的文字相对较大，正文文字则较小；作为宣传的图像较大，作为栏目的图像较小，作为项目的图像则更小。同时，图像因受空间和位置限制还有横竖之分。

图像和文字体现出网页的内容，因此图像的有序编排和布局就显示得尤为重要。要使图像与文字成为一个有机整体，需遵照以下几条规则。

## 4.2.1 主次分明，中心突出

任何事物都有一个中心，页面也不例外，用户在设计页面时必须考虑视觉中心，中心的确定一般在视线的平视位置或偏上位置。要想一眼能看到页面的重要内容，就需要将重要内容安排在视觉中心这个部位，其他内容可以放置在视觉中心以外，这样在页面上就突出了重点，达到了主次分明的效果，如图4-1所示。

图4-1

## 4.2.2 大小搭配，相互呼应

在排版内容时，较长的文章或标题，不要编排在一起，要有一定的距离，同样，较短的文章，也不能编排在一起。对待图像的安排也是如此，要互相错开，造成大小之间有一定的间隔，这样可以使页面错落有致，避免重心的偏离，如图4-2所示。

图4-2

## 4.2.3 图文并茂，相得益彰

文字和图像具有一种相互补充的视觉关系，页面上文字太多，就显得沉闷，缺乏生气。页面上图像太多，缺少文字，必然就会减少页面的信息容量。因此，最理想的效果是文字与图像的密切配合，互为衬托，既能活跃页面，又使页面有丰富的内容，如图4-3所示。

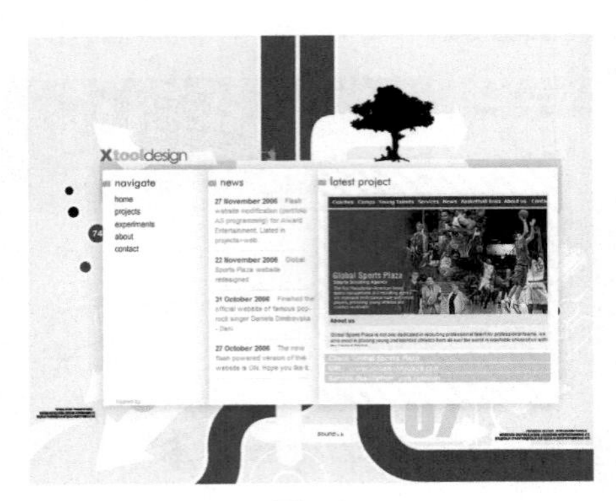

图4-3

## 4.3 插入图像

图像是网页中不可缺少的元素。一个好的网页除了文本之外，还应该有绚丽的图片来进行渲染，在页面中恰到好处地使用图像能使网页更加生动、形象和美观。

### ↘4.3.1 在网页中插入图像

要在网页中插入图像，首先应将光标放置到需要插入图像的位置，然后执行“插入>图像>图像”命令，或者按下Ctrl+Alt+I快捷键，打开图4-4所示的“选择图像源文件”对话框，在对话框中选择需要插入的图像后单击 确定 按钮，即可在网页中插入图像，如图4-5所示。

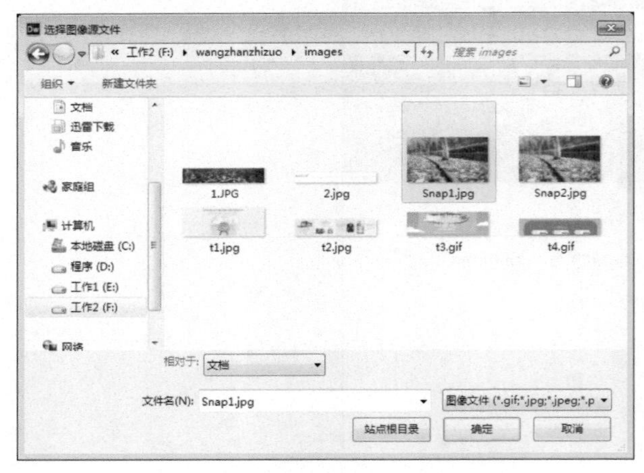


图4-4

图4-5

插入图像后，如果想在不变形的前提下对图像进行缩放，可以先选中图像，图像上会出现节点，然后按住Shift键不放，使用鼠标左键拖曳节点，这样即可保持比例来缩放图像，如图4-6所示。

图4-6

## 4.3.2 设置图像属性

插入图像后，用户可以随时设置图像的属性，如图像大小、链接位置、对齐方式等。在Dreamweaver中设置图像属性主要通过“属性”面板来完成。

选定图像，窗口最下方会出现图像“属性”面板，如图4-7所示。

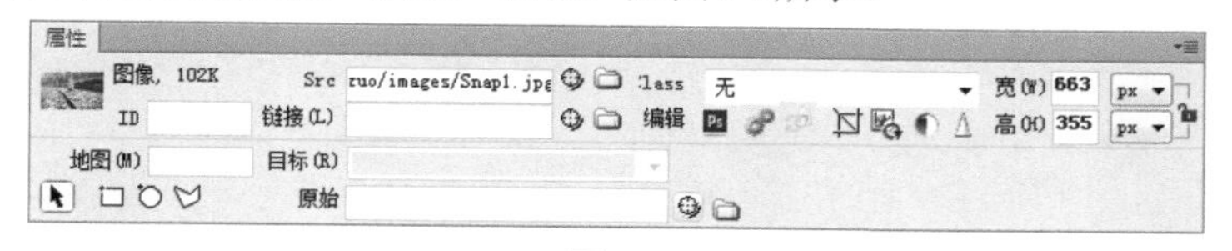


图4-7

**图像“属性”面板参数介绍**

* ID：在文本框中输入图像的名称。
* Src：此框用于设置插入图像的路径及名称。单击右侧的按钮，打开“选择图像源”对话框，选择一幅图片，即可替换原来的图像。
* 宽：设置图像宽度。
* 高：设置图像高度。
* 链接：为图像或图像热区添加链接，实现页面的跳转，其下方的“目标”下拉列表框用于指定链接页面加载的方式。
* 编辑：单击“编辑”按钮，启动默认的外部图像编辑器，可以在图像编辑器中编辑并保存图像，在页面上的图像将会自动更新；单击“编辑图像设置”按钮可以打开“图像优化”对话框，用于对图像进行优化处理；“裁剪”按钮用于裁剪图像；“重新取样”按钮用于重新取样；“亮度和对比度”按钮用于调整亮度和对比度；“锐化”按钮用于锐化图像。
* 目标：链接的目标在浏览器中的打开方式，包括blank、parent、self、top这4种方式。
* 原始：可以设置图像的Photoshop源文件与Fireworks源文件。

# 4.4 交互式导航图像

在Dreamweaver CC中，可以插入交互式导航图像。所谓交互式导航是指当鼠标经过一幅图像时，它会变成另外一幅图像，并且带有链接功能。因此导航条图像需要由两幅图组成：一幅初始图像，一幅替换图像。在网页中使用交互式图像，可使网页具有动态性与交互性。

要在网页中插入交互式图像，可以执行“插入>图像>鼠标经过图像”菜单命令，打开“插入鼠标经过图像”对话框，如图4-8所示。分别单击“原始图像”文本框右边的浏览...按钮与“鼠标经过图像”文本框右边的浏览...按钮，选择原始图像和鼠标经过时的图像即可。

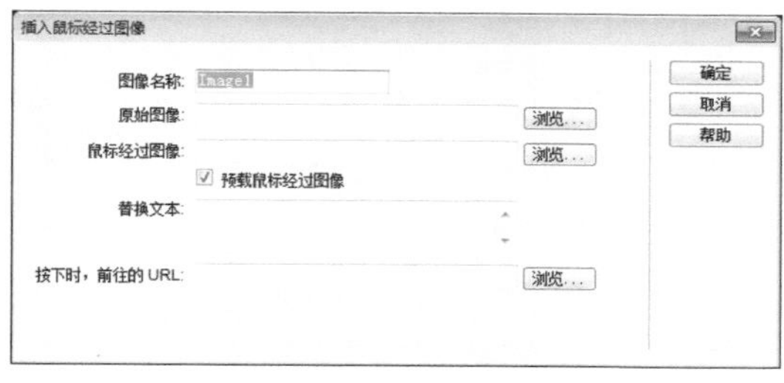


图4-8

**“插入鼠标经过图像”对话框参数介绍**

★ 图像名称：设置鼠标经过图像的名称。

★ 原始图像：在该文本框中，可以输入原始图像的路径，或者单击文本框后的 浏览... 按钮，选择一个图像文件作为原始图像。

★ 鼠标经过图像：在该文本框中，可以输入鼠标经过时显示的图像的路径，或者单击文本框后的 浏览... 按钮，选择一个图像文件作为鼠标经过图像。

★ 替换文本：在该文本框中可以输入鼠标经过图像的替换说明文字内容。

★ 按下时，前往的URL：在该文本框中可以设置鼠标经过图像时跳转到的链接地址。

## 即学即用 创建变换导航条

实例位置 CH04> 创建变换导航条 > 创建变换导航条.html

素材位置 CH04> 创建变换导航条 >images

实用指数 ★★★★

技术掌握 学习使用插入鼠标经过图像功能制作变换导航条的方法

01 新建一个网页文件，在“属性”面板中单击“居中对齐”按钮，使光标居中对齐，然后执行“插入>图像>鼠标经过图像”菜单命令，打开“插入鼠标经过图像”对话框，单击“原始图像”文本框右边的 浏览... 按钮，打开“原始图像”对话框，从中选择一幅图像文件，如图4-9所示。

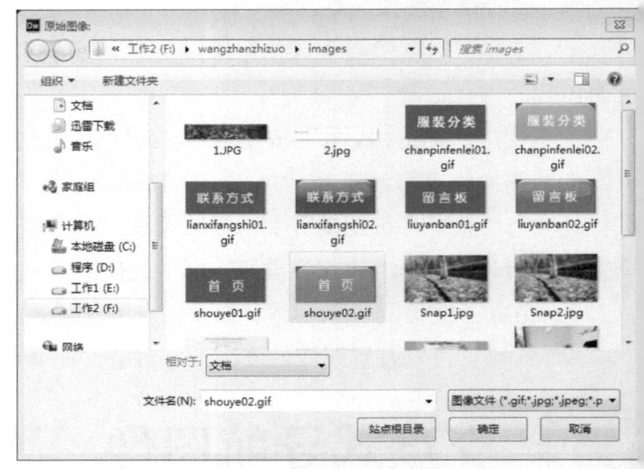

图4-9

02 单击 确定 按钮，返回“插入鼠标经过图像”对话框，此时在“原始图像”文本框中会出现选择的初始图像的路径及名称，如图4-10所示。

图4-10

03 单击“鼠标经过图像”文本框右边的 浏览... 按钮，打开“鼠标经过图像”对话框，从中选择一幅图像文件，如图4-11所示。

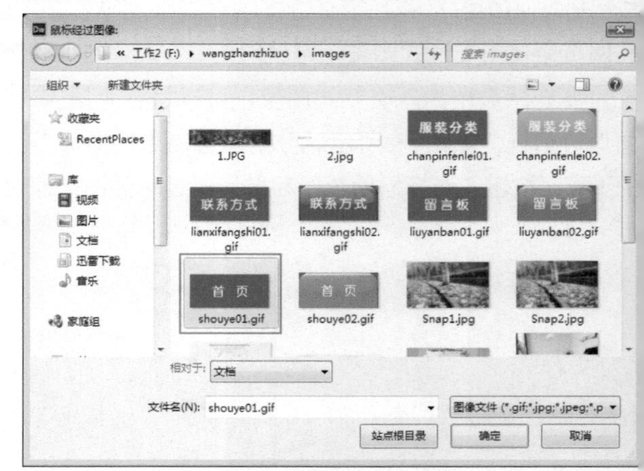

图4-11

04 单击 确定 按钮，返回“插入鼠标经过图像”对话框，此时在“鼠标经过图像”文本框中出现了替换图像的路径及名称，如图4-12所示。确认无误后单击 确定 按钮，即可插入鼠标经过图像，如图4-13所示。

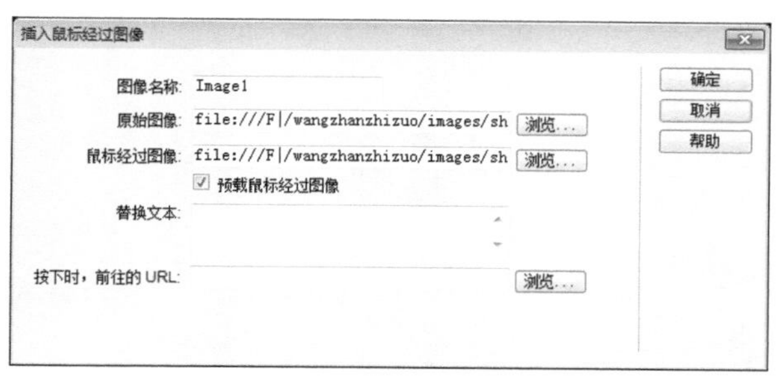


图4-12

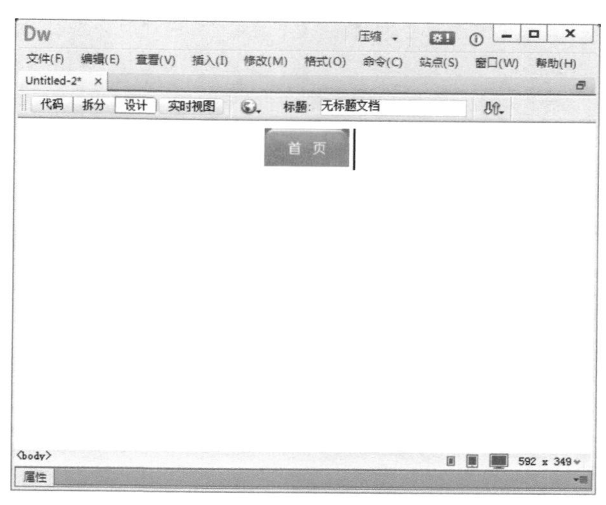


图4-13

05 将光标定位于刚插入图像的右边，执行“插入>图像>鼠标经过图像”菜单命令，打开“插入鼠标经过图像”对话框，选择两幅图像分别作为原始图像和鼠标经过图像插入到网页中，如图4-14所示。

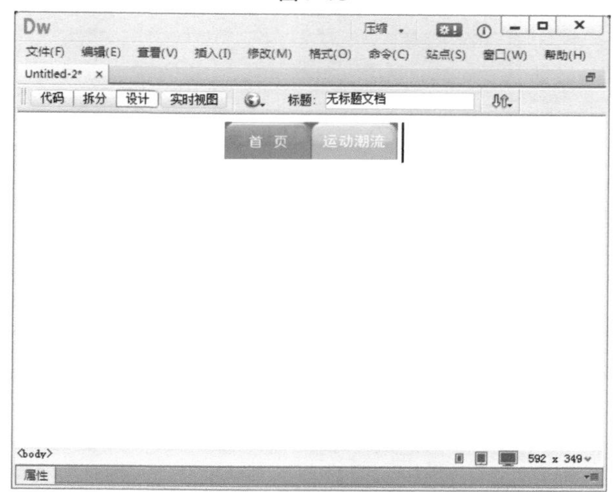


图4-14

06 按照同样的方法再插入4幅鼠标经过图像，创建网页导航条的效果如图4-15所示。

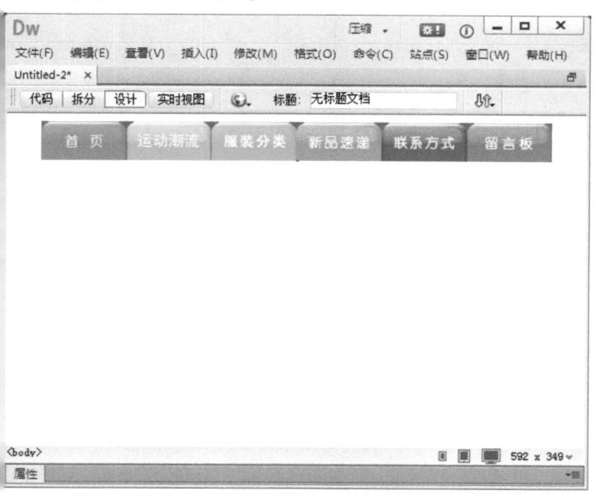


图4-15

07 按快捷键Shift+Enter强制换行，接着执行“插入>图像>图像”菜单命令，在文档中插入一幅图像，如图4-16所示。

图4-16

08 执行“修改>页面属性”菜单命令，打开“页面属性”对话框，在“上边距”与“下边距”文本框中输入0，然后单击 确定 按钮，如图4-17所示。

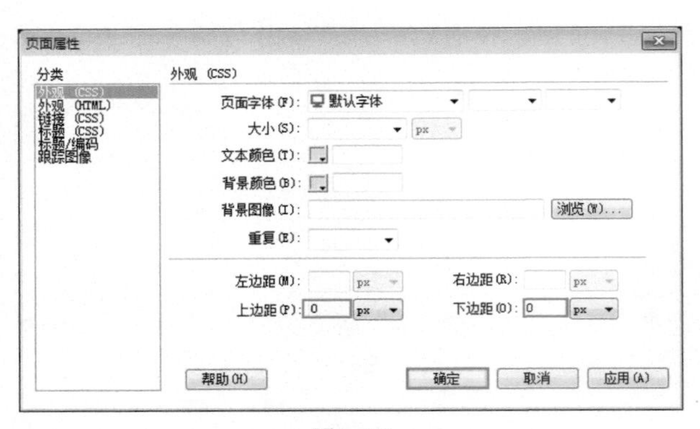


图4-17

09 按快捷键Ctrl+S保存页面，按F12键预览网页，当鼠标经过导航条中的图像时，图像会进行相应地变换，如图4-18所示。

图4-18

Tips

如果创建的导航条图像大小失真，那是因为创建导航条的两幅图像大小不同，交互的图像在显示时会进行压缩或展开以适应原有图像的尺寸，这样就容易造成图像失真，看起来也不美观。所以，我们在创建交互式图像时，应选择大小一致的图像。

# 4.5 设置网页背景

在Dreamweaver中，设置网页背景有两种方法：一种是设置背景颜色，另一种是设置背景图像。

## 4.5.1 设置网页背景颜色

通过设置网页背景颜色，可以使网页看起来色彩感更强，页面更加漂亮。设置网页背景颜色的操作步骤如下。

第1步：执行“修改>页面属性”菜单命令，或者在“属性”面板中单击 页面属性... 按钮，打开如图4-19所示的“页面属性”对话框。

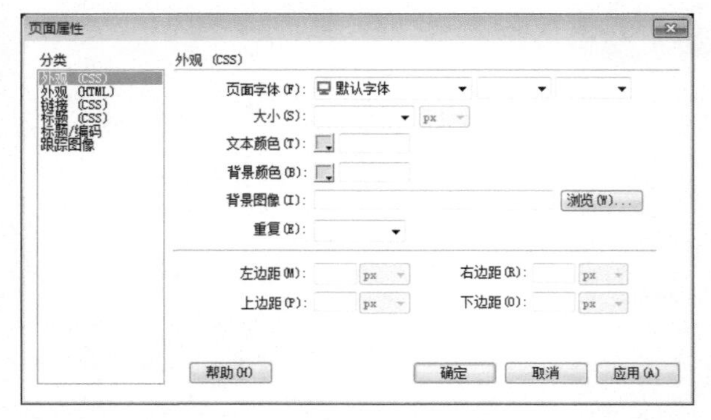


图4-19

第2步：单击“背景颜色”右侧的图标，为网页选择一种背景颜色，或者在其右侧的文本框里直接输入颜色的代码，如图4-20所示。

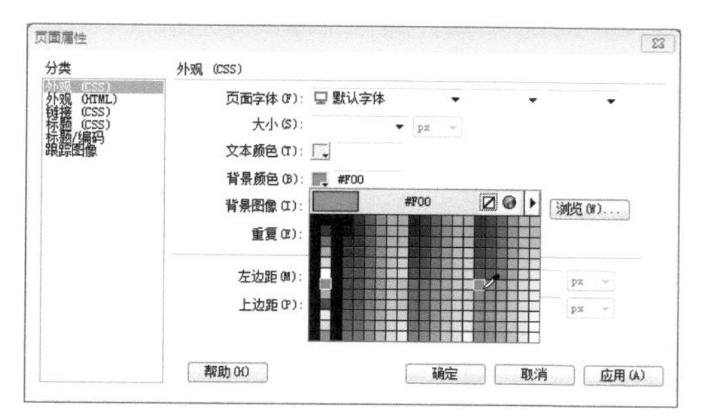


图4-20

第3步：设置完成后单击 确定 按钮，此时网页背景如图4-21所示。

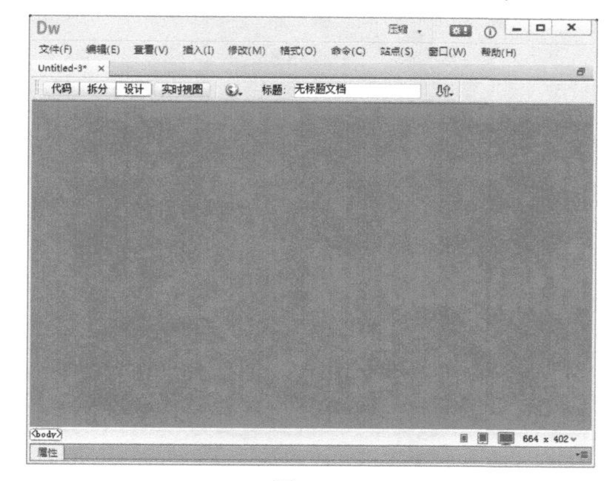


图4-21

## 4.5.2 设置网页背景图像

如果觉得网页中的背景颜色太过单一，可以为网页文档设置背景图像，设置网页背景图像的操作步骤如下。

第1步：执行“修改>页面属性”菜单命令，或者在“属性”面板中单击 页面属性... 按钮，打开“页面属性”对话框。

第2步：在“背景图像”文本框中输入将被用作网页背景的图像文件的路径，或者单击右侧的 浏览... 按钮，在打开的“选择图像源文件”对话框中选择一幅图像文件，然后单击 确定 按钮，如图4-22所示。

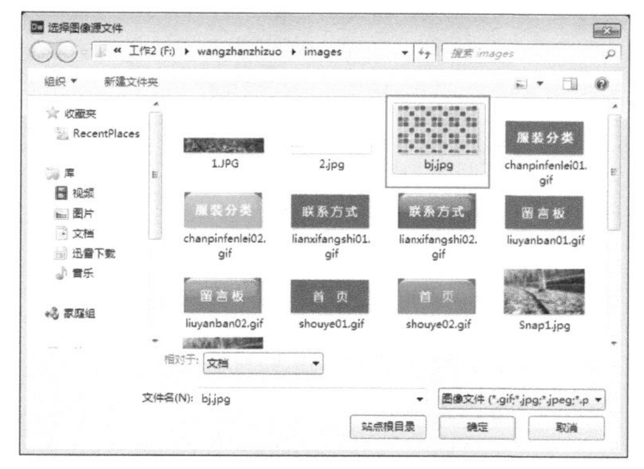


图4-22

第3步：返回“页面属性”对话框，单击 确定 按钮，即可为网页文档设置背景图像，最终效果如图4-23所示。

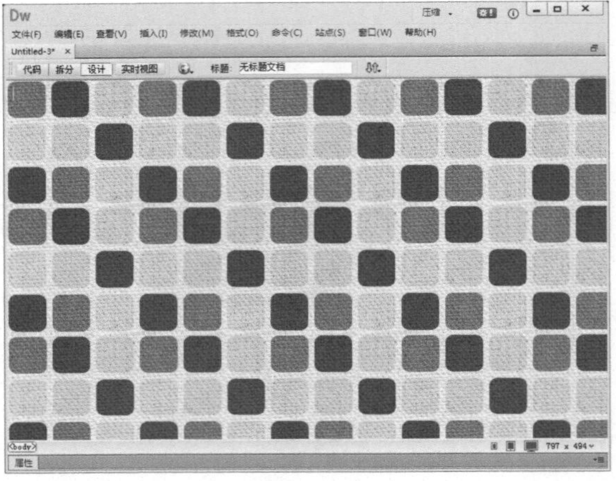

图4-23

如果同一个网页既设置了背景颜色，又设置了背景图像，那么只会显示背景图像，而不显示背景颜色。

## 4.6 设置外部图像编辑器

当把选择好的外部图片插入到Dreamweaver CC中时，可能这些图片与网页中的其他元素不能很好地协调搭配。换句话说，就是不能美化网页的整体效果，页面看起来不是那么美观。而Dreamweaver CC虽然在图像属性设置功能上有所加强，但它毕竟不是专门的图像编辑软件，这时就需要用到外部图像编辑器来对图像的源文件进行处理。

设置外部图像编辑器的操作步骤如下。

第1步：执行“编辑>首选项”菜单命令，打开“首选项”对话框，在对话框左侧的“分类”列表框中选择“文件类型/编辑器”选项，如图4-24所示。

图4-24

第2步：选中一种文件类型，比如这里选择扩展名为PNG的文件，单击“编辑器”上方的+按钮，打开如图4-25所示的对话框。

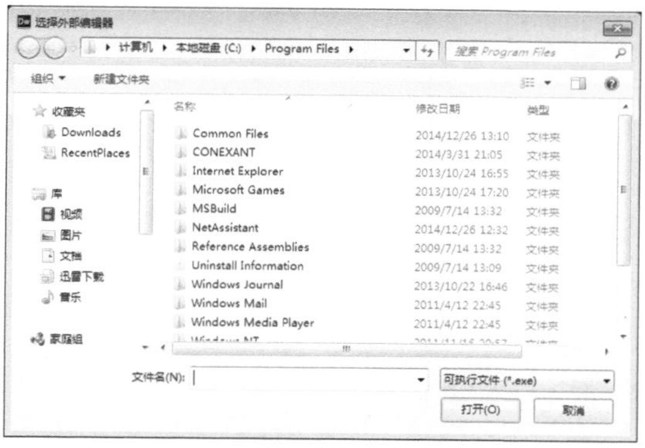

图4-25

第3步：在本机上给扩展名为PNG的文件选择一种外部图像编辑器软件，这里选择Photoshop，如图4-26所示。

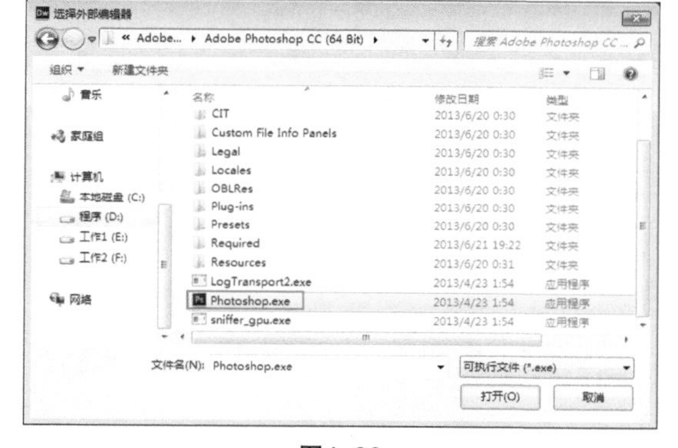

图4-26

第4步：单击打开(O)按钮，Photoshop就被添加进“编辑器”列表框中。如果用户对另一种功能强大的图形编辑软件Fireworks比较熟悉，也可以将Fireworks添加进“编辑器”列表框中，方法都一样。

第5步：选中Photoshop，单击“编辑器”列表框右上角的设为主要(M)按钮，即可将Photoshop设置为扩展名为PNG的文件的首要外部图像编辑器软件，如图4-27所示。

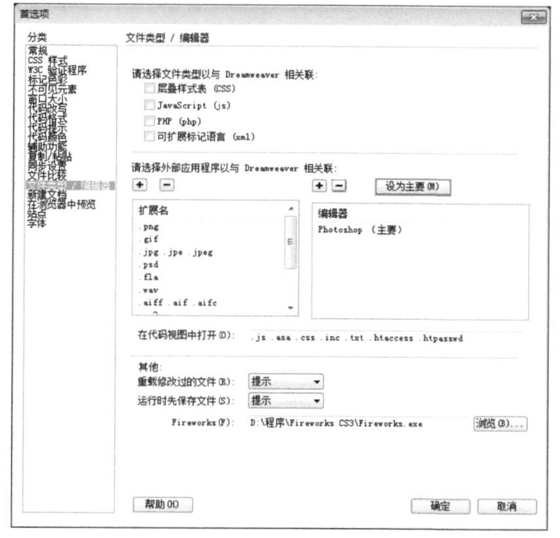

图4-27

第6步：使用上面介绍的方法，继续把扩展名为jpg、jpe、jpeg的文件的主要外部图像编辑器设为Photoshop，最后单击 确定 按钮，外部图像编辑器就设置完成。

## 4.7 图像映射

图像映射是将图像划分为若干个区域，每个区域都被称为一个热区，每个热区可分别设置不同的超链接。在Dreamweaver CC中，热区可以是不同的形状，如圆形、矩形、不规则多边形等。

设置图像映射的具体操作如下。

第1步：新建一个网页文件，执行“插入>图像>图像”菜单命令，在文档窗口中插入一幅图像，选中插入图像，其“属性”面板的左下角会出现“矩形热点工具”、“圆形热点工具”和“多边形热点工具”，如图4-28所示。

图4-28

第2步：单击任意热点工具，然后将光标移动到图像上并按下鼠标左键进行拖曳，即可创建一个热区，如图4-29所示。

图4-29

第3步：选中热区，在“替换”文本框中输入热区的文字说明或者提示。在浏览器中，当鼠标指向该热区时就会显示此处输入的文字，比如这里输入文字“娇艳的花朵！”，如图4-30所示。

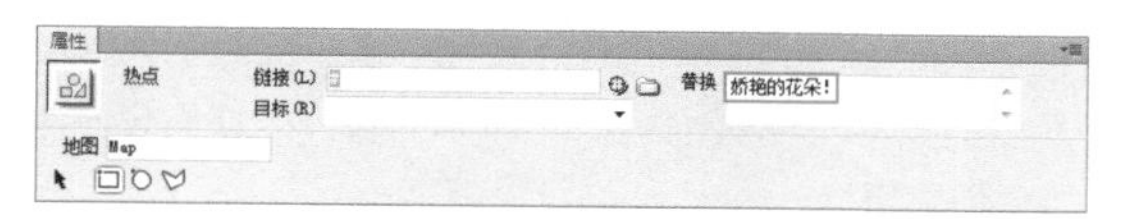


图4-30

在“替换”文本框中输入文字的好处：当浏览器还未将图像加载完全的时候，浏览者是看不到图像的，而浏览者使用鼠标经过图像区域时，就会显示出在“替换”文本框中输入的文字，从而使浏览者知道该处是什么图像。

第4步：保存文件，按下F12键，打开预览窗口，用鼠标单击热区，即会显示替代文字，如图4-31所示。

图4-31

Tips

如果要选择多个热区，可单击“属性”面板上热点工具左边的“指针热点工具”按钮，按住Shift键不放，使用鼠标左键对热区进行选择即可。如果要选择图像中所有的热区，可以选中图像，然后按快捷键Ctrl+A。选中热区后，就可以通过调节热点周围的控制点改变热点区域的大小，如图4-32所示。

图4-32

## 即学即用 将图像链接到不同网站

实例位置 CH04>将图像链接到不同网站>将图像链接到不同网站.html

素材位置 CH04>将图像链接到不同网站>images

实用指数 ★★★★

技术掌握 学习使用图像映射将图像链接到不同网站的方法

**01** 新建一个网页文件，在“属性”面板中单击“居中对齐”按钮，使光标居中对齐，然后执行“插入>图像>图像”菜单命令，在文档中插入一幅图像，如图4-33所示。

图4-33

**02** 选择插入的图像，在“属性”面板单击任意热点工具，然后分别在图像左边的图标与右边的图标上创建热区，如图4-34所示。

图4-34

**03** 在“属性”面板上单击“指针热点工具”，然后选择左边的热区，在“链接”文本框中直接输入要链接的网址，在“替换”文本框中输入“网站建设开发”，如图4-35所示。

图4-35

**04** 选择图像右边的热区，在“属性”面板上的“链接”文本框中直接输入要链接的网址，在“替换”文本框中输入“网站优化推广”，如图4-36所示。

图4-36

**05** 保存文件，按F12键预览，当鼠标经过图像上设置了热区的位置时，不但会出现链接网站的文字说明，而且在浏览器状态栏中会显示链接网站的网址，如图4-37所示。

图4-37

# 4.8 章节小结

本章主要介绍了在网页中插入图像的知识，并对交互式图像和网页的背景设置进行了详细地讲解。需要注意的是，在同一个网页中不能同时设置网页背景与网页背景图像。熟练掌握网页图像的设置，对我们在以后的实际网页制作中有很大的帮助。

# 4.9 课后习题

## 课后练习 制作娱乐网站导航

实例位置 CH04>制作娱乐网站导航>制作娱乐网站导航.html
素材位置 CH04>制作娱乐网站导航>images
实用指数 ★★★★
技术掌握 学习制作娱乐网站导航的方法

下面制作一个娱乐网站导航，效果如图4-38所示。

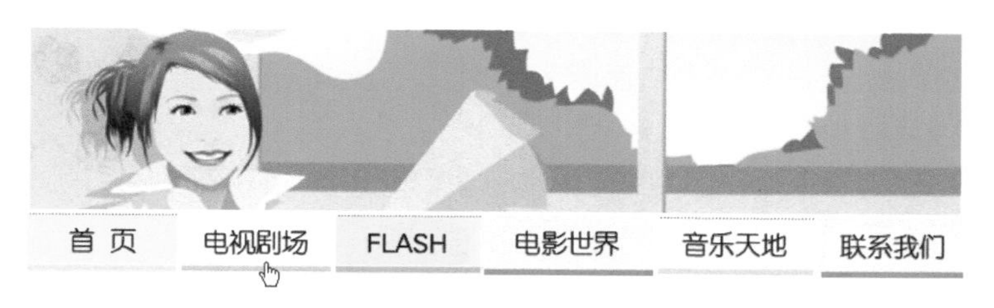


图4-38

**主要步骤：**

（1）新建一个网页文件，在“属性”面板中单击“居中对齐”按钮，使光标居中对齐，导入一幅图像到网页中。

（2）将光标置于插入的图像后，按快捷键Shift+Enter强制换行，使用“插入鼠标经过图像”功能创建5个交互式图像。

（3）执行“文件>保存”菜单命令，将文件保存，然后按F12键浏览网页即可。

## 课后练习 将网页图像不同部分链接到网易与新浪

实例位置 CH04>将网页图像不同部分链接到网易与新浪>将网页图像不同部分链接到网易与新浪.html
素材位置 CH04>将网页图像不同部分链接到网易与新浪>images
实用指数 ★★★★
技术掌握 学习将网页图像不同部分链接到网易与新浪的方法

本例使用图像映射功能给网页图像添加超链接，完成后的效果如图4-39所示。

图4-39

**主要步骤：**

（1）新建一个网页文件，执行“插入>图像>图像”菜单命令，在网页中插入一幅图像。

（2）选择插入的图像，在“属性”面板单击任意热点工具，然后分别在图像的左边与右边创建热区。

（3）在“属性”面板上单击“指针热点工具”，然后选择左边的热区，在“链接”文本框中直接输入要链接的网址，这里输入网易的网址，在“替换”文本框中输入“网易网站”。

（4）选择图像右边的热区，在“属性”面板上的“链接”文本框中直接输入要链接的网址，这里输入新浪的网址，在“替换”文本框中输入“新浪网站”。

（5）执行“文件>保存”菜单命令，将文件保存，然后按F12键浏览网页即可。

CHAPTER

# 05 使用表格进行网页布局

要学习网页设计，熟练使用表格是必不可少的技能之一。熟练掌握和灵活应用表格的各种属性，可以使网页看起来赏心悦目。因此设置表格是网页设计人员必须掌握的基础知识，也是网页设计的重中之重。

- ＊ 创建表格
- ＊ 选定表格元素
- ＊ 设置表格与单元格属性
- ＊ 单元格的合并及拆分
- ＊ 插入嵌套表格
- ＊ 导入和导出表格数据

# 5.1 创建表格

表格是网页中最常用的排版方式之一，它可以将数据、文本、图片、表单等元素有序地显示在页面上，从而便于我们阅读信息。通过在网页中插入表格，可以对网页内容进行精确的定位。

## ↘5.1.1 在网页中创建表格

要创建表格，可以执行“插入>表格”菜单命令，或者按快捷键Ctrl+Alt+T，打开“表格”对话框，在对话框中进行设置后单击 确定 按钮即可插入表格，如图5-1所示。

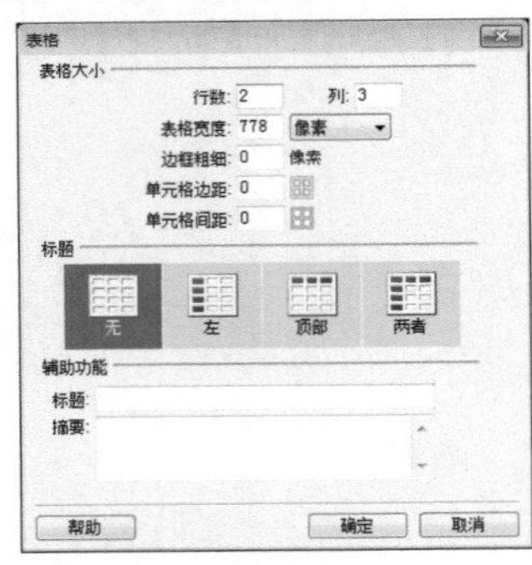


图5-1

**“表格”对话框的参数介绍**

* 行数：确定表格具有的行的数目。
* 列数：确定表格具有的列的数目。图5-2所示为一个3行2列的表格，图5-3所示为一个2行3列的表格。

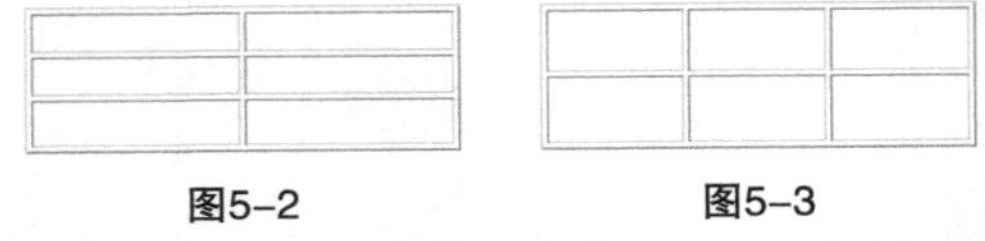

图5-2　　图5-3

* 表格宽度：以像素为单位或以占浏览器窗口宽度的百分比来指定表格的宽度。当表格宽度以像素为单位时，缩放浏览器窗口不会影响表格的实际大小；当表格宽度指定为百分比时，缩放浏览器窗口时表格宽度将随之变化。通常情况下都以实际像素来表示表格宽度。
* 边框粗细：指定表格边框的粗细。大多数浏览器显示表格的边框粗细为1像素。若不需要显示表格边框，可将边框粗细设置为0像素。图5-4所示为一个3行4列的表格，边框粗细分别为0像素、1像素和8像素。

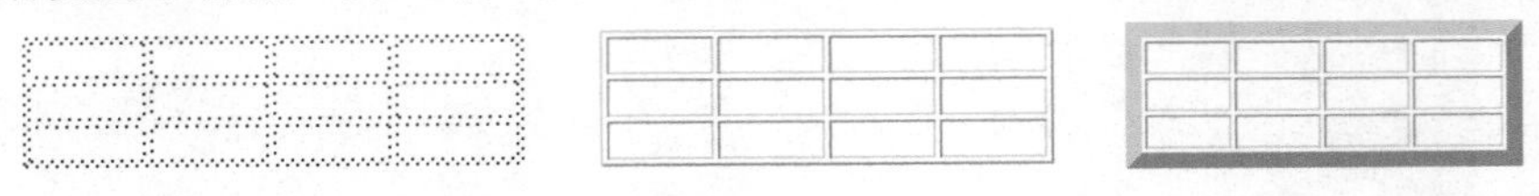

图5-4

* 单元格边距：单元格边距指单元格的边框和里面内容之间的距离，大多数浏览器默认设置单元格边距为1像素。图5-5所示是单元格边距为1像素时的表格，图5-6所示是单元格边距为5像素时的表格。

| 边距为1 | 边距为1 | 边距为1 |
| --- | --- | --- |
| 边距为1 | 边距为1 | 边距为1 |
| 边距为1 | 边距为1 | 边距为1 |

图5-5

| 边距为5 | 边距为5 | 边距为5 |
| --- | --- | --- |
| 边距为5 | 边距为5 | 边距为5 |
| 边距为5 | 边距为5 | 边距为5 |

图5-6

* 单元格间距：相邻单元格之间的距离，大多数浏览器默认设置单元格间距为2像素。图5-7所示是单元格间距为1像素时的表格，图5-8所示是单元格间距为5像素时的表格。

| 间距为1 | 间距为1 | 间距为1 |
|---|---|---|
| 间距为1 | 间距为1 | 间距为1 |
| 间距为1 | 间距为1 | 间距为1 |

图5-7

| 间距为5 | 间距为5 | 间距为5 |
|---|---|---|
| 间距为5 | 间距为5 | 间距为5 |
| 间距为5 | 间距为5 | 间距为5 |

图5-8

* （表格内标题样式）：表示设置表格内标题的几种样式，分别是“无”“左”“顶部”“两者”。如图5-9所示分别为无标题、标题居左、标题居顶、标题同时居左和居顶时的表格状态。

| Microsoft | Macromedia | Adobe |
|---|---|---|
| Office | Dreamweaver | Photoshop |
| SQL Server | Flash | Acrobat |
| Visual Studio | Fireworks | Affter Effect |

| **Microsoft** | **Macromedia** | **Adobe** |
|---|---|---|
| Office | Dreamweaver | Photoshop |
| SQL Server | Flash | Acrobat |
| Visual Studio | Fireworks | Affter Effect |

| **Microsoft** | Macromedia | Adobe |
|---|---|---|
| **Office** | Dreamweaver | Photoshop |
| **SQL Server** | Flash | Acrobat |
| **Visual Studio** | Fireworks | Affter Effect |

| **Microsoft** | **Macromedia** | **Adobe** |
|---|---|---|
| **Office** | Dreamweaver | Photoshop |
| **SQL Server** | Flash | Acrobat |
| **Visual Studio** | Fireworks | Affter Effect |

图5-9

* 标题：显示在表格外的表格标题。比如在该文本框中输入文字“表1-1　插入表格”，然后插入一个3行6列的表格，如图5-10所示。

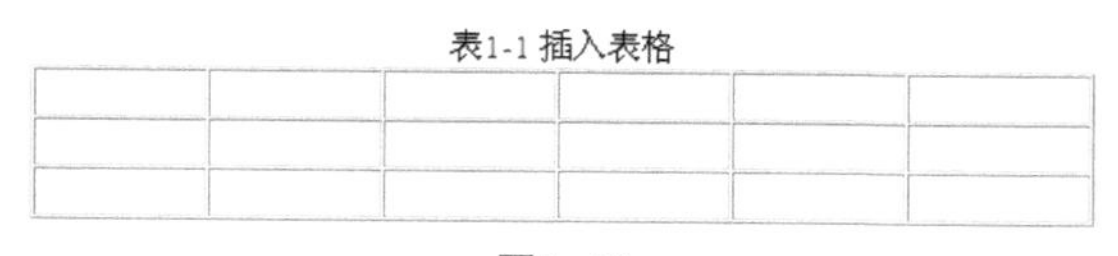


图5-10

* 摘要：表格的说明，可供浏览器读取但不予以显示。

## 5.1.2 表格的基本组成元素

表格由单元格、行、列、边框4种基本元素组成，如图5-11所示。

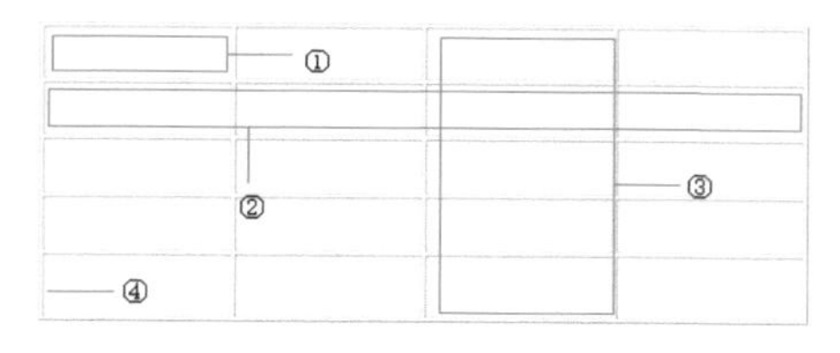


图5-11

① 单元格：表格中的每一个小格称为一个单元格。

② 行：水平方向的一排单元格称之为一行。图5-11中的表格中共有5行。

③ 列：垂直方向的一排单元格称之为一列。图5-11中的表格中共有4列。

④ 边框：组成表格的线条称之为边框。

## 5.1.3 设置表格与单元格属性

设置表格与单元格属性可通过“属性”面板来完成，下面分别进行介绍。

### 1. 设置表格属性

在Dreamweaver中，使用“属性”面板可以设置表格属性。选定一个表格后，其“属性”面板显示如图5-12所示。

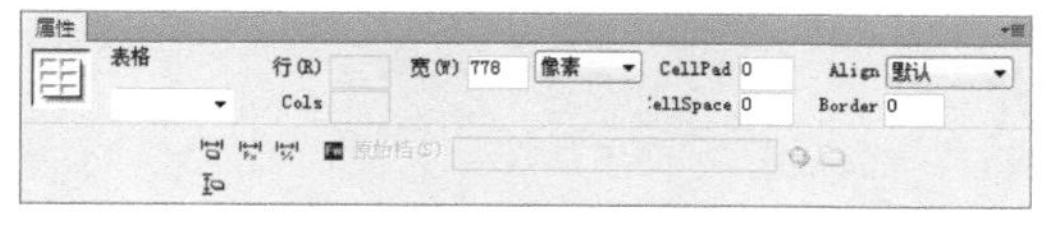


图5-12

**参数介绍**

★ 表格：设置表格的名称。

★ 行：设置表格的行数。

★ Cols（列）：设置表格的列数。

★ 宽：设置表格的宽度。

★ CellPad（填充）：设置单元格内容与边框的距离。

★ CellSpace（间距）：设置每个单元格之间的距离。

★ Align（对齐）：设置表格的对齐方式。对齐方式有“左对齐”“居中对齐”和“右对齐”3种，默认是左对齐。

★ Border（边框）：设置表格边框的宽度，以像素为单位。

★ ：用于清除列宽。

★ ：将表格宽度转换成像素。

★ ：将表格宽度转换成百分比。

★ ：用于清除行高。

## 2. 设置单元格属性

在Dreamweaver中，用户还可以单独设置单元格的属性，将光标放置到单元格中，其“属性”面板显示如图5-13所示。

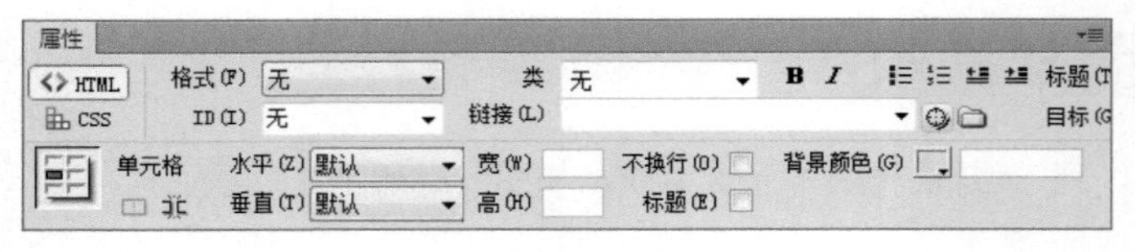


图5-13

**参数介绍**

★ 格式：设置表格中文本的格式。

★ ID：设置单元格的名称。

★ 类：选择设置的CSS样式。

★ 链接：设置单元格中内容的链接属性。

★ B：对所选文本应用加粗效果。

★ I：对所选文本应用斜体效果。

★ ///：设置表格中文本列表方式和缩进方式。

★ 水平：设置表格中的元素的水平对齐方式，其中包括“左对齐”“右对齐”“居中对齐”3种，默认是“左对齐”。

★ 垂直：设置表格中的元素的垂直对齐方式，其中包括“顶端”“居中”“底部”“基线”4种，默认为“居中”。

★ 宽/高：设置单元格的宽度和高度，单位为像素。

★ 不换行：选中此复选项后，表格中文字、图像将不会环绕排版。

★ 标题：设置单元格的表头。

★ 背景颜色：设置单元格的背景颜色。

# 5.2 输入表格内容

在Dreamweaver中，不仅可以在表格中输入文本，还可以在表格中插入图像。

## 5.2.1 输入文本

将光标放置到要输入文本的表格中，直接输入文本内容即可，如图5-14所示。

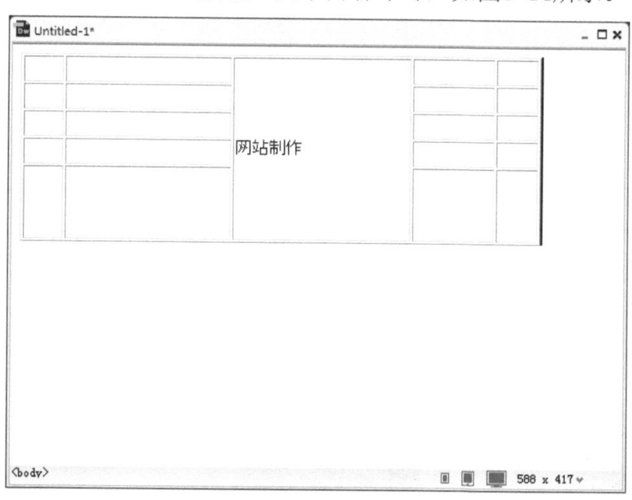


图5-14

## 5.2.2 插入图像

将光标放置到要插入图像的表格中，执行“插入>图像>图像”菜单命令，打开“选择图像源文件”对话框，如图5-15所示。选择要插入的图像，单击 确定 按钮，即可在表格中插入图像，如图5-16所示。

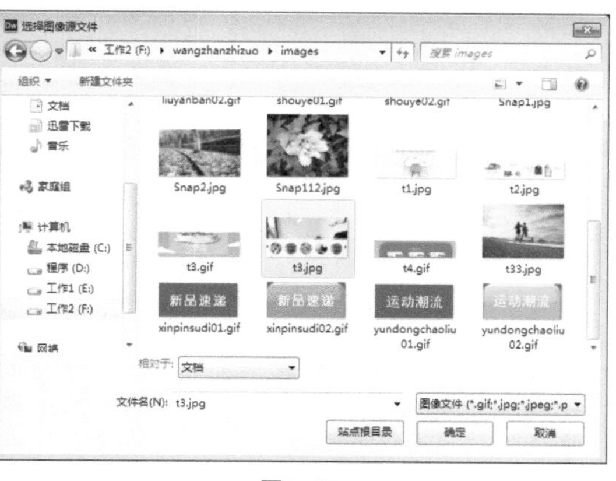


图5-15

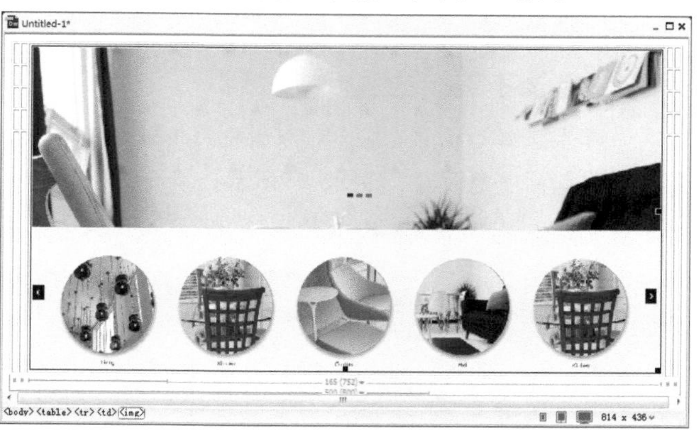


图5-16

**Tips**

**在表格中插入图像时，如果表格的宽度和高度小于所插入图像的宽度和高度，则插入图像后表格的宽度和高度会自动增大到与图像的尺寸相同。**

# 5.3 表格元素的操作

下面介绍表格元素的操作，包括选择表格元素、添加和删除行或列、单元格的合并与拆分等。

## 5.3.1 选择表格元素

在对表格元素进行操作之前，必须先选定表格元素。下面就来介绍选定表格元素的操作方法。

### 1. 选定整行

选定整行单元格的操作方法有以下两种。

第1种：在一行表格中，单击鼠标左键并横向拖曳。

第2种：将光标置于一行表格的左边，当出现选定箭头时，单击鼠标左键即可选中整行表格，如图5-17所示。

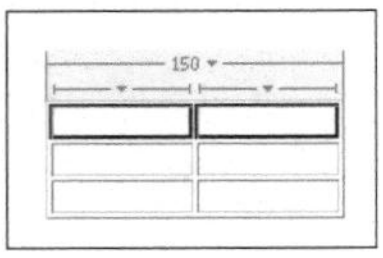

图5-17

### 2. 选定整列

选定整列单元格的操作方法有以下两种。

第1种：在一列表格中，按住鼠标左键不放纵向拖曳。

第2种：将光标置于一列表格的上方，当出现选定箭头时，单击鼠标左键即可选中整列表格，选定的单元格内侧会出现黑框，如图5-18所示。

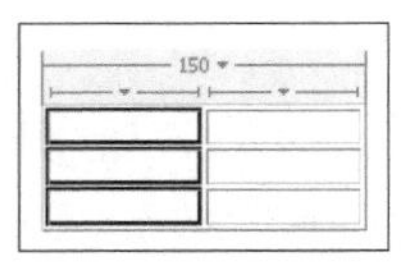

图5-18

### 3. 选择不连续的多行或多列

如果要选择不相邻的多个行或者列，可以在选中一行或者一列后，在按住Ctrl键的同时依次在表格的边框处单击鼠标左键即可，如图5-19所示。

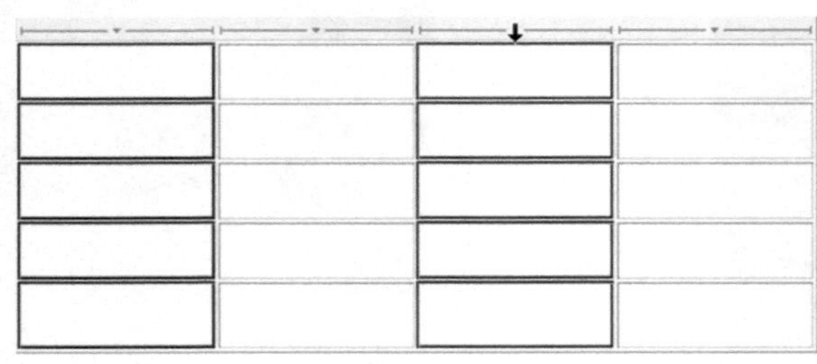

图5-19

### 4. 选择连续的单元格

选定一个单元格，在按住Shift键的同时单击另一个单元格；或者在一个单元格中按住鼠标左键不放并拖曳鼠标横向或纵向移动，即可选择多个连续的单元格，如图5-20所示。

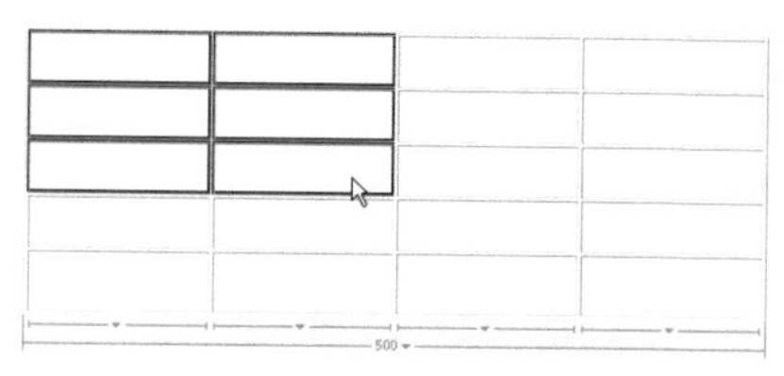

图5-20

## 5. 选择不连续的单元格

按住Ctrl键的同时，分别单击不连续的单元格即可。若再次单击被选中的单元格，则可取消对单元格的选中状态，如图5-21所示。

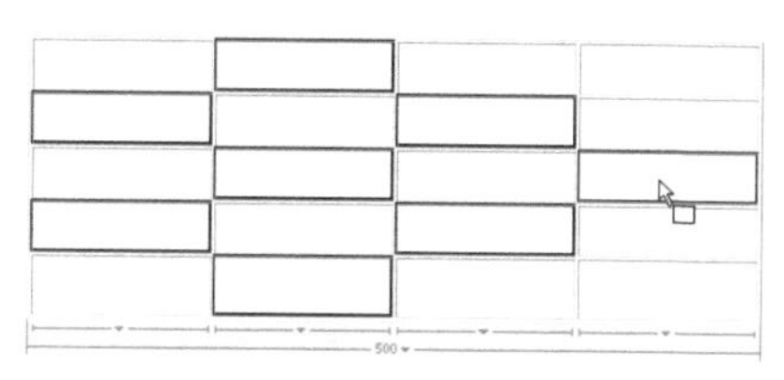

图5-21

## 6. 选定整个表格

选定整个表格的操作方法有以下3种。

第1种：执行“修改>表格>选择表格”菜单命令。

第2种：将鼠标移动到表格的左上角或右下角，当光标变成✥形状时单击鼠标左键。

第3种：将光标放置到任意一个单元格中，然后单击文件窗口左下角的<table>标签，如图5-22所示。

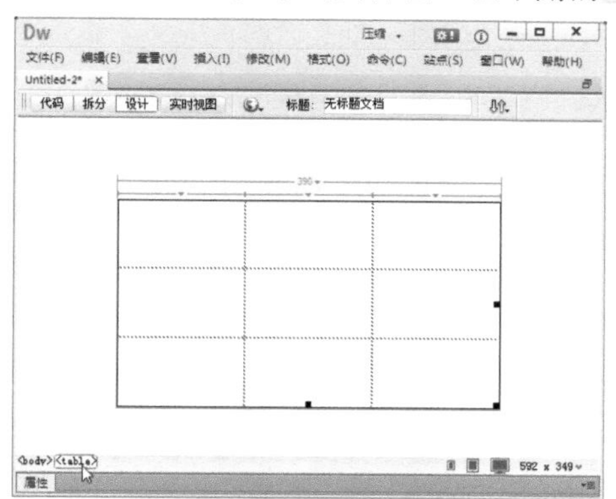

图5-22

Tips

如果要调整表格的大小，首先选中表格（被选中的表格带有粗黑的外框，并在下边中点、右边中点、右下角分别显示控制柄），然后使用鼠标拖曳控制柄以调整其大小，如图5-23所示。

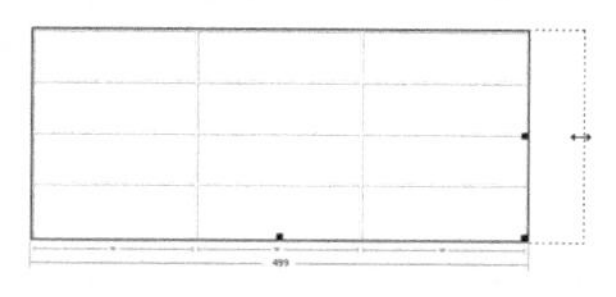

图5-23

拖曳表格右下角的控制柄，可以同时调整表格的宽度和高度。选定表格后，也可以通过在“属性”面板的“宽”和“高”文本框中直接输入数值来精确调整表格的大小。

## 5.3.2 添加和删除行/列

在Dreamweaver中，可以很方便地添加和删除表格的行或列。

### 1. 在表格中添加一行

在表格中添加一行的操作方法有以下两种。

第1种：将光标放置到单元格内，执行“修改>表格>插入行”菜单命令，如图5-24所示。

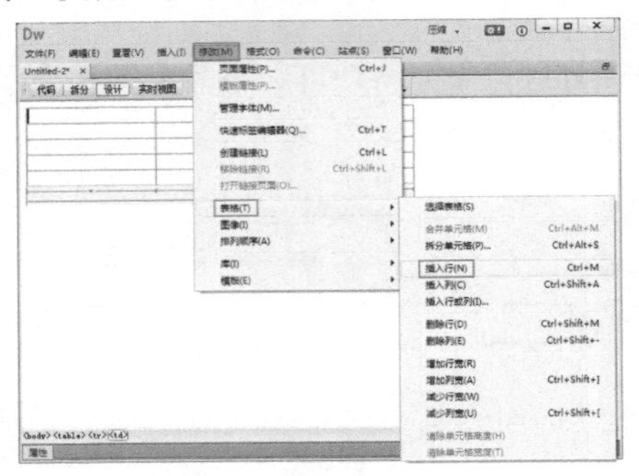

图5-24

第2种：将光标放置到单元格内，然后单击鼠标右键，在弹出的快捷菜单中选择“表格>插入行”命令，如图5-25所示。

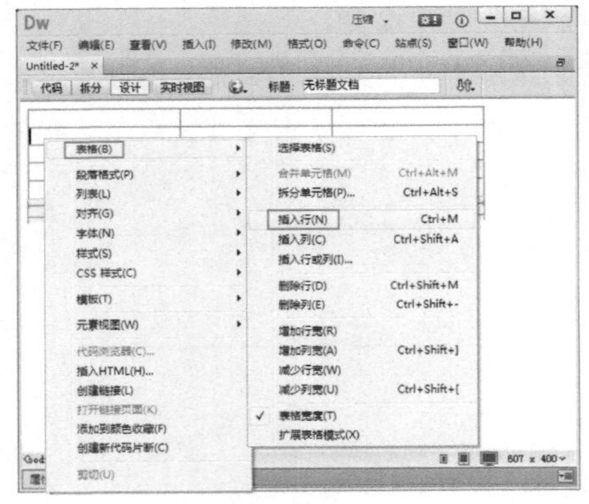


图5-25

### 2. 在表格中添加一列

在表格中添加一列的操作方法有以下两种。

第1种：将光标放置到单元格内，执行“修改>表格>插入列”菜单命令，如图5-26所示。

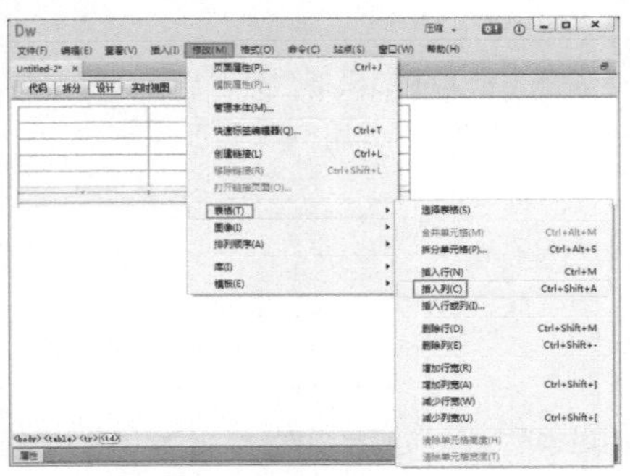

图5-26

第2种：将光标放置到单元格内，然后单击鼠标右键，在弹出的快捷菜单中选择“表格>插入列”命令，如图5-27所示。

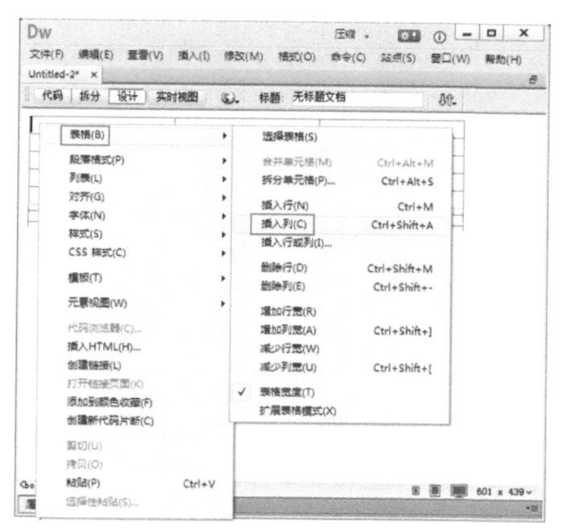


图5-27

将光标放置到单元格内，按快捷键Ctrl+M能添加一行，按快捷键Ctrl+Shift+A能添加一列。

### 3. 在表格中添加多行或多列

将光标放置到单元格内，执行“修改>表格>插入行或列”菜单命令，或直接在单元格内单击鼠标右键，在弹出的快捷菜单中选择“表格>插入行或列”命令，打开如图5-28所示的“插入行或列”对话框，在其中进行参数设置即可添加多行或多列。

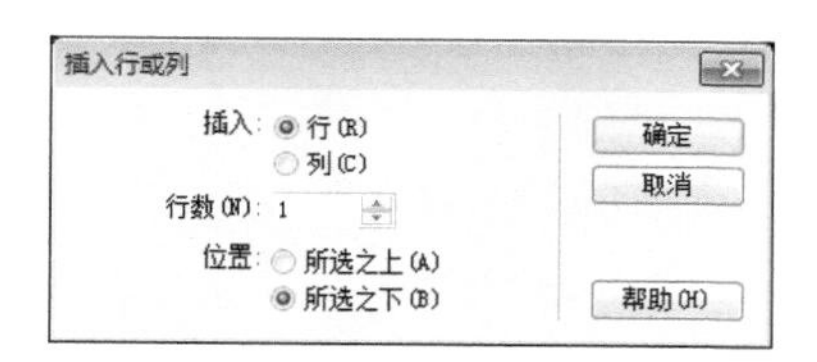


图5-28

**“插入行或列”对话框的参数介绍**

* 插入：可通过单选项来选择插入“行”还是插入“列”。
* 行数：如选择“行”单选项，这里就要输入添加行的数目；如选择“列”单选项，这里就要输入添加列的数目。
* 位置：如选择“行”单选项，这里就可选择插入行的位置是在当前所在单元格之上或者之下；如选择“列”单选项，这里就可选择插入列的位置是在当前所在单元格之前或者之后。

### 4. 删除行或列

将光标放置到单元格内，执行“修改>表格>删除行”菜单命令，或者单击鼠标右键在弹出的快捷菜单中选择“表格>删除行”命令，即可删除行。

将光标放置到单元格内，执行“修改>表格>删除列”菜单命令，或者单击鼠标右键在弹出的快捷菜单中选择“表格>删除列”命令，即可删除列。

先选定整行或整列，然后按Delete键也可删除行或列。

## 5.3.3 合并和拆分单元格

在制作网页的过程中，有时需要合并或拆分单元格，下面将分别介绍合并或拆分单元格的操作方法。

### 1. 单元格的合并

要合并的单元格必须是连续的。合并单元格的步骤如下。

第1步：选定要合并的单元格，如图5-29所示。

第2步：执行“修改>表格>合并单元格”菜单命令，或者单击鼠标右键并在弹出的快捷菜单中选择“表格>合并单元格”命令，合并后的单元格如图5-30所示。

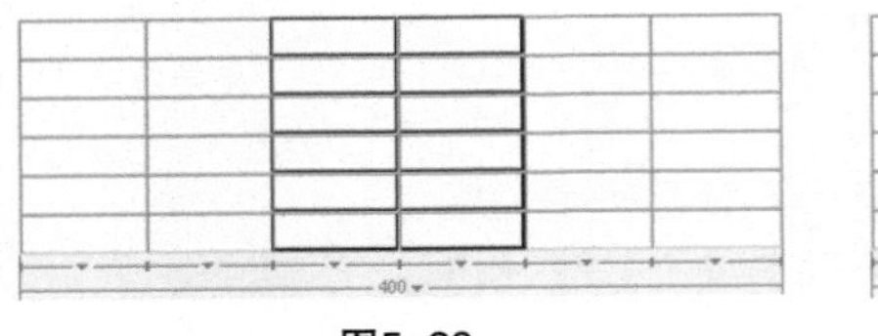

图5-29

图5-30

### 2. 单元格的拆分

拆分单元格的步骤如下。

第1步：将光标放置到要拆分的单元格之中。

第2步：执行“修改>表格>拆分单元格”菜单命令，或者单击鼠标右键并在弹出的快捷菜单中选择“表格>拆分单元格”命令，弹出如图5-31所示的“拆分单元格”对话框。

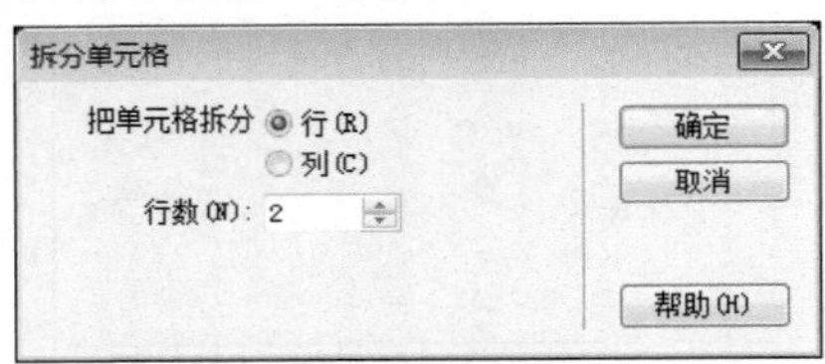


图5-31

第3步：在“拆分单元格”对话框中，选择是拆分为“行”还是“列”，然后输入行数或列数，图5-32所示是将一个单元格拆分为3列后的表格。

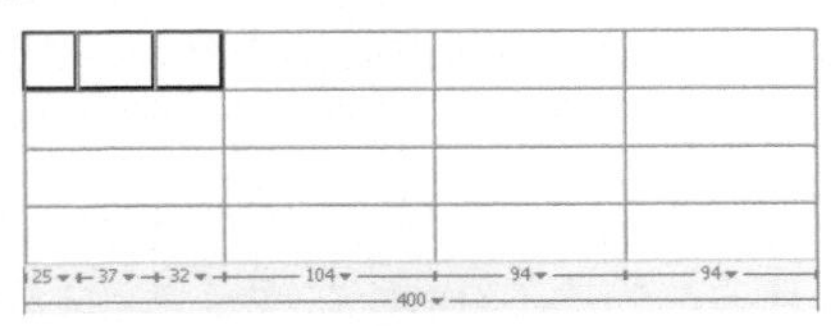

图5-32

## 即学即用 制作商品促销网页

实例位置 CH05> 制作商品促销网页 > 制作商品促销网页.html

素材位置 CH05> 制作商品促销网页 >images

实用指数 ★★★

技术掌握 学习使用单元格的合并及拆分来制作网页的方法

**01** 新建一个网页文档，执行“插入>表格”菜单命令，插入一个2行2列，宽为990像素的表格。在“属性”面板中将其对齐方式设置为“居中对齐”，“填充”和“间距”都设置为0，如图5-33所示。

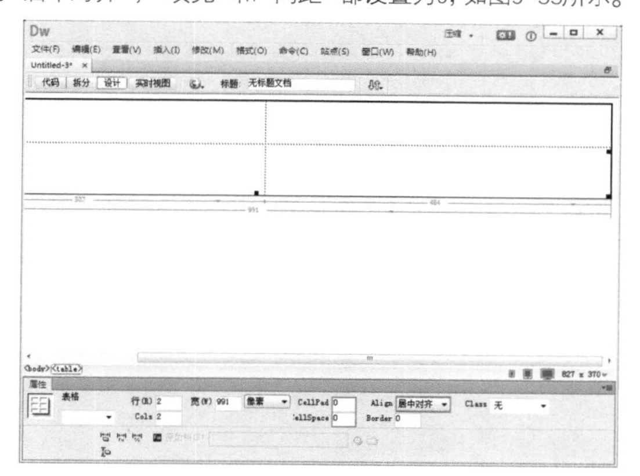

图5-33

**02** 选择第1行的两列单元格，单击鼠标右键并在弹出的快捷菜单中选择“表格>合并单元格”命令，将单元格合并，如图5-34所示。

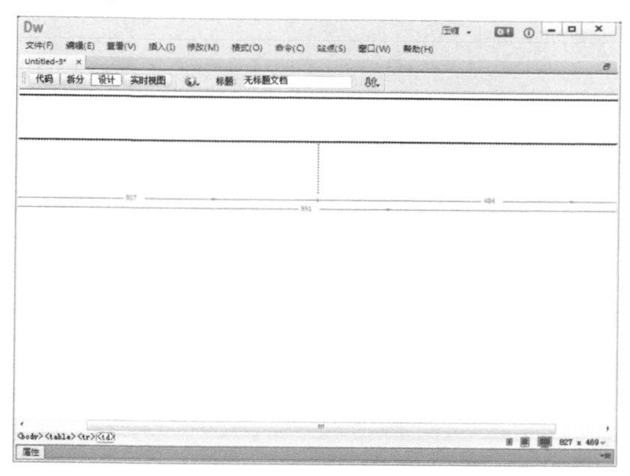

图5-34

**03** 将光标放置到合并后的单元格中，执行“插入>图像>图像”菜单命令，在单元格中插入一幅图像，如图5-35所示。

图5-35

**04** 将光标放置于表格第2行左侧的单元格中，执行“插入>图像>图像”菜单命令，在单元格中插入一幅图像，如图5-36所示。

图5-36

**05** 将光标放置于表格第2行右侧的单元格中，执行“修改>表格>拆分单元格”菜单命令，打开“拆分单元格”对话框，选择“行”单选项，在“行数”文本框中输入2，最后单击 确定 按钮，如图5-37所示。

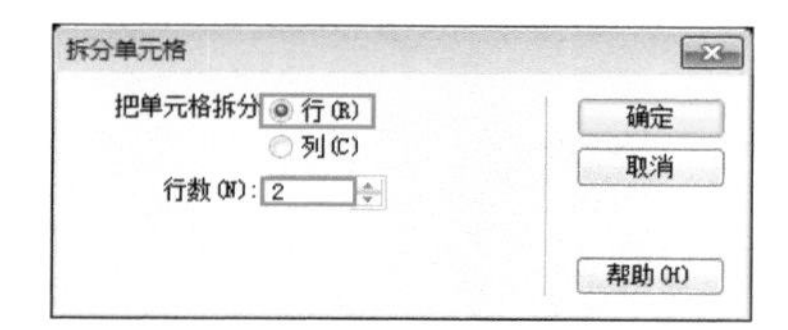


图5-37

**06** 将光标放置于拆分后的第1行单元格中，执行“插入>图像>图像”菜单命令，在单元格中插入一幅图像，如图5-38所示。

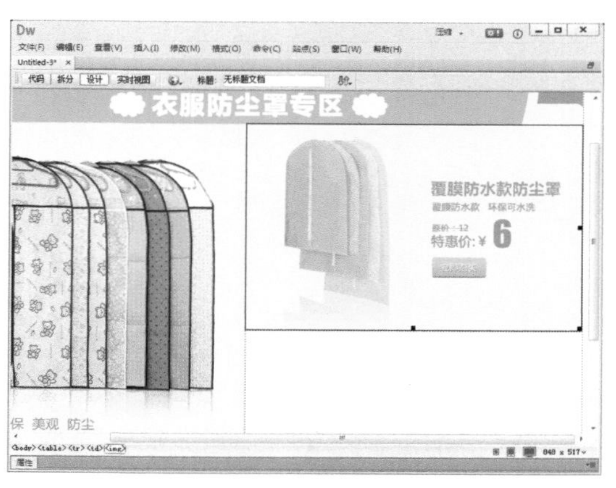


图5-38

**07** 将光标放置于拆分后的第2行单元格中，执行“插入>图像>图像”菜单命令，在单元格中插入一幅图像，如图5-39所示。

图5-39

**08** 单击“属性”面板上的 页面属性... 按钮，打开“页面属性”对话框，将“背景颜色”设置为绿色（#44A684），如图5-40所示。

**09** 执行“文件>保存”菜单命令，保存网页文档，然后按下F12键浏览网页，效果如图5-41所示。

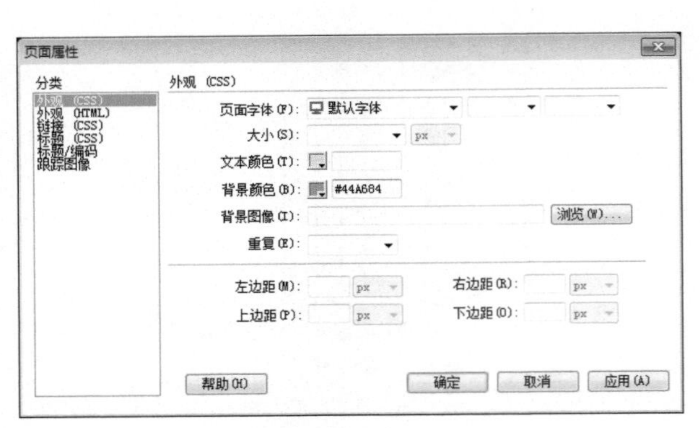


图5-40

图5-41

# 5.4 表格排序

在Dreamweaver中，允许对表格的内容以字母和数字进行排序，对表格内容进行排序可按如下操作步骤进行。

第1步：选定需要排序的表格，如图5-42所示。

| 姓名 | 语文 | 数学 |
|---|---|---|
| 王小明 | 86 | 85 |
| 张亮 | 75 | 81 |
| 高丽丽 | 87 | 78 |
| 齐燕 | 89 | 93 |

图5-42

第2步：执行“命令>排序表格”菜单命令，打开如图5-43所示的对话框。

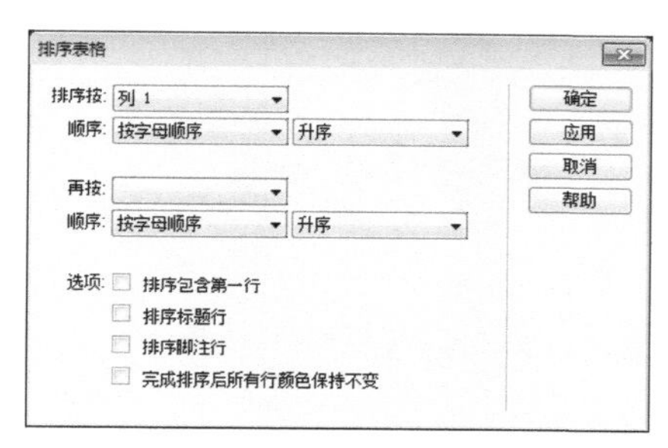


图5-43

第3步：在“排序按”下拉列表框中列出了选定表格的所有列。这里选择第3列“数学”。

第4步：在“顺序”下拉列表框中选择“按字母顺序”或“按数字顺序”。当列的内容是数字时，选择“按字母排序”可能会产生这样的顺序：2、20、3、30、4。

第5步：在“升序”下拉列表框中选择按“升序”或“降序”排列。

第6步：在“再按”下拉列表框中可以选择作为第二排序依据的列。

第7步：在“选项”区域中，可以选择“排序包含第一行”“排序标题行”“排序脚注行”或“完成排序后所有行颜色保持不变”复选框，根据需要进行设置即可。

第8步：设置完成后单击 确定 按钮，排序后的表格效果，如图5-44所示，是一个把第3列（即“数学”列）按升序排列后的表格。

| 姓名 | 语文 | 数学 |
| --- | --- | --- |
| 高丽丽 | 87 | 78 |
| 张亮 | 75 | 81 |
| 王小明 | 86 | 85 |
| 齐燕 | 89 | 93 |

图5-44

# 5.5 嵌套表格

在Dreamweaver中，单元格里还可以插入嵌套表格。将光标放置到需要插入嵌套表格的单元格中，执行“插入>表格”菜单命令，然后设置相应的行列数，插入嵌套表格后的效果如图5-45所示。

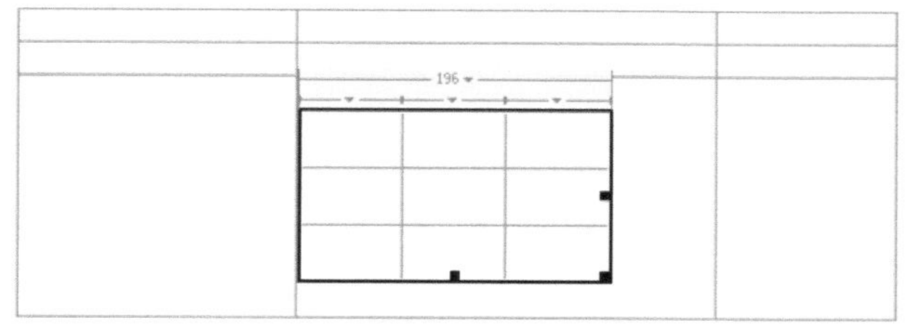

图5-45

**Tips**

在定义表格宽度的时候，如何选择度量单位非常关键。一般情况下，如果是网页最外层的表格，最好使用像素作为度量单位。如果不这样的话，表格的宽度将随着浏览器的大小而变化，页面上的内容也会乱成一团。如果是嵌套表格，可以使用百分比或像素作为度量单位，因为该表格所在的单元格的宽度是一定的。

## 即学即用 制作隔距边框表格

实例位置 CH05>制作隔距边框表格>制作隔距边框表格.html

素材位置 CH05>制作隔距边框表格>images

实用指数 ★★★

技术掌握 学习使用表格属性和嵌套表格来制作隔距边框表格的方法

01 新建一个网页文档，执行“插入>表格”菜单命令，插入一个1行8列，宽为778像素的表格。选中表格，在“属性”面板中将表格设置为“居中对齐”，将“填充”和“间距”分别设置为2和3，如图5-46所示。

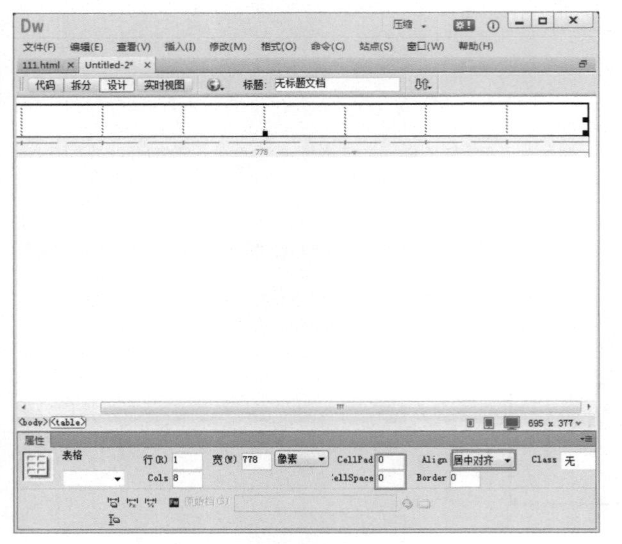

图5-46

02 保持表格的选中状态，单击代码按钮，切换到“代码”视图，在<table width= “778” border= “0” align= “center” cellpadding= “2” cellspacing= “3” 后添加代码：background= “images/bj.jpg”，如图5-47所示。表示将名称为“bj”的jpg图像作为表格的背景图像。

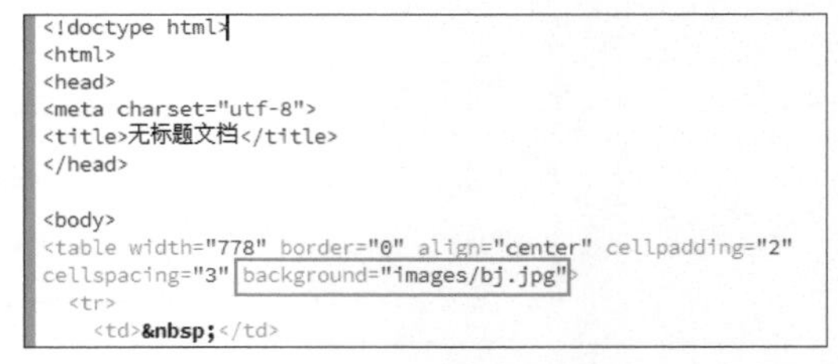

```
<!doctype html>
<html>
<head>
<meta charset="utf-8">
<title>无标题文档</title>
</head>

<body>
<table width="778" border="0" align="center" cellpadding="2"
cellspacing="3" background="images/bj.jpg">
  <tr>
    <td> </td>
```

图5-47

03 单击设计按钮，切换到“设计”视图，依次在表格的8个单元格中插入一个1行1列的嵌套表格。在“属性”面板中将嵌套表格的“宽”设置为100%，将“填充”“间距”“边框”全部设置为0，将“背景颜色”设置为黄色（#EECF74），如图5-48所示。

04 分别在插入的嵌套表格中输入文字，然后将输入的文字设置为居中对齐，如图5-49所示。

图5-48

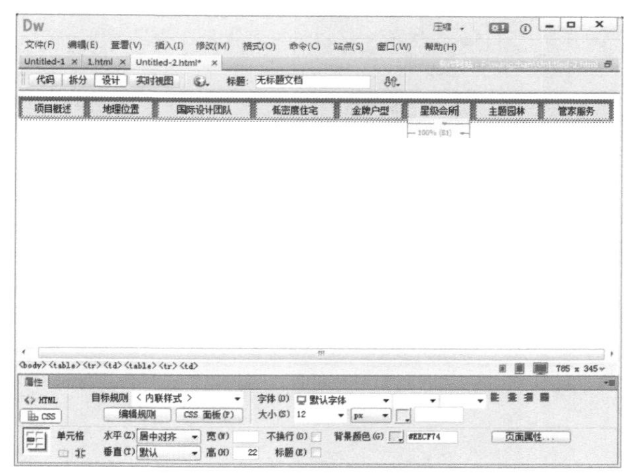


图5-49

05 将光标放置于表格之外，执行“插入>表格”命令，插入一个1行1列，宽为778像素的表格。选中表格，在“属性”面板中将表格设置为“居中对齐”，将“填充”和“间距”分别设置为2和3，如图5-50所示。

06 将光标放置于表格中，在“属性”面板中将表格的背景颜色设置为黄色（#FFCC00），如图5-51所示。

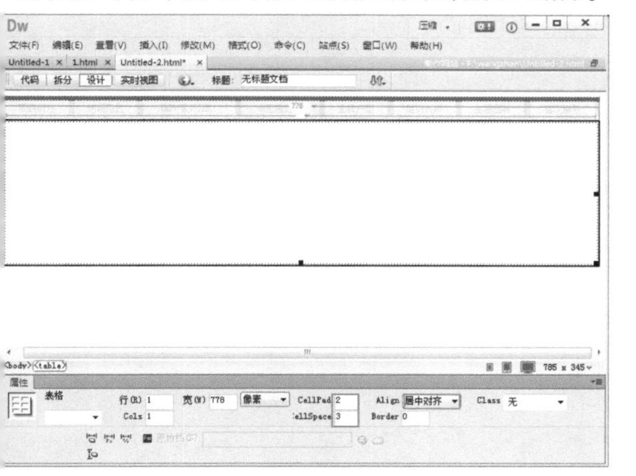

图5-50

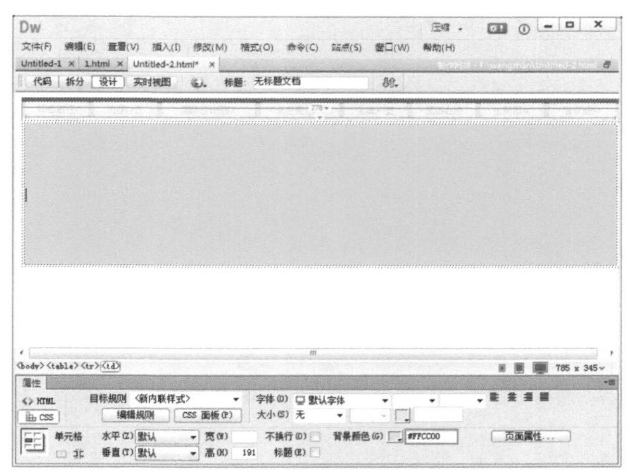

图5-51

07 执行“插入>图像>图像”菜单命令，在表格中插入一幅图像，如图5-52所示。

08 按Ctrl+S快捷键保存页面，执行“文件>在浏览器中预览>iexplore”命令，或按F12键预览网页，最终的效果如图5-53所示。

图5-52

图5-53

## 即学即用 制作旅游网页

实例位置 CH05> 制作旅游网页 > 制作旅游网页.html

素材位置 CH05> 制作旅游网页 >images

实用指数 ★★★★★

技术掌握 学习使用图像和表格制作旅游网页的方法

**01** 新建一个网页文件，单击“属性”面板中的 页面属性... 按钮，打开“页面属性”对话框，在“背景颜色”文本框中输入#F0F7FF，设置网页的背景颜色为蓝色，如图5-54所示。

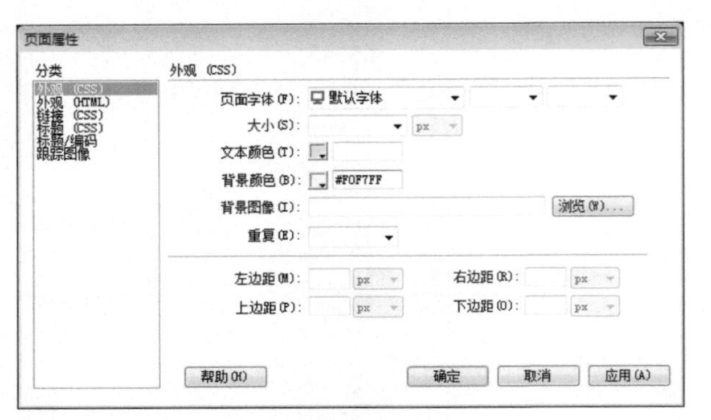


图5-54

**02** 执行“插入>表格”菜单命令，插入一个2行1列，宽为780像素的表格，在“属性”面板中将其对齐方式设置为“居中对齐”，将“填充”和“间距”都设置为0，表格效果如图5-55所示。

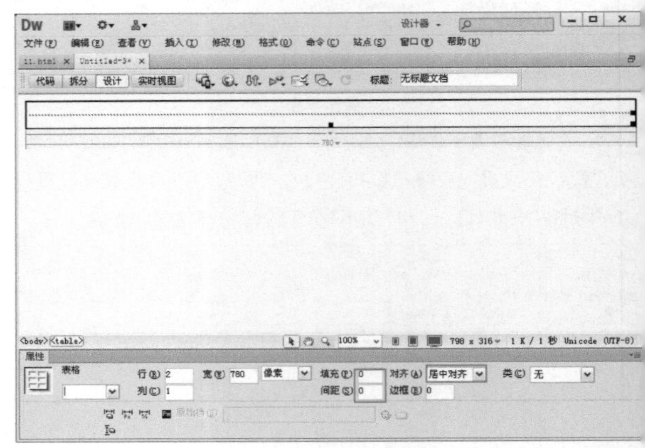

图5-55

**03** 在“属性”面板中将表格第1行单元格的高度设置为32，将背景颜色设置为蓝色，然后在单元格中输入如图5-56所示的文本，文本颜色为白色，大小为12像素。

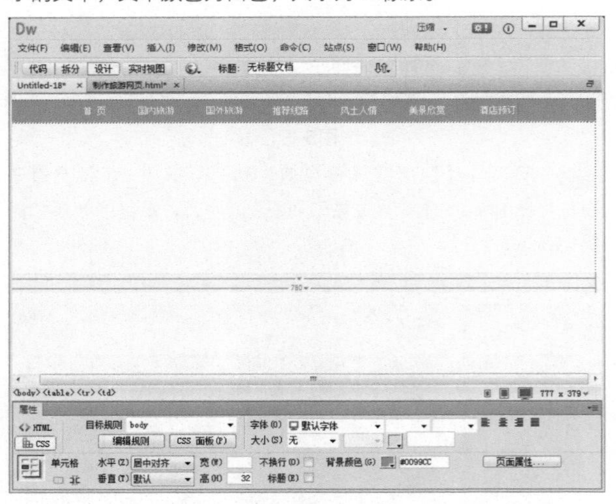

图5-56

**04** 将光标放置于表格第2行的单元格中，执行“修改>表格>拆分单元格”菜单命令，打开“拆分单元格”对话框，选择“列”单选项，在“列数”文本框中输入2，如图5-57所示。

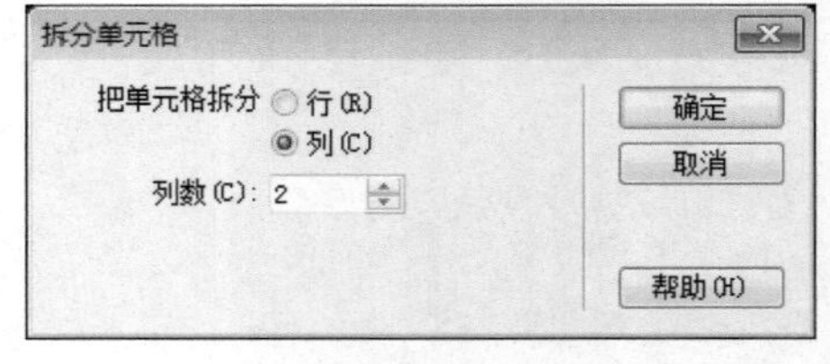


图5-57

**05** 将光标置于拆分后的左列单元格中，执行“插入>图像>图像”菜单命令，在单元格中插入一幅图像，如图5-58所示。

**06** 将光标放置于第2行右列单元格中，执行“修改>表格>拆分单元格”菜单命令，打开“拆分单元格”对话框，在对话框中选择把单元格拆分为8行，如图5-59所示。

图5-58

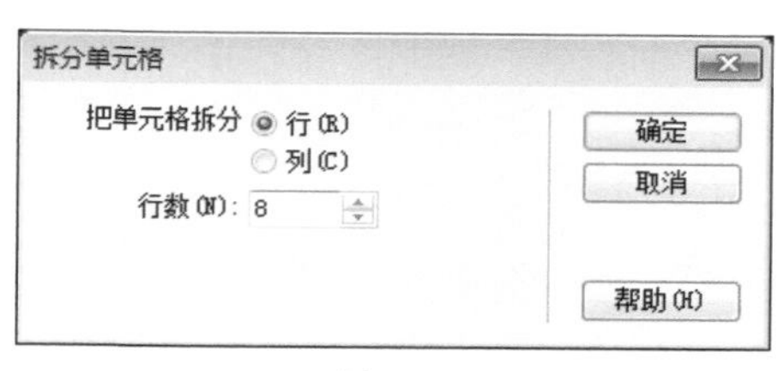


图5-59

07 将光标置于拆分后的第1行单元格中，执行“插入>图像>图像”菜单命令，在单元格中插入一幅图像，如图5-60所示。

08 把第2行～第6行单元格的高度设置为23，然后在这些单元格中分别输入文本，文本大小为12像素，如图5-61所示。

图5-60

图5-61

09 将光标置于第7行单元格中，执行“插入>图像>图像”菜单命令，在单元格中插入一幅图像，如图5-62所示。

10 将光标置于第8行单元格中，执行“插入>图像>图像”菜单命令，在单元格中插入一幅图像，将其设置为相对于单元格居中对齐，并在图像下方输入文本，如图5-63所示。

图5-62

图5-63

11 在网页文档空白处单击鼠标左键，然后执行“插入>表格”菜单命令，插入一个1行5列，宽为780像素的表格，并在“属性”面板中将其对齐方式设置为“居中对齐”，将“填充”和“间距”都设置为0，如图5-64所示。

图5-64

12 将插入的表格的第1列～第5列单元格的背景颜色设置为白色，如图5-65所示。

图5-65

13 分别在表格的第1列～第5列单元格中插入图像，如图5-66所示。

图5-66

14 在网页文档空白处单击鼠标左键，然后执行“插入>表格”菜单命令，插入一个1行2列，宽为780像素的表格，并在“属性”面板中将其对齐方式设置为“居中对齐”，将“填充”和“间距”都设置为0，如图5-67所示。

图5-67

15 将光标置于表格的左侧单元格中，执行“插入>图像>图像”菜单命令，在单元格中插入一幅图像，如图5-68所示。

图5-68

16 将光标置于表格的右侧单元格中，将其背景颜色设置为白色，然后执行“修改>表格>拆分单元格”菜单命令，打开“拆分单元格”对话框，在对话框中选择把单元格拆分为2行，如图5-69所示。

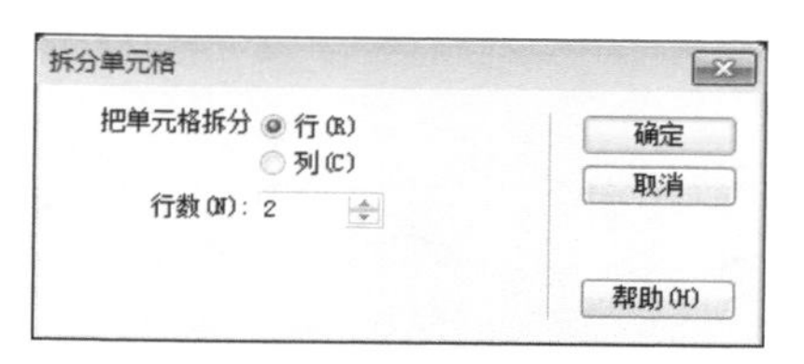


图5-69

17 将光标放置于拆分后的第1行单元格中，执行“插入>图像>图像”菜单命令，在单元格中插入一幅图像，如图5-70所示。

图5-70

18 在插入的图像右侧输入文本，并设置文本大小为12像素，颜色为黑色，如图5-71所示。

图5-71

19 将光标放置于拆分后的第2行单元格中，执行“插入>图像>图像”菜单命令，在单元格中插入一幅图像，如图5-72所示。

图5-72

20 在插入的图像右侧输入文本，并设置文本大小为12像素，颜色为黑色，如图5-73所示。

图5-73

21 在网页文档空白处单击鼠标左键，然后执行“插入>表格”菜单命令，插入一个1行2列，宽为780像素的表格，并在“属性”面板中将其对齐方式设置为“居中对齐”，将“填充”和“间距”都设置为0，如图5-74所示。

22 将表格两列单元格的背景颜色都设置为白色，然后将左列单元格拆分为4行，如图5-75所示。

图5-74

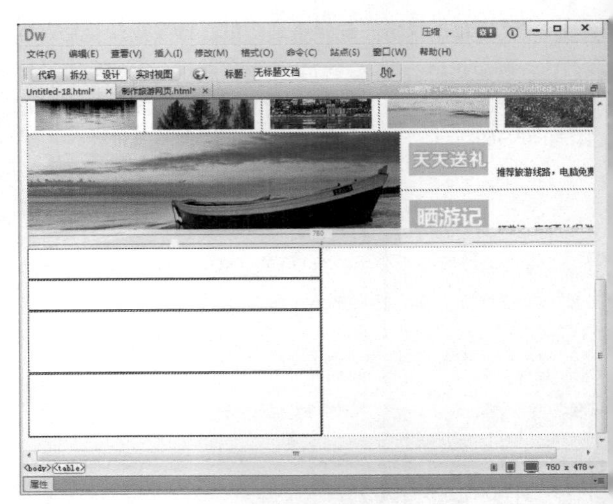


图5-75

**23** 将拆分后的第1行单元格的背景颜色设置为橙黄色，然后在其中输入文字“热点目的地”，并设置文字大小为18像素，颜色为白色，如图5-76所示。

**24** 在第2行单元格中插入一幅图像，并在图像右侧输入文字，如图5-77所示。

图5-76

图5-77

**25** 按照同样的方法，在第3行和第4行单元格中插入图像，并在图像右侧输入文字，如图5-78所示。

**26** 将表格右列单元格拆分为4行，然后将拆分后的第1行单元格的背景颜色设置为橙黄色。在第1行单元格中输入文字“本期主打”，并设置文字大小为18像素，颜色为白色，如图5-79所示。

图5-78

图5-79

**27** 将第2行与第3行单元格合并，然后在合并后的单元格中插入一幅图像，如图5-80所示。

**28** 在最后一行单元格中输入文字，并设置文字大小为12像素，颜色为黑色，如图5-81所示。

图5-80

图5-81

**29** 在网页文档空白处单击鼠标左键，然后执行“插入>表格”菜单命令，插入一个1行2列，宽为780像素的表格，并在“属性”面板中将其对齐方式设置为“居中对齐”，“填充”和“间距”都设置为0，如图5-82所示。

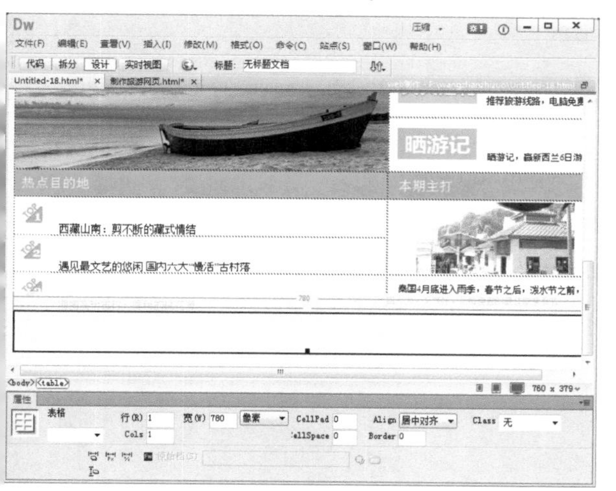


图5-82

**30** 将光标置于插入的表格中，执行“插入>图像”菜单命令，在表格中插入一幅图像，如图5-83所示。

图5-83

**31** 单击“属性”面板中的 页面属性... 按钮，打开“页面属性”对话框，在“上边距”和“下边距”文本框中都输入0，完成后单击 确定 按钮，如图5-84所示。

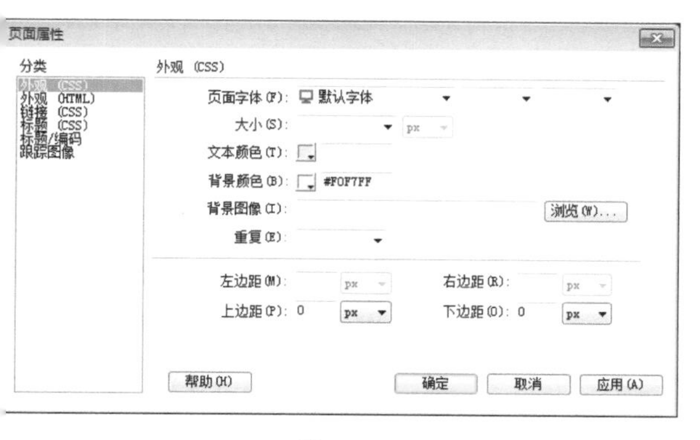


图5-84

**32** 按快捷键Ctrl+S保存页面，然后按F12键浏览网页，最终的页面效果如图5-85所示。

图5-85

# 5.6 导入和导出表格数据

Dreamweaver能与其他文字编辑软件进行数据交换，用其他软件创建的表格数据可以导入Dreamweaver中，同样也能将Dreamweaver中的表格数据导出。

## 5.6.1 导入表格数据

如果要把图5-86所示的.txt格式的文本导入到Dreamweaver CC中，操作步骤如下。

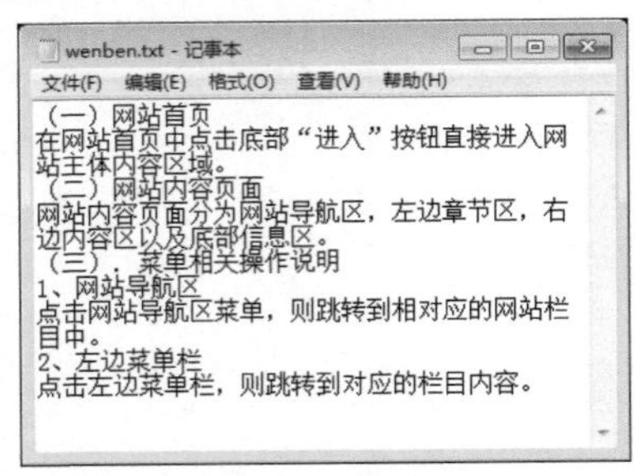


图5-86

第1步：执行“文件>导入>表格式数据”菜单命令，打开如图5-87所示的“导入表格式数据”对话框。

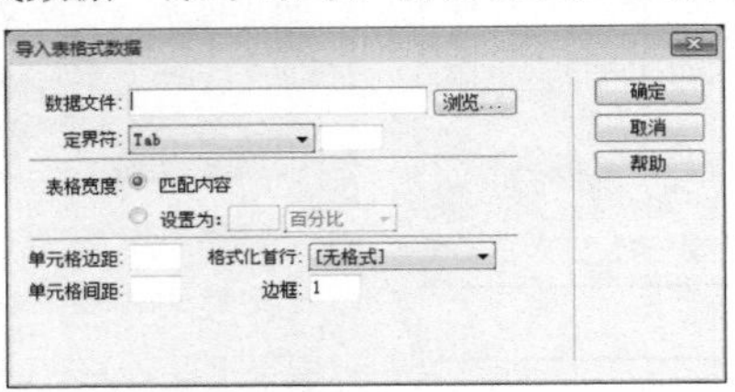


图5-87

第2步：单击“数据文件”文本框右侧的 浏览... 按钮，弹出“打开”对话框，选择要导入的数据文件，如图5-88所示。

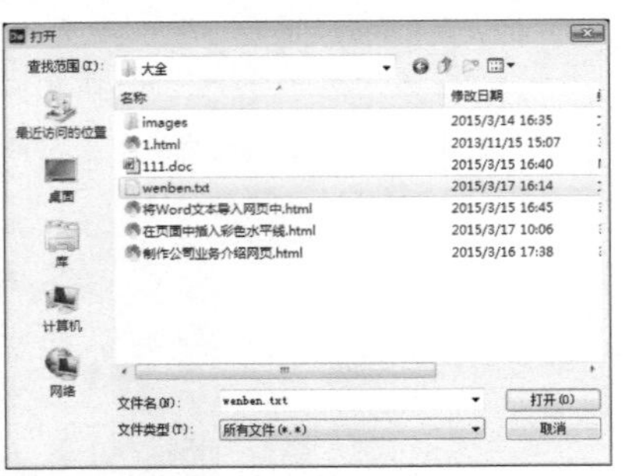


图5-88

第3步：在“定界符”的下拉列表框中，选择导入的文件中所使用的分隔符。

第4步：在“表格宽度”选项组中选择“匹配内容”或“设置为”单选项。如果选择“匹配内容”单选项，创建的表格列宽可以调整到容纳最长的句子；如果选择“设置为”单选项，系统会以占浏览器窗口的百分比或像素为单位指定表格的宽度。

第5步：在“单元格边距”文本框中输入单元格内容与单元格边框之间的距离，这里以像素为单位。

第6步：在“单元格间距”文本框中输入单元格与单元格之间的距离，这里以像素为单位。

第7步：单击“格式化首行”右侧的下拉按钮，打开下拉列表，其中包括“无格式”“粗体”“斜体”“加粗斜体”4项，可以选择其中一项。

第8步：设置完成后，单击 确定 按钮，即可导入数据，如图5-89所示。

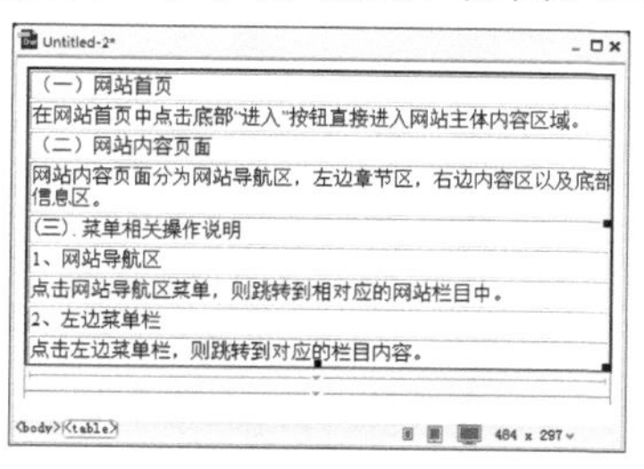


图5-89

## 5.6.2 导出表格数据

导出表格数据的操作步骤如下。

第1步：将光标放置到要导出数据的表格中。

第2步：执行“文件>导出>表格”菜单命令，打开如图5-90所示的对话框。

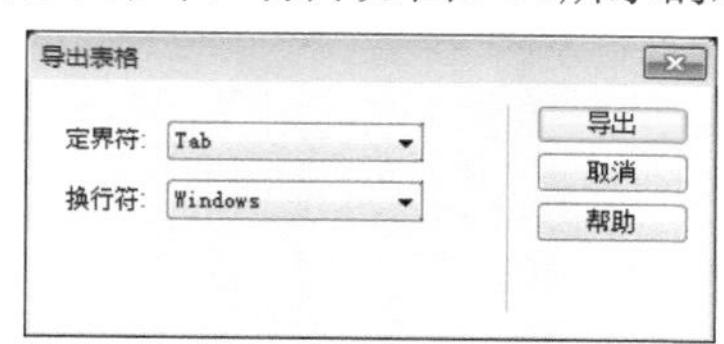


图5-90

第3步：在“定界符”下拉列表框中选择分隔符，这里包括“空白键”“逗号”“分号”“冒号”。

第4步：在“换行符”下拉列表框中选择将要导出文件的操作系统，这里包括Windows、Mac和UNIX。

第5步：单击 导出 按钮，打开“表格导出为”对话框，如图5-91所示。

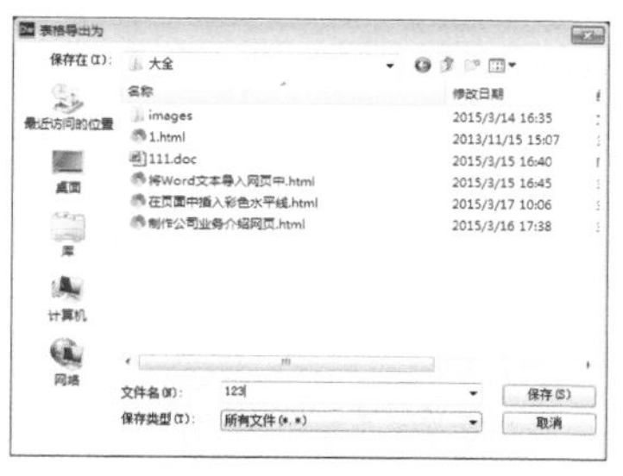

图5-91

第6步：在“文件名”下拉列表框中输入导出文件的名称。

第7步：单击 保存(S) 按钮，表格数据文件即被导出了。

# 5.7 章节小结

本章主要向读者介绍了通过使用表格来排版网页的方法，在网页布局方面，表格起着举足轻重的作用，通过设置表格以及单元格的属性，对页面中的元素进行准确定位，使页面在形式上更加丰富多彩，同时，还能对页面进行更加合理的布局。

# 5.8 课后习题

## 课后练习 制作细线表格

实例位置 CH05> 制作细线表格 > 制作细线表格.html
素材位置 CH05> 制作细线表格 >images
实用指数 ★★★★
技术掌握 学习制作细线表格的方法

在网页制作中，表格的应用非常广泛，它可以使层次更清晰，条理更清楚，本例的细线表格效果如图5-92所示。

图5-92

**主要步骤：**

（1）在文档中插入1个3行3列的表格，设置表格的“边框粗细”“单元格边距”与“单元格间距”均为0像素。

（2）按住Ctrl键选取第1行、最后1行、第1列和最后1列，在单元格的“属性”面板中设置宽、高均为1，背景颜色为红色（#FF0000）。

（3）单击 拆分 按钮，打开代码与设计视图共享窗口，删除所有<td width="1" height="1">和<td width="1" height="1" bgcolor="#FF0000">中的 标记。

（4）单击 设计 按钮，返回设计视图，将光标放置于表格中，执行“插入>图像>图像”菜单命令，将一幅图像导入到表格中。

（5）保存文件，按F12键浏览网页即可。

## 课后练习 制作壁纸网页

实例位置 CH05> 制作壁纸网页 > 制作壁纸网页.html
素材位置 CH05> 制作壁纸网页 >images
实用指数 ★★★★
技术掌握 学习制作壁纸网页的方法

本例使用表格布局来制作壁纸网页，完成后的效果如图5-93所示。

图5-93

**主要步骤：**

（1）新建一个网页文档，执行“插入>表格”菜单命令，插入一个4行3列，宽为810像素的表格。在“属性”面板中将其对齐方式设置为“居中对齐”，将“填充”和“间距”都设置为0。

（2）将第1行所有的单元格合并，然后在合并的单元格中插入图像。

（3）分别在其余的单元格中插入图像。

（4）执行“文件>保存”菜单命令，将文件保存，然后按F12键浏览网页即可。

CHAPTER

# 06 多媒体在网页中的应用

随着网络的迅速发展，多媒体在网络中逐步占据了很大的比例，并且出现了许多专业性的多媒体网站，比如课件网、音乐网、电影网、动画网等，这些网站的核心内容都属于多媒体的范畴。除专业网站外，许多企业、公司的网站中都多少有一些Flash动画、公司的宣传视频等。一些大型门户网站也都有专门的版块放置多媒体供访问者使用。

* 多媒体概述
* 插入Flash动画
* 为网页添加音频
* 插入FLV视频

# 6.1 多媒体概述

有了文字和图像，网页还不能做到有声有色，只有适当地加入各种对象，网页才能够成为多媒体的呈现平台，甚至是交互平台。多媒体的英文全称是Multimedia，它由media和multi两部分组成，一般理解为多种媒体的综合。

多媒体技术不是各种信息媒体的简单复合，它是一种把文本（Text）、图像（Images）、动画（Animation）和声音（Sound）等形式的信息结合在一起，并通过计算机进行综合处理和控制，能支持完成一系列交互式操作的信息技术。

在Dreamweaver CC中，可以将Flash动画、声音文件以及ActiveX控件等多媒体对象插入到网页文件中。

# 6.2 插入Flash动画

Flash是矢量化的Web交互式动画制作工具，Flash动画制作技术已成为交互式网络矢量图形动画制作的标准。在网页中插入Flash动画会使页面充满动感，插入Flash的具体操作步骤如下。

第1步：在“文档”窗口中，将光标放到要插入Flash动画的位置。

第2步：执行“插入>媒体>Flash SWF”菜单命令或按快捷键Ctrl+Alt+F，打开“选择SWF”对话框，如图6-1所示。

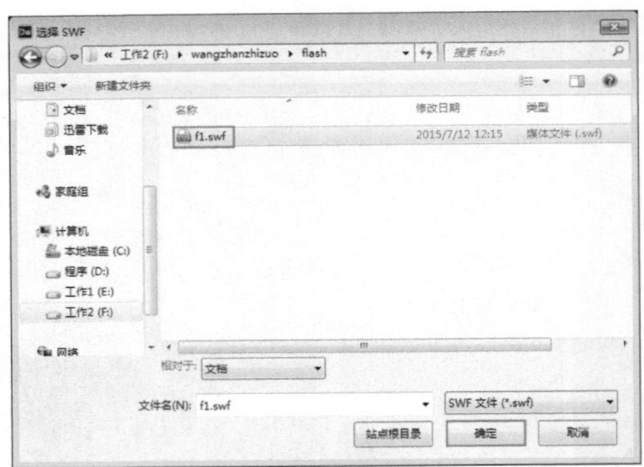

图6-1

第3步：在对话框中选择Flash文件，然后单击 确定 按钮，将Flash动画插入到文档中，如图6-2所示。

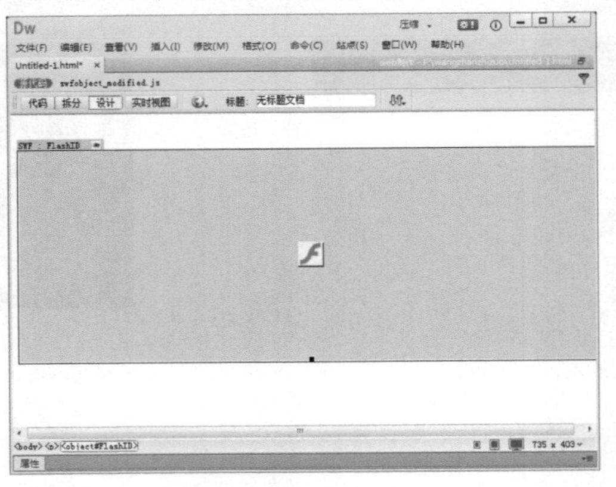

图6-2

第4步：保存文件，按F12键浏览动画，此时动画会自动播放，效果如图6-3所示。

图6-3

如果网页文档未进行保存，那么执行“插入>媒体>SWF”菜单命令时将会弹出如图6-4所示的对话框，在对话框中单击 确定 按钮保存文档后，才能继续插入Flash动画。

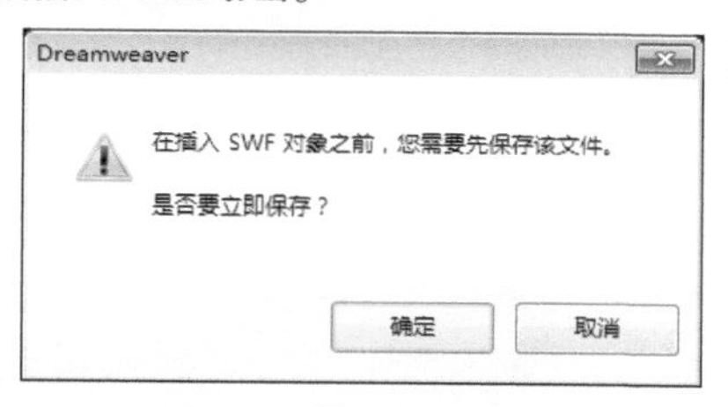


图6-4

选中插入的Flash动画对象，进入“属性”面板，如图6-5所示。

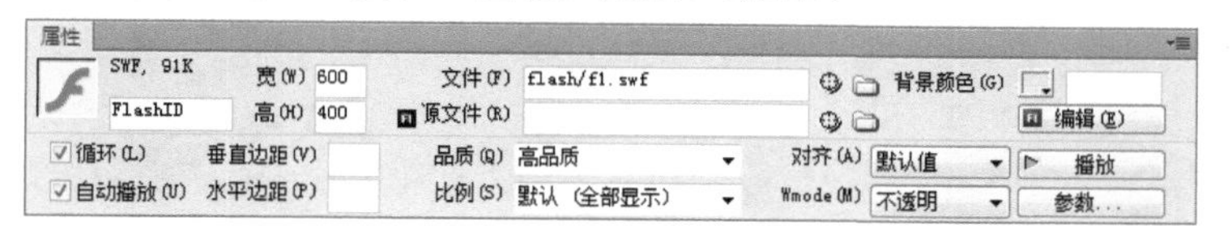


图6-5

**“属性”面板的参数介绍**

* 名称：为动画对象设置名称以便在脚本中识别，在下面的文本框中可以为该动画输入标识名称。
* 宽/高：指定动画对象区域的宽度/高度，以控制其显示区域。
* 文件：指定Flash动画文件的路径及文件名，可以直接在文本框中输入动画文件的路径及文件名，也可以单击图标进行选择。
* 源文件：设置Flash动画（*.swf）的源文件（*.fla）。
* 背景颜色：确定Flash动画区域的背景颜色。在动画不播放（载入时或播放后）的时候，该背景颜色也会显示。
* 编辑(E)：调用预设的外部编辑器编辑Flash源文件（*.fla）。
* 循环：使动画循环播放。
* 自动播放：当网页载入时自动播放动画。
* 垂直边距/水平边距：指定动画上、下、左、右边距。

- 品质：设置质量参数，有“低品质”“自动低品质”“自动高品质”“高品质”这4个选项。
- 比例：设置缩放比例，有“默认”“无边框”“严格匹配”这3个选项。
- 对齐：确定Flash动画在网页中的对齐方式。
- Wmode：设置Flash动画是否透明。
- 播放：单击该按钮可以看到Flash动画的播放效果。
- 参数...：单击该按钮，打开“参数”对话框，在其中可以输入传递给Flash动画的其他参数。

## 即学即用 制作网页中的透明动画

实例位置 CH06> 制作网页中的透明动画 > 制作网页中的透明动画.html

素材位置 CH06> 制作网页中的透明动画 >images

实用指数 ★★★

技术掌握 学习在网页中制作透明动画的方法

01 新建一个网页文件，在“属性”面板中单击“居中对齐”按钮，使光标居中对齐，然后执行“插入>图像>图像”菜单命令，在文档中插入一幅图像，如图6-6所示。

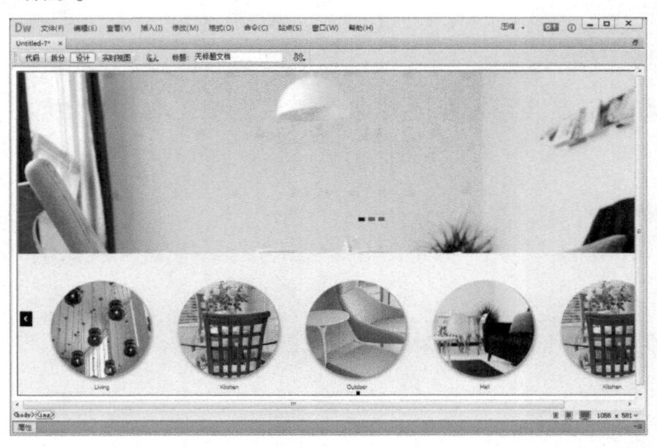

图6-6

02 执行“插入>Div”菜单命令，打开“插入Div”对话框，在ID下拉列表框中输入b1，如图6-7所示。

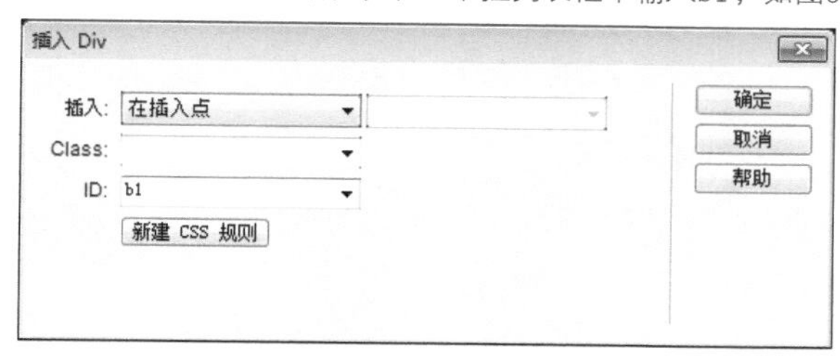


图6-7

03 单击 确定 按钮，插入一个Div到文档中，如图6-8所示。

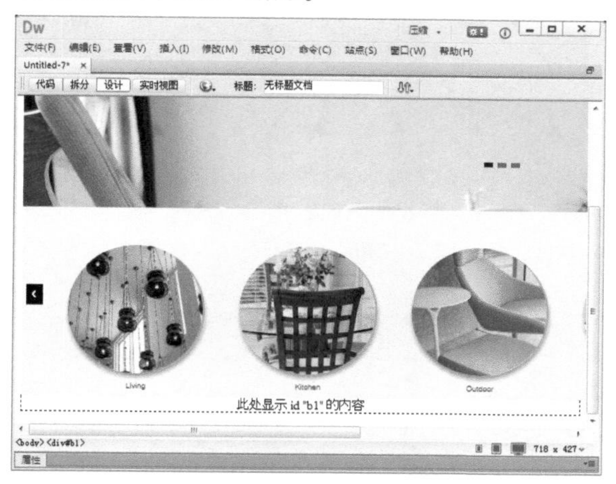


图6-8

04 单击 代码 按钮，切换到代码视图，在<title>无标题文档</title>后面添加如下代码，如图6-9所示。

```
<style type="text/css">
#b1 {
    position: absolute;
    left: 437px;
    top: 89px;
    width: 296px;
    height: 218px;
}
</style>
```

```
1  <!doctype html>
2  <html>
3  <head>
4  <meta charset="utf-8">
5  <title>无标题文档</title>
6  <style type="text/css">
7  #b1 {
8      position: absolute;
9      left: 437px;
10     top: 89px;
11     width: 296px;
12     height: 218px;
13 }
14 </style>
15 </head>
```

图6-9

05 将Div中的文字删除，然后将光标放置于Div中，执行“插入>媒体>Flash SWF”菜单命令，插入一个Flash动画到Div中，如图6-10所示。

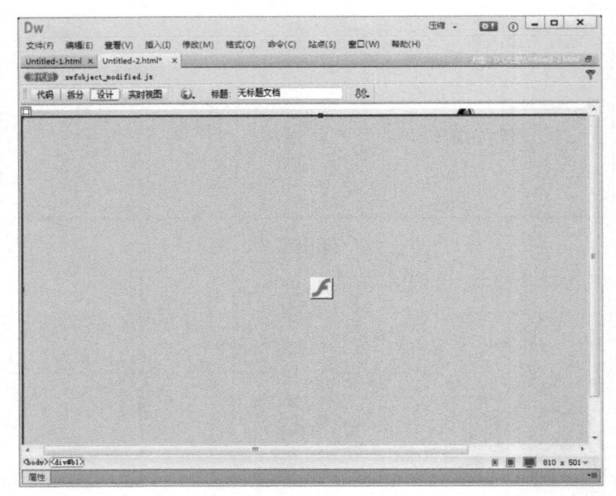

图6-10

06 选中插入的Flash动画，单击“属性”面板上的 播放 按钮，可以看到Flash动画的背景并不透明，与整个页面不搭配，如图6-11所示。

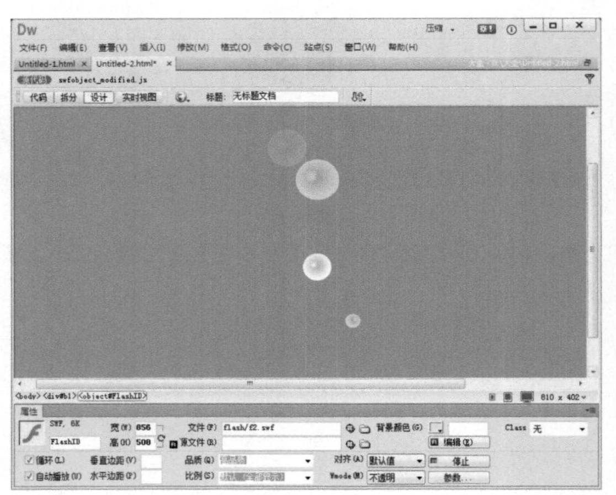

图6-11

07 保持Flash动画的选中状态，在“属性”面板上的Wmode下拉列表框中选择“透明”选项，如图6-12所示。

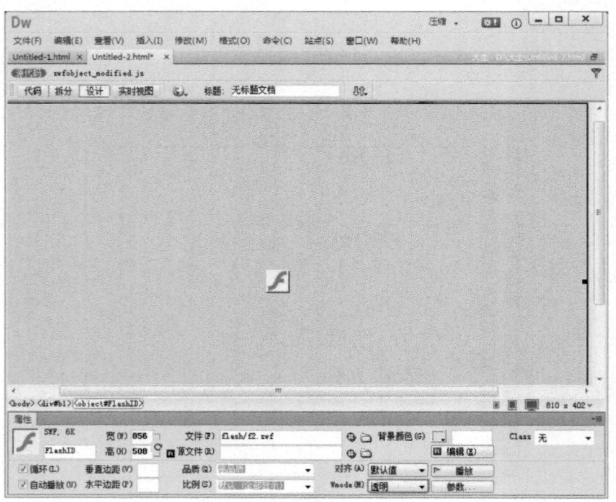

图6-12

**08** 执行“文件>保存”菜单命令，保存文档，然后按F12键浏览网页，最终效果如图6-13所示。

图6-13

# 6.3 为网页添加音频

制作与众不同、充满个性的网站，一直都是网站制作者不懈努力的目标。除了尽量提高页面的视觉效果、互动功能以外，如果打开网页的同时，能听到一曲优美动人的音乐，相信这会使网站增色不少。

为网页添加背景音乐的方法一般有两种，一种是通过普通的<bgsound>标签来添加，另一种是通过<embed>标签来添加。

## 6.3.1 使用<bgsound>标签

用Dreamweaver打开需要添加背景音乐的页面，单击 代码 按钮切换到代码视图，在<body></body>之间输入<bgsound，如图6-14所示。

```
<!doctype html>
<html>
<head>
<meta charset="utf-8">
<title>无标题文档</title>
</head>
<body>
<bgsound
</body>
</html>
```

图6-14

在<bgsound代码后按空格键，代码提示框会自动将bgsound标签的属性列出来供用户选择，bgsound标签共有5个属性，如图6-15所示。

```
<!doctype html>
<html>
<head>
<meta charset="utf-8">
<title>无标题文档</title>
</head>
<body>
<bgsound
</body>   balance
</html>   delay
          loop
          src
          volume
```

图6-15

其中，balance是设置音乐的左右均衡，delay是进行播放延时的设置，loop是循环次数的控制，src是音乐文件的路径设置，volume是音量设置。一般在添加背景音乐时，并不需要对音乐进行左右均衡、延时等设置，只需设置几个主要的参数就可以了，最后的代码如下。

```
< bgsound src="music.mid" loop="-1">
```

其中，loop="-1"表示音乐无限循环播放，如果要设置播放次数，则改为相应的数字即可。按F12键浏览网页，就能听见悦耳动听的背景音乐了。

## 6.3.2 使用<embed>标签

使用<embed>标签添加音乐的方法并不常见，但是它的功能非常强大，结合一些播放控件就可以打造出一个Web播放器。

用Dreamweaver打开需要添加背景音乐的页面，单击 代码 按钮切换到代码视图，在<body></body>之间输入<embed，然后在<embed代码后按空格键，代码提示框会自动将embed标签的属性列出来供用户选择，如图6-16所示。从图中可看出embed的属性比bgsound的属性多一些。

图6–16

这里最终输入的代码是<embed src="111.wma" autostart="true" loop="true" hidden="true"></embed>，如图6-17所示。

```
<!doctype html>
<html>
<head>
<meta charset="utf-8">
<title>无标题文档</title>
</head>
<body>
<embed src="111.wma" autostart="true" loop="true" hidden="true"></embed>
</body>
</html>
```

图6–17

其中，autostart用于设置打开页面时音乐是否自动播放，hidden用于设置是否隐藏媒体播放器。因为embed类似一个Web页面的音乐播放器，所以如果没有隐藏，就会显示出系统默认的媒体插件。

按F12键浏览网页时，就能看见音乐播放器，并能听见音乐，如图6-18所示。

图6–18

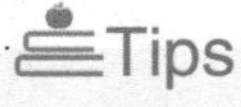


**使用<bgsound>标签是在当页面打开时播放音乐，将页面最小化以后音乐会自动暂停。如果使用<embed>标签，只要不关闭窗口，音乐就会一直播放。在操作过程中，用户要根据自己的实际需要选择添加音乐的方法。**

## 即学即用 制作音乐播放网页

实例位置 CH06>制作音乐播放网页>制作音乐播放网页.html
素材位置 CH06>制作音乐播放网页>images
实用指数 ★★★
技术掌握 学习在网页中播放音乐的方法

01 新建一个网页文件，执行“插入>表格”菜单命令，插入一个1行1列，宽为735像素的表格。在“属性”面板中将其对齐方式设置为“居中对齐”，将“填充”和“间距”都设置为0，如图6-19所示。

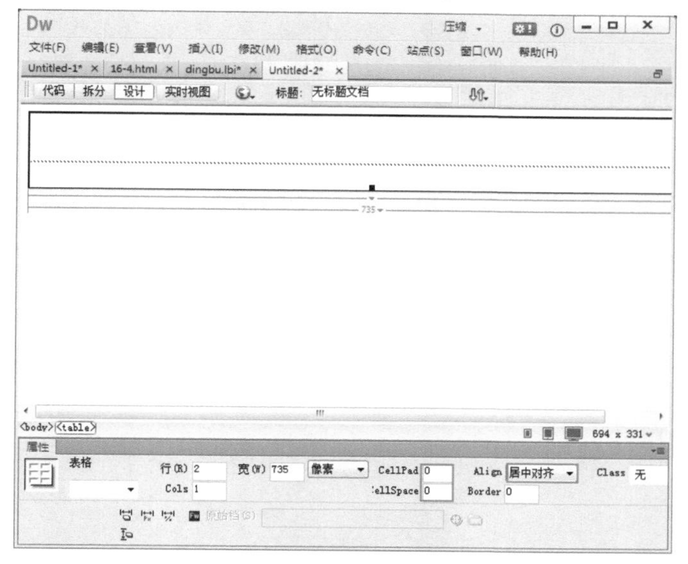

图6-19

02 将光标放置于表格第1行单元格中，执行“插入>图像>图像”菜单命令，在单元格中插入一幅图像，如图6-20所示。

03 将表格第2行单元格的背景颜色设置为深灰色（#72736E），然后在单元格中输入文字，文字大小为13像素，颜色为白色，如图6-21所示。

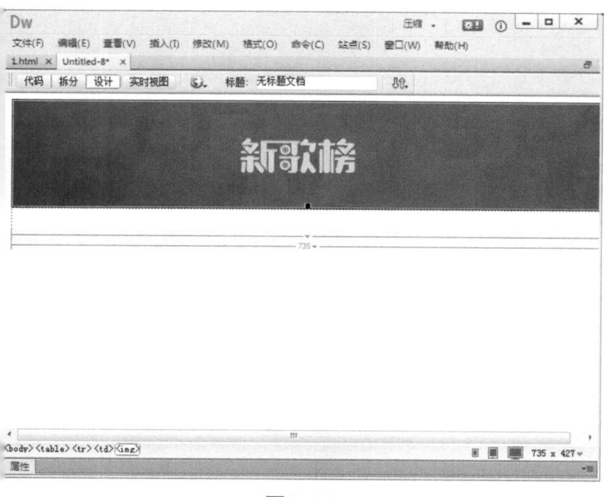

图6-20

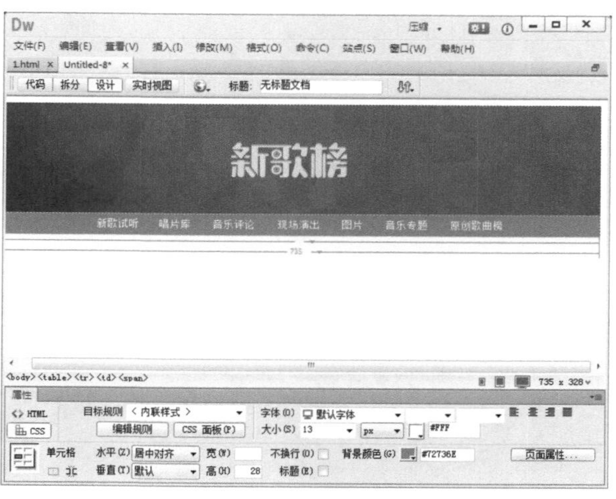

图6-21

04 将光标放置于页面空白处，执行“插入>表格”菜单命令，插入一个3行1列，宽为735像素的表格，并在“属性”面板中将表格对齐方式设置为“居中对齐”，将“填充”和“间距”都设置为0，如图6-22所示。

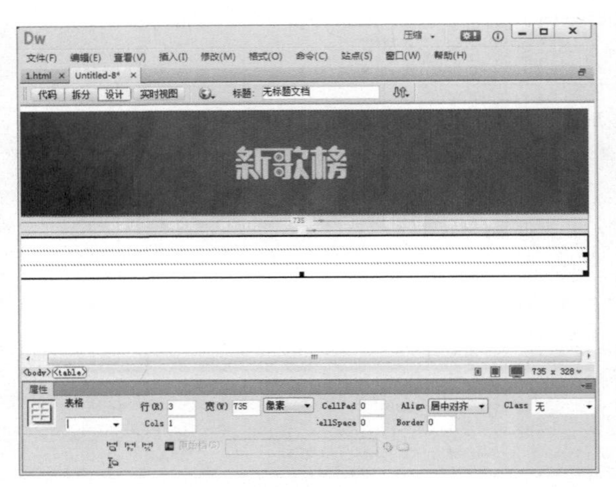


图6-22

**05** 在表格第1行的单元格中输入文字，文字大小为12像素，颜色为灰色，如图6-23所示。

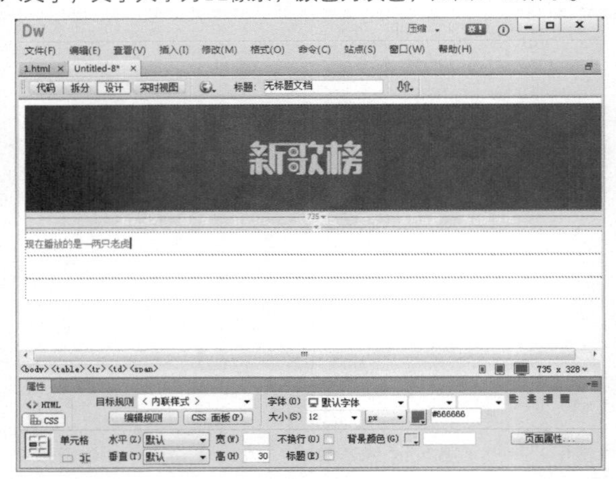


图6-23

**06** 将光标置于输入的文字之后，然后按6次空格键，接着执行“插入>图像>图像”菜单命令，将一幅图像插入到单元格中，如图6-24所示。

**07** 选中插入的图像，打开“属性”面板，单击“矩形热点工具”为图像创建热区，如图6-25所示。

图6-24

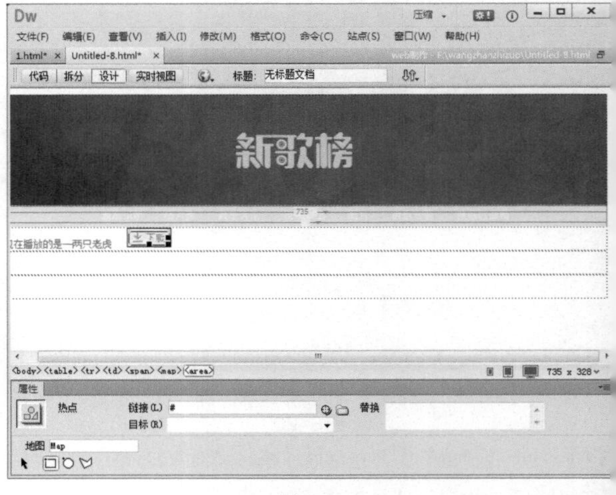


图6-25

**08** 单击“属性”面板上“链接”文本框右侧的🗀按钮，打开“选择文件”对话框，在对话框中选择要链接的音乐文件，如图6-26所示。

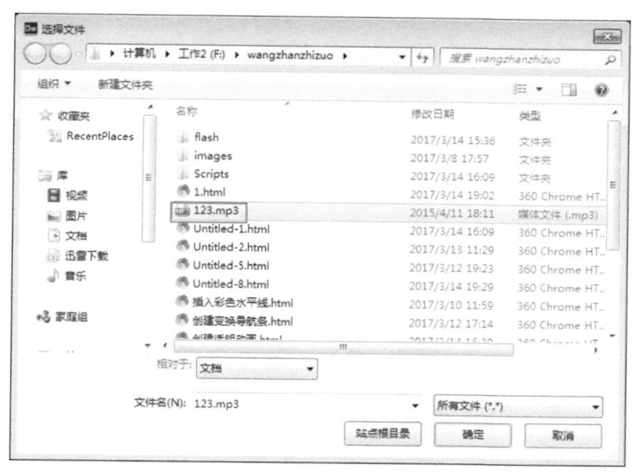

图6-26

**09** 将光标放置于第2行单元格中，将“水平”对齐方式设置为居中对齐，单击 代码 按钮切换到代码视图，在<td height= “30” align= “center” >后输入<embed src= “123.mp3” autostart= “false” width= “450” height= “120” type= “audio/x-pn-realaudio-plugin” ></embed>，如图6-27所示。

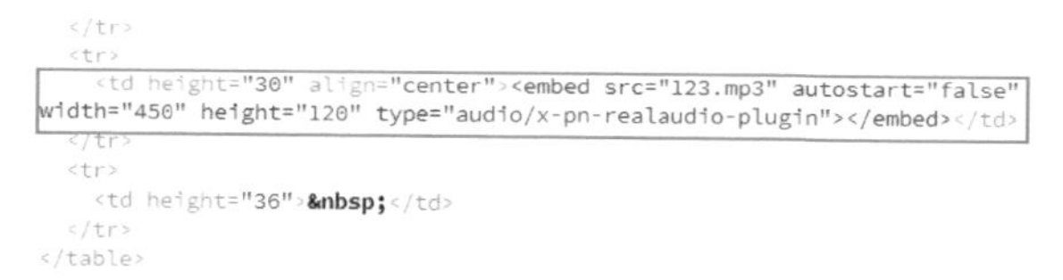


图6-27

**Tips**

**在新添加的代码中，src="123.mp3"表示播放名称为123的mp3文件，width="450" height="120"表示播放器的高和宽。**

**10** 单击 设计 按钮返回设计视图，即可看到网页中插入的音乐播放器，如图6-28所示。

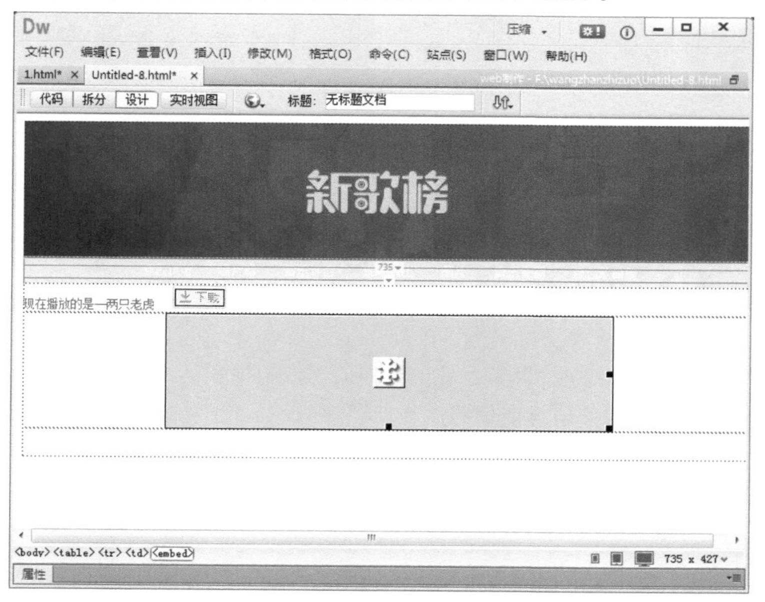


图6-28

11 将表格第3行单元格拆分为两列，然后在拆分后的左侧单元格中插入一幅图像，如图6-29所示。

图6-29

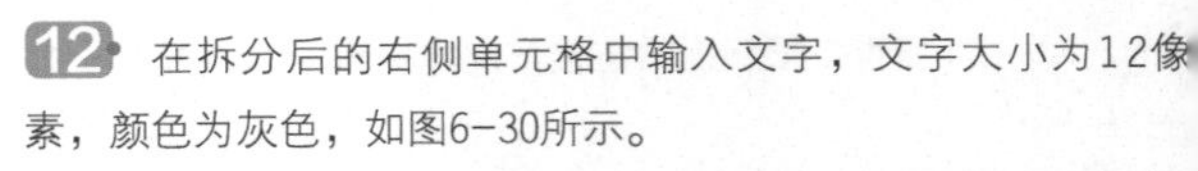

12 在拆分后的右侧单元格中输入文字，文字大小为12像素，颜色为灰色，如图6-30所示。

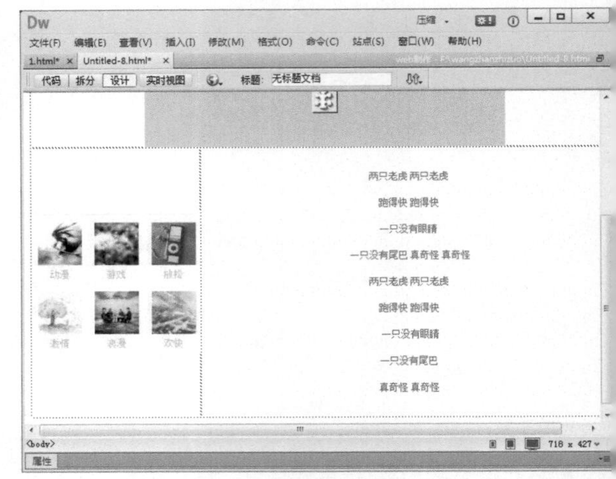


图6-30

13 执行“修改>页面属性”菜单命令，打开“页面属性”对话框，在“上边距”与“下边距”文本框中输入0，完成后单击 确定 按钮，如图6-31所示。

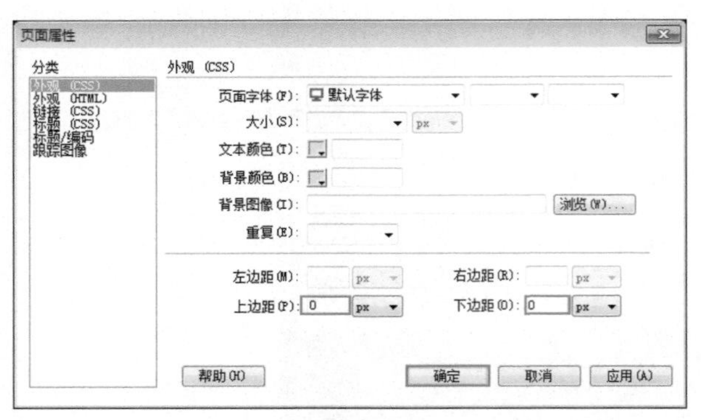


图6-31

14 按快捷键Ctrl+S保存页面，并按F12键浏览页面，效果如图6-32所示。

图6-32

## 6.4 插入FLV视频

FLV（Flash Video）流媒体格式是随着Flash的发展而出现的视频格式。由于它形成的文件极小，加载速度极快，所以许多在线视频网站都采用此视频格式。

FLV利用了网页上广泛使用的Flash Player平台，将视频整合到Flash动画中。也就是说，网站的访问者只要能看Flash动画，自然也能看FLV格式视频，而无需额外安装其他视频插件。FLV视频的使用给视频传播带来了极大便利。

在Dreamweaver中可以非常方便地在网页中插入FLV视频，执行“插入>媒体>Flash Video”菜单命令，打开图6-33所示的“插入FLV”对话框，在对话框中进行设置后，单击 确定 按钮可以插入FLV视频。

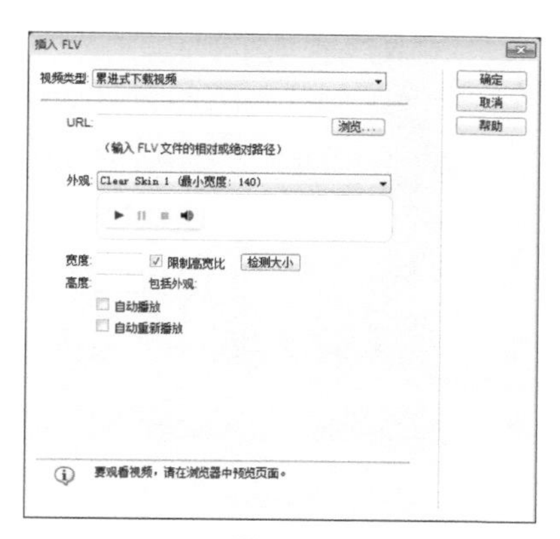


图6-33

**“插入FLV”对话框参数介绍**

* 视频类型：在该下拉列表框中选择视频的类型，包括“累进式下载视频”与“流视频”。“累进式下载视频”首先将FLV文件下载到访问者的硬盘上，然后再进行播放，它可以在下载完成之前就开始播放视频文件；“流视频”则要经过一段缓冲时间后才在网页上播放视频内容。
* URL：输入一个FLV文件的URL地址，或者单击[浏览...]按钮，选择一个FLV文件。
* 外观：指定视频组件的外观。选择某一项后，会在“外观”下拉列表框的下方显示它的预览效果。
* 宽度：指定FLV文件的宽度，单位是像素。
* 限制高宽比：保持FLV文件的宽度和高度的比例不变。默认选择该选项。
* 高度：指定FLV文件的高度，单位是像素。
* 包括外观：是FLV文件的宽度和高度与所选外观的宽度和高度相加得出来的。
* 检测大小：单击该按钮，确定FLV文件的准确宽度和高度，但有时Dreamweaver 无法确定 FLV 文件的尺寸大小。在这种情况下，我们必须手动输入宽度和高度值。
* 自动播放：指定在网页打开时是否自动播放FLV视频。
* 自动重新播放：选择此项，FLV文件播放完毕会自动返回到起始位置。

## 6.5 章节小结

本章全面介绍在Dreamweaver中嵌入各种具备特殊功能的对象的操作方法。希望读者通过本章内容的学习，能掌握多媒体对象的插入等知识。

## 6.6 课后习题

### 课后练习 制作网页广告

实例位置 CH06>制作网页广告>制作网页广告.html

素材位置 CH06>制作网页广告>images

实用指数 ★★★★

技术掌握 学习制作网页广告的方法

下面使用透明动画功能制作网页广告，制作完成后的效果如图6-34所示。

图6-34

**主要步骤：**

（1）新建一个网页文件，单击“属性”面板上的 页面属性... 按钮，打开“页面属性”对话框，将网页的背景颜色设置为灰色（#eeeeee），然后插入一个1行2列，表格宽度为778像素，边框粗细、单元格边距和单元格间距均为0的表格，并在“属性”面板中将表格设置为“居中对齐”。

（2）将光标放置于表格左侧单元格中，单击“代码”按钮切换到“代码”视图，在<td width="284" height="260"后添加代码background="images/bj1.jpg"，表示将名称为“bj1”的jpg图像设置为单元格的背景图像。

（3）将光标放置于表格右侧单元格中，将其“宽”和“高”分别设置为“4944”与“260”，然后按照同样的方法为其设置一幅背景图像。

（4）将光标放置于表格左侧单元格中，执行“插入>媒体>Flash SWF”命令，插入一个Flash动画到单元格中，在“属性”面板的“Wmode”下拉列表框中选择“透明”选项。

（5）按照同样的方法，在表格右侧的单元格中插入一个Flash动画，然后在“属性”面板中将其设置为透明即可。

## 课后练习 制作视频教学网页

实例位置 CH06> 制作视频教学网页 > 制作视频教学网页.html
素材位置 CH06> 制作视频教学网页 >images
实用指数 ★★★★
技术掌握 学习制作视频教学网页的方法

本例使用表格布局和插入视频制作教学网页，制作完成后的效果如图6-35所示。

图6-35

**主要步骤：**

（1）插入一个3行1列，宽为650像素的表格，然后在表格第1行单元格中插入素材图像，在第2行单元格中输入文字。

（2）将光标放置于表格第3行单元格中，执行“插入>媒体>插件”菜单命令，在打开的“选择文件”对话框中选择一个视频文件。此时单元格中出现插件图标，选中该图标，在“属性”面板中设置插件的宽为550，高为400。

（3）单击“属性”面板上的“参数”按钮，打开“参数”对话框，在“参数”下方输入autoStart，在“值”下方输入false。

（4）执行“文件>保存”菜单命令，将文件保存，然后按F12键浏览网页即可。

CHAPTER

# 07 网页中的超级链接

如果没有超级链接，网页就成了孤立的文件，无人问津。因此要学习网站设计首先要学习好超级链接的建立，本章就介绍了超级链接在网页中的应用。希望读者通过本章内容的学习，能够掌握超级链接的创建方法。

* URL简介
* 超级链接的路径
* 网站内部链接
* 网站外部链接
* 创建空链接
* 创建电子邮件链接
* 创建下载链接
* 创建脚本链接

# 7.1 认识超级链接

链接就是人们通常说的URL，如果没有了链接，也就不会有互联网。随着Web设计工作的日益复杂化，使用链接可以发送电子邮件、与FTP站点连接、下载软件等。

## 7.1.1 URL简介

URL（Universal Resource Location，统一资源定位器）是Internet上用来描述信息资源的字符串。一个URL可分为4个部分，分别是资源类型、服务器地址、端口和路径。

资源类型（Scheme）：指出WWW客户程序用来操作的工具。比如http://表示WWW服务器，ftp://表示FTP服务器，gopher://表示Gopher服务器，而new:表示Newgroup（新闻组）。

服务器地址（Host）：指出WWW页所在的服务器域名。

端口（Port）：对某些资源的访问来说，需给出相应的服务器提供的端口号。

路径（Path）：指明服务器上某资源的位置。

URL地址的格式排列为Scheme://Host:Port/Path。比如http://www.try.org/pub/HXWZ 就是一个典型的URL地址，客户程序首先看到http（超文本传送协议），便知道处理的是HTML链接，接下来的www.try.org是站点地址，最后是目录pub/HXWZ。再如ftp://ftp.try.org/pub/HXWZ/cm9612a.GB，客户程序需要用FTP去进行文件传送，站点是ftp.try.org，然后在目录pub/HXWZ中下载文件cm9612a.GB。

如果上面的URL是ftp://ftp.try.org:8001/pub/HXWZ/cm9612a.GB，则FTP客户程序将从站点ftp.try.org的8001端口连入。

**WWW上的服务器都是区分大小写字母的，所以千万要注意正确的URL大小写表达形式。**

## 7.1.2 超级链接的路径

超级链接的方式有相对链接和绝对链接两种。超级链接的路径即是URL地址，完整的URL路径为http://www.snsp.com:1025/support/retail/contents.html#hello。

当制作本地链接（即同一个站点内的链接）时，不用指明完整的路径，只需指出目标端点在站点根目录中的路径，或与链接源端点的相对路径。当两者位于同一级子目录时，只需指明目标端点的文件名即可。

我们经常遇到的文件路径有以下3种类型。

第1种：绝对路径，比如http://www.macromedia.com/support/dreamweaver/contents.html。

第2种：相对于文档的路径，比如contents.html。

第3种：相对于站点根目录的路径，比如/web/contents.html。

### 1. 绝对路径

绝对路径提供链接目标端点所需的完整URL地址。绝对路径常用于在不同的服务器端建立链接。如希望链接其他网站上的内容，此时就必须使用绝对路径进行链接。

采用绝对路径的优点是它与链接的源端点无关。只要网站的地址不变，不管链接的源端文件在站点中如何移动，都能实现正常的链接。

其缺点是不方便测试链接，如果要测试站点中的链接是否有效，必须在Internet服务器上进行测试。并且绝对链接不利于站点文件的移动，当链接目标端点中的文件位置改变后，与该文件存在的所有链接都必须进行改动，否则链接失效。

绝对路径的情况有以下几种。

第1种：网站间的链接，比如http://www.tianya.cn。

第2种：链接FTP，比如ftp://192.168.1.11。

第3种：文件链接，比如file://d:/网站1/web/index1.html。

### 2. 相对于文档的路径

相对链接用于在本地站点中的文档间建立链接。使用相对路径时不用给出完整的URL地址，只需给出源端点与目标端点不同的部分。在同一个站点中都采用相对链接。当链接的源端点和目标端点的文件位于同一目录下时，只需指出目标端点的文件名即可。当不在同一个父目录下时，需将不同的层次结构表述清楚，每向上进一级目录，就要使用一次“/”符号，直到相同的一级目录为止。

例如，源端文件cc.htm的地址为…/web/chan/cc.htm，目标端文件cc2.htm的地址为…/web/chan/cc2.htm，它们有相同的父目录web/chan，则它们之间的链接就只需指出文件名cc2.htm即可。但如果链接的目标端文件地址为…/web/chan2/cc2.htm，则链接的相对地址应记为chan/cc2.htm。

由上可知，相对路径间的相互关系并没有发生变化，因此当移动整个文件夹时就不用更新该文件夹内基于文档相对路径建立的链接。但如果只是移动其中的某个文件，则必须更新与该文件相链接的所有相对路径。

如果是在“站点”面板中移动文件，系统会提示用户是否更新，此时单击“更新”按钮即可，就不再需要用户逐一去更改了。

如果要在新建的文档中使用相对链接，必须在链接前先保存该文档，否则Dreamweaver将使用绝对路径。

### 3. 相对于站点根目录的路径

基于根目录的路径是绝对路径和相对路径的折衷，它的所有路径都从站点的根目录开始表示，通常用“/”表示根目录，所有路径都从该斜线开始。如/web/ccl.htm，其中，ccl.htm是文件名，web是站点根目录下的一个目录。

基于根目录的路径适用于站点中的文件需要经常移动的情况。当移动的文件或更名的文件含有基于根目录的链接时，相应的链接不用进行更新。但是，如果移动的文件或更名的文件是基于根目录链接的目标端点时，需对这些链接进行更新。

# 7.2 网站内部与外部链接

网站链接分为内部链接与外部链接，下面分别进行介绍。

## 7.2.1 网站内部链接

一个网站通常会包含多个网页，各个网页之间可以通过内部链接使得彼此之间产生联系。在Dreamweaver中，可以为文本或图片创建内部链接，设置内部链接的具体步骤如下。

第1步：选定要建立链接的文本或图像，在“属性”面板中单击“链接”右侧的图标，如图7-1所示。

图7-1

Tips

**在“属性”面板中的“链接”下拉列表框中直接输入要链接内容的路径也可建立链接。**

第2步：打开“选择文件”对话框，选择一个需要链接的文件，然后单击 确定 按钮，如图7-2所示。

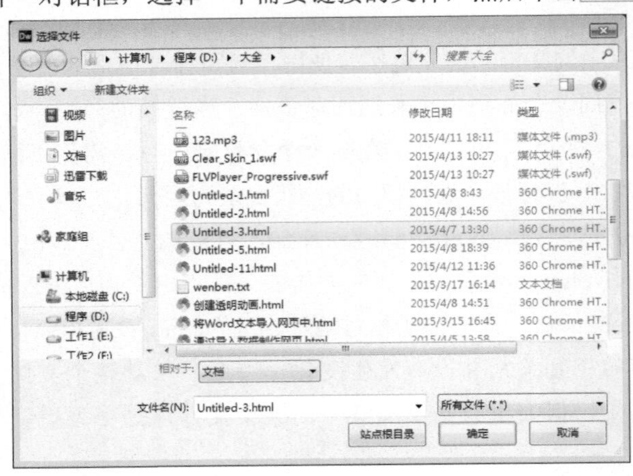


图7-2

第3步：经过以上操作便建立了链接，默认链接的文字以蓝色显示，还带有下画线，如图7-3所示。

图7-3

### 7.2.2 网站外部链接

网站的外部链接就是指用户将自己制作的网页与Internet建立的链接。例如，将页面中的文字与网易的主页建立超级链接，具体的操作方法与建立网站内部链接相同，只需选中网页中需要建立超级链接的文本，打开“属性”面板，在“链接”下拉列表框中输入网易的网址即可。设置完成后单击建立了链接的文本，就可以跳转到网易网站的主页。

## 7.3 创建空链接

我们有时制作网页只是为了测试一下页面，只要文本、图片等像是被加上了超级链接（不一定非得设置具体的链接）即可，这时就需要创建空链接了。创建空链接的操作步骤如下。

（1）在网页中选择需要创建空链接的文本，如图7-4所示。

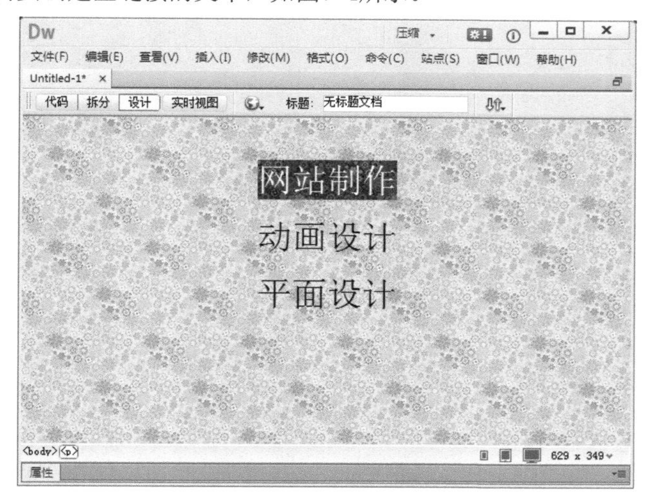


图7-4

（2）在“属性”面板上的“链接”下拉列表框里输入#，如图7-5所示，这就为“网站制作”这几个字创建了空链接。

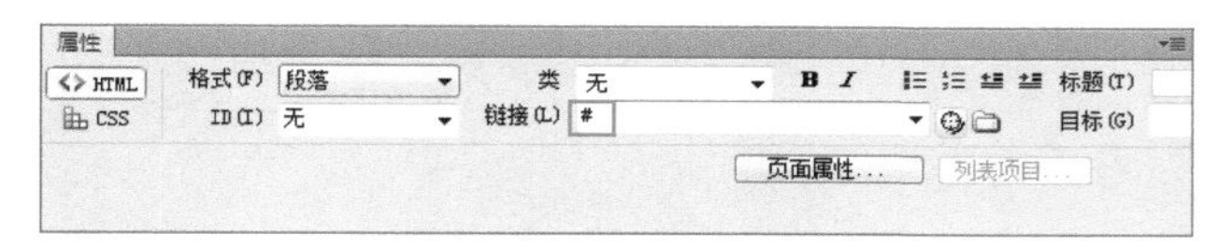


图7-5

（3）按照同样的方法为其他文本创建空链接。按F12键浏览页面，效果如图7-6所示。将光标指向链接对象时，光标会变成小手形状，这像是创建了超级链接的情形，其实它并不链接到任何网页及对象。

图7-6

## 即学即用 在网页中添加空链接

实例位置 CH07> 在网页中添加空链接 > 在网页中添加空链接.html

素材位置 CH07> 在网页中添加空链接 >images

实用指数 ★★★

技术掌握 学习在网页中添加空链接的方法

**01** 新建一个网页文件，执行“插入>表格”菜单命令，插入一个2行2列，宽为990像素的表格，在“属性”面板中将其对齐方式设置为“居中对齐”，将“填充”和“间距”都设置为0，如图7-7所示。

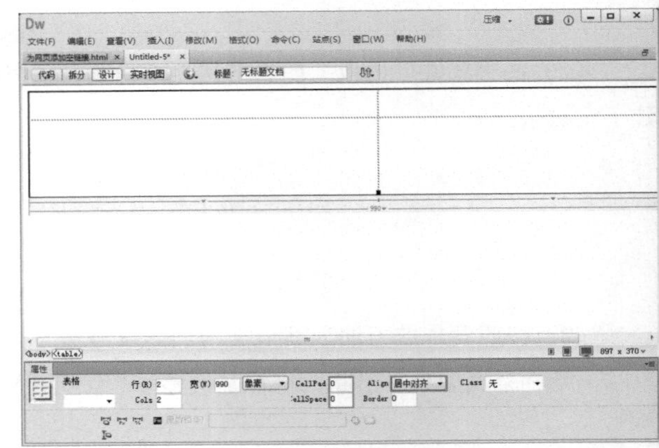

图7-7

**02** 选中表格左列的两行单元格，在“属性”面板上将单元格的背景颜色设置为蓝色（#95A6AD），如图7-8所示。

图7-8

**03** 在表格左列的第1行单元格中输入MEISHI，文字大小为21像素，颜色为白色，如图7-9所示。

图7-9

04 将光标放置于表格左列的第2行单元格中，执行“插入>表格”菜单命令，插入一个5行1列，宽为70%，边框粗细为0的表格，并在“属性”面板中将对齐方式设置为“居中对齐”，将“填充”和“间距”都设置为0，如图7-10所示。

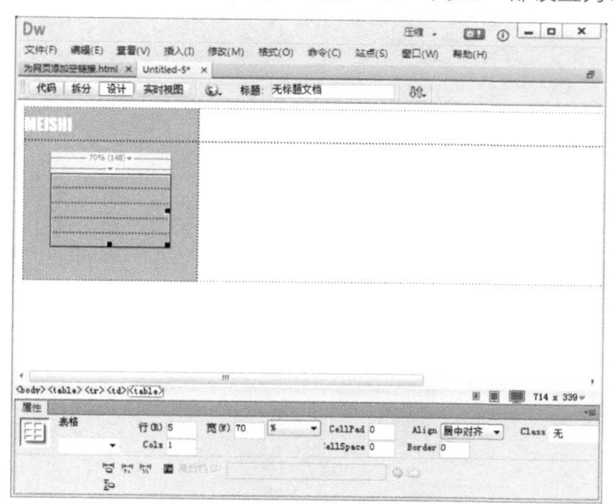

图7-10

05 分别在嵌套表格的各个单元格中输入文字，文字大小为12像素，颜色为白色，如图7-11所示。

06 将光标放置到右列第1行单元格中，执行“修改>表格>拆分单元格”菜单命令，将其拆分为两列，如图7-12所示。

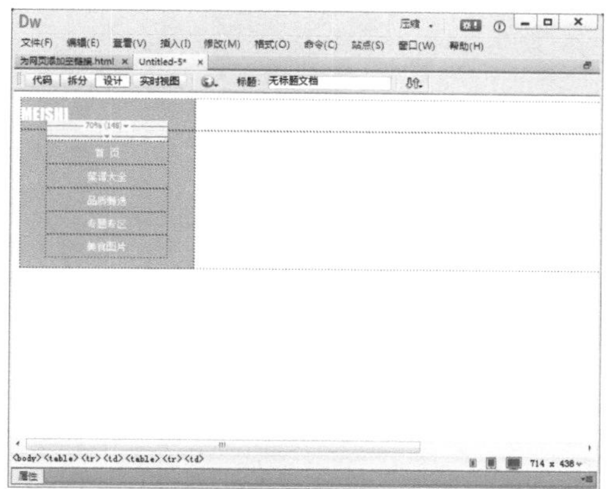

图7-11

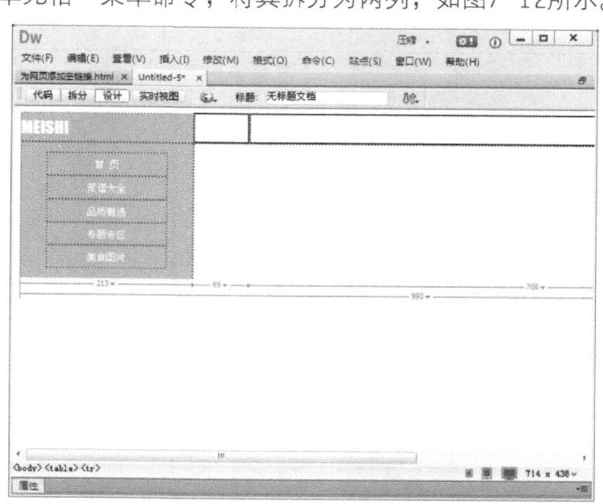

图7-12

07 把拆分后的左列单元格的背景颜色设置为黑色（#201F1B），然后在单元格中插入一幅图标图像，最后在图标的右侧输入文字，如图7-13所示。

08 将光标置于表格右列第2行单元格中，执行“插入>图像>图像”菜单命令，在单元格中插入一幅图像，如图7-14所示。

图7-13

图7-14

09 执行“插入>表格”菜单命令，插入一个1行1列，宽为990像素的表格，在“属性”面板中将其对齐方式设置为“居中对齐”，将“填充”和“间距”都设置为0，如图7-15所示。

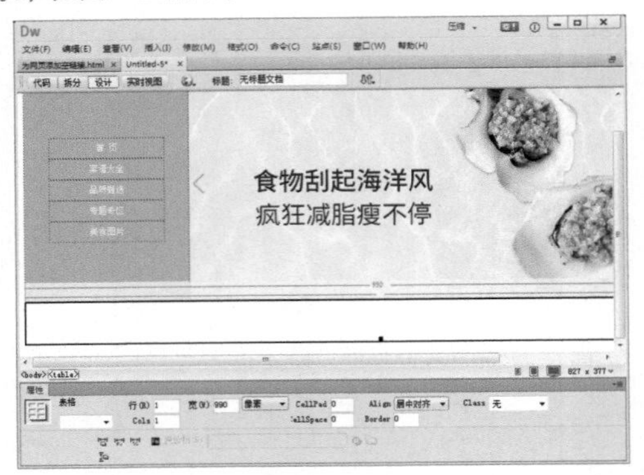


图7-15

10 将光标置于刚插入的表格中，执行“插入>图像>图像”菜单命令，在表格中插入一幅图像，如图7-16所示。

11 选择文档左侧的“首页”文字，在“属性”面板上的“链接”下拉列表框中输入#号，如图7-17所示。这就为“首页”文字创建了空链接。

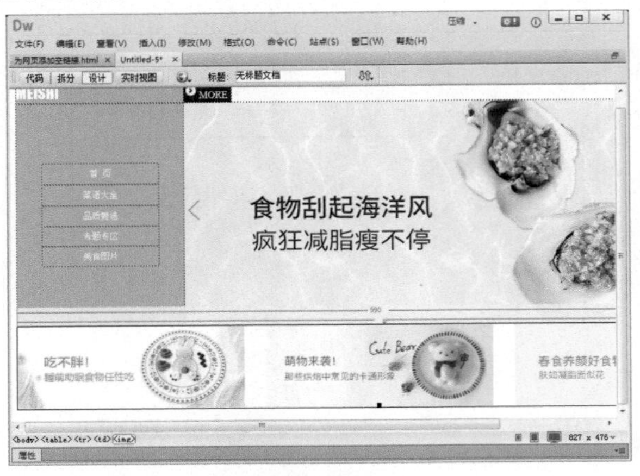


图7-16

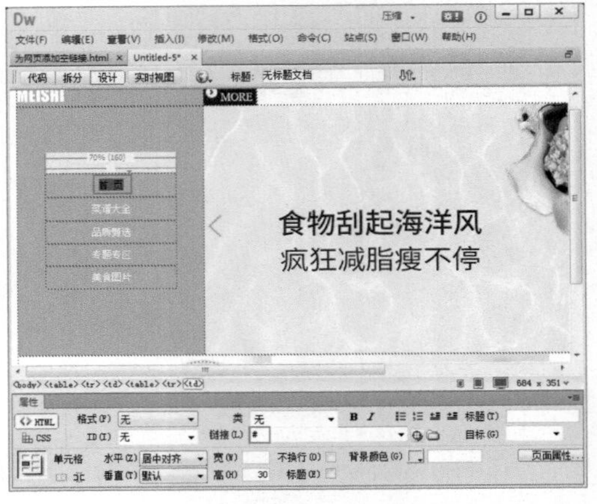


图7-17

12 选择文档左侧的“菜谱大全”文字，在“属性”面板上的“链接”下拉列表框中输入#号，如图7-18所示。这就为“菜谱大全”文字创建了空链接。

13 按照同样的方法，分别为嵌套表格中的其他文字创建空链接，如图7-19所示。

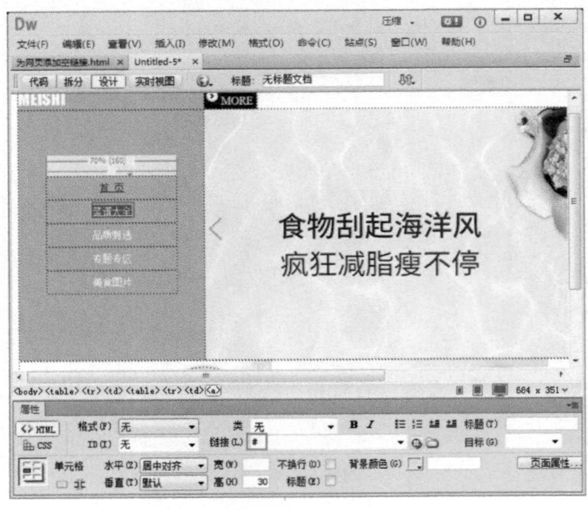


图7-18

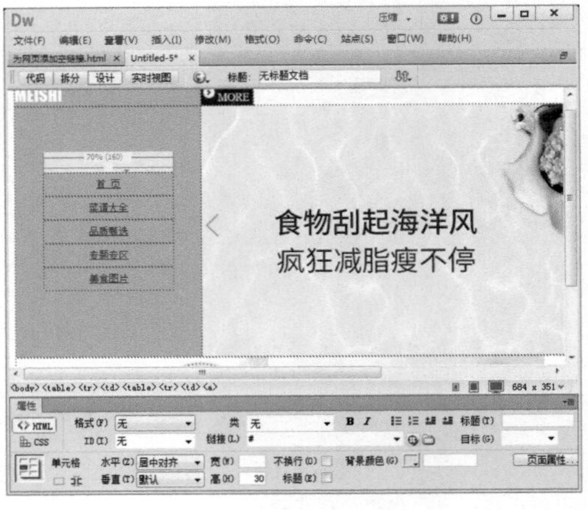


图7-19

**14** 单击“属性”面板上的 页面属性... 按钮，打开“页面属性”对话框，在“分类”列表框中单击“链接（CSS）”选项，然后把“链接颜色”与“已访问链接”的颜色都设置为白色，如图7-20所示。

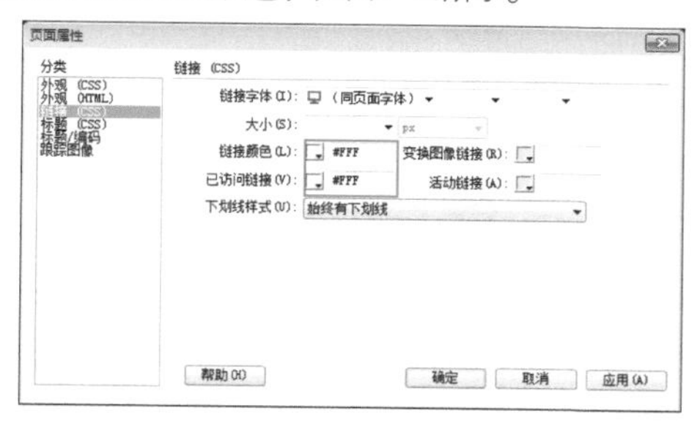


图7-20

**15** 执行“文件>保存”菜单命令保存文档，然后按F12键浏览网页，如图7-21所示。可以看到将光标指向链接对象时，光标会变成小手形状，这就是创建了超级链接的状态，但实际上这些链接并不链接到任何网页或对象。

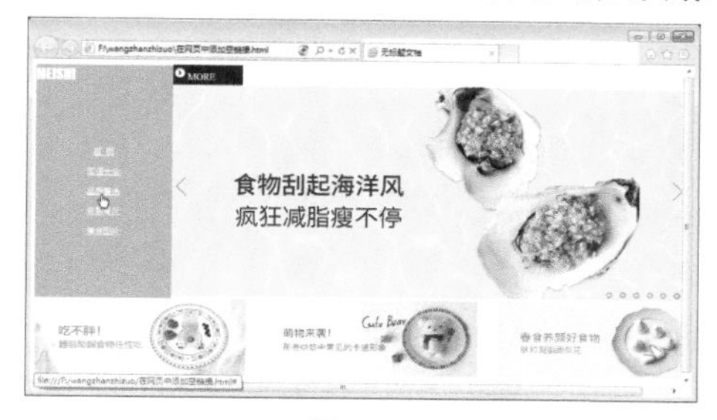


图7-21

Tips

**使用浏览器浏览网页时，单击空链接，页面会自动重置到页面顶端，这样会打乱用户对网页的正常浏览，可能会使用户关闭网页。**

**要杜绝这种情况，只需在创建空链接时，在“链接”下拉列表框中不输入#号，而是输入javascript:void（null）即可。**

# 7.4 创建电子邮件链接

电子邮件链接是一种特殊的链接，它使用mailto协议。在浏览器中单击邮件链接时，将启动默认的邮件发送程序。该程序是与用户浏览器相关联的。在电子邮件消息窗口中，“收件人”域自动更新为显示电子邮件链接中指定的地址。创建电子邮件链接的操作步骤如下。

第1步：将光标放在需要插入电子邮件地址的位置，执行“插入>电子邮件链接”菜单命令，如图7-22所示。

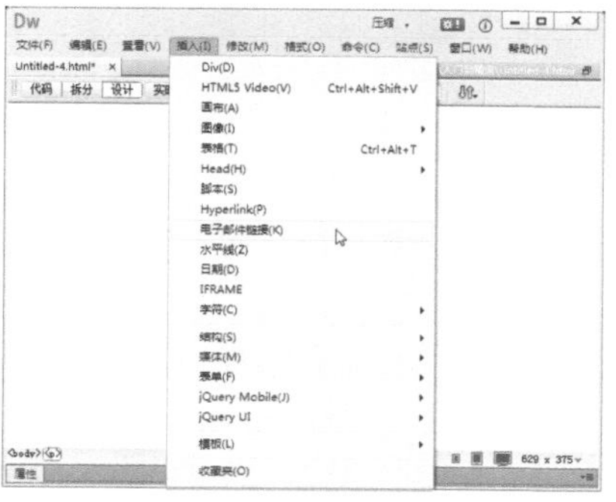


图7-22

第2步：打开“电子邮件链接”对话框，在“文本”文本框中输入邮件链接要显示在页面上的文本。在“电子邮件”文本框中输入要链接的邮箱地址，如图7-23所示。

图7-23

第3步：单击 确定 按钮，邮件链接就添加到了当前文档中，如图7-24所示。

图7-24

Tips

用户也可以使用“属性”面板创建电子邮件链接，在文档窗口中选择文本或图像，然后在“属性”面板的“链接”下拉列表框中输入mailto:，后面输入电子邮件地址。注意，冒号和电子邮件地址之间不能键入任何空格，例如可以输入mailto:fasyj@163.com。

# 7.5 创建下载链接

当用户希望浏览者从自己的网站上下载资料时，就需要为文件提供下载链接。网站中的每一个下载文件必须对应一个下载链接。建立下载链接的操作步骤如下。

第1步：在网页文档中输入指示下载的文本“桌面壁纸下载”，如图7-25所示。

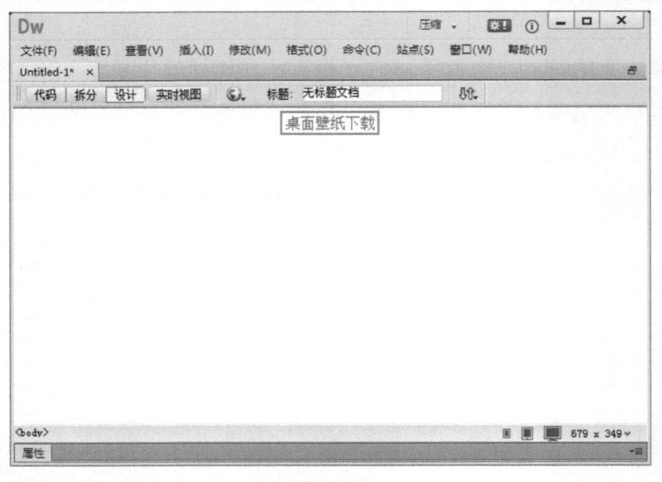


图7-25

第2步：在输入的文本后按快捷键Shift+Enter换行，执行“插入>图像>图像”菜单命令，在文本下方插入一幅图像，如图7-26所示。

图7-26

第3步：选中输入的文本，进入“属性”面板，单击“链接”右侧的▭按钮，如图7-27所示。

图7-27

第4步：打开“选择文件”对话框，在对话框中选择要链接的文件，这里选择的文件扩展名为.rar，然后单击 确定 按钮，如图7-28所示，这样下载链接就建好了。

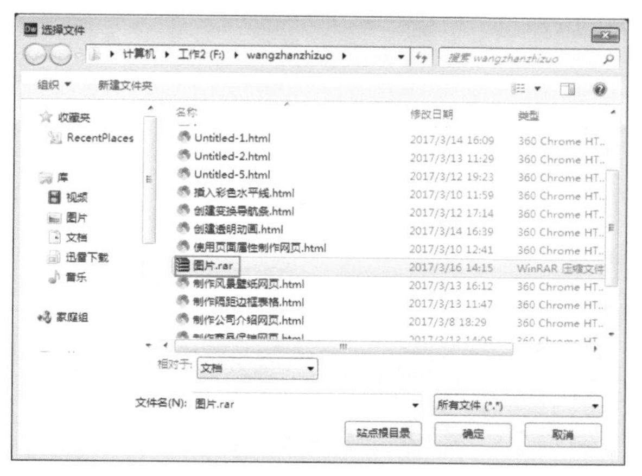


图7-28

第5步：保存文件后按F12键进行浏览，单击链接文字，将打开图7-29所示的“新建下载任务”对话框，单击“下载”按钮即可下载文件。

桌面壁纸下载

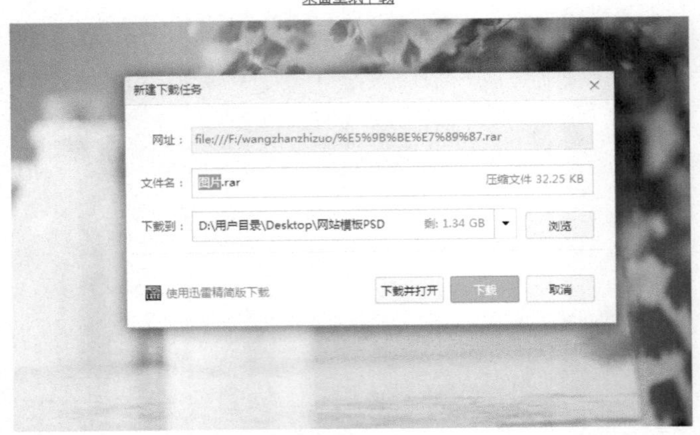


图7-29

## 即学即用 制作家居公司首页

实例位置 CH07>制作家居公司首页>制作家居公司首页.html

素材位置 CH07>制作家居公司首页>images

实用指数 ★★★★

技术掌握 学习在网页中创建电子邮件链接和下载链接的方法

01 执行“插入>表格”菜单命令，插入一个1行6列宽度为1018像素的表格，在“属性”面板中将其“对齐”方式设置为“居中对齐”，将“填充”和“间距”都设置为0，如图7-30所示。

图7-30

02 将表格第1列单元格的“背景颜色”设置为黑色（#6E524E），然后在单元格中输入文字“首页”，如图7-31所示。

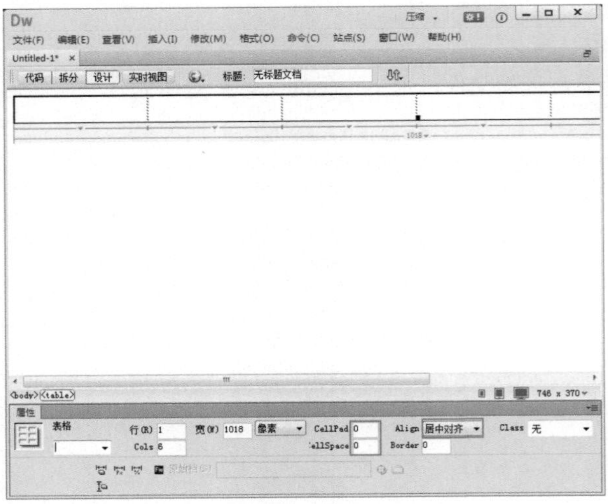

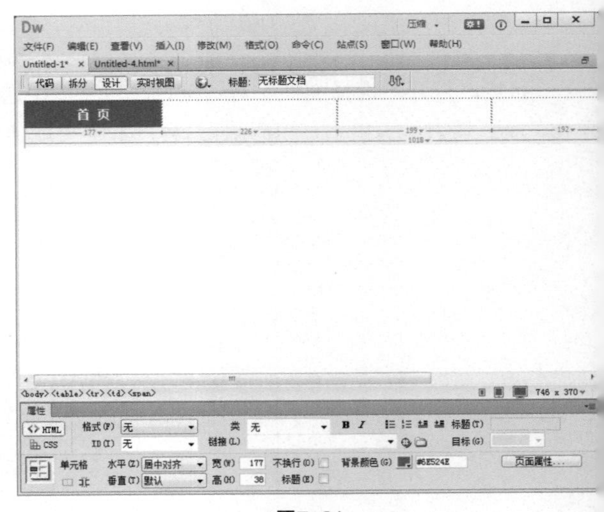


图7-31

03 将其余单元格的“背景颜色”分别设置为绿色（#02940F）、粉色（#FE486A）、蓝色（#2E68A8）、紫色（#C63381）、橙色（#CA4E1A），然后在这些单元格中输入文字，如图7-32所示。

04 选中文字“联系我们”，执行“插入>电子邮件链接”菜单命令，打开“电子邮件链接”对话框，在对话框上的“电子邮件”文本框中输入电子邮箱地址，然后单击 确定 按钮，如图7-33所示。

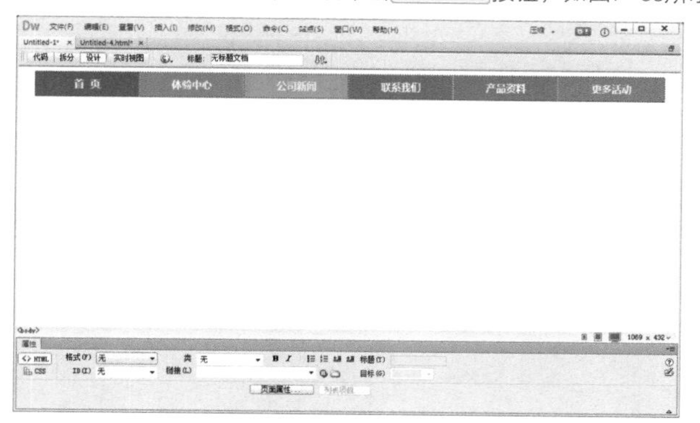


图7-32

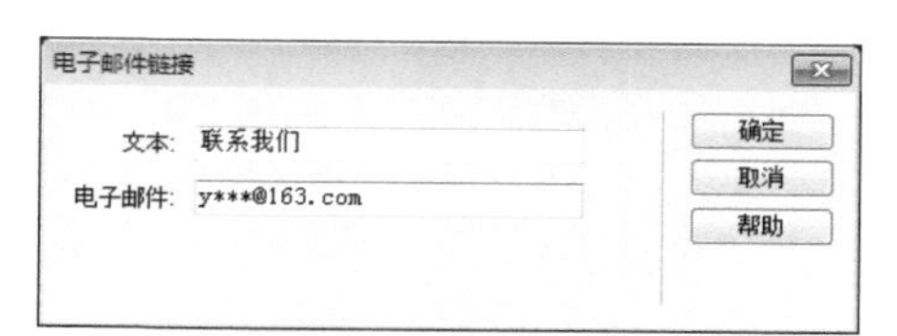


图7-33

05 选中文字“产品资料”，进入“属性”面板，单击“链接”右侧的按钮，打开“选择文件”对话框，在对话框中选择要链接的文件，如图7-34所示。

06 单击“属性”面板上的 页面属性... 按钮，打开“页面属性”对话框，将“上边距”与“下边距”都设置为0，如图7-35所示。

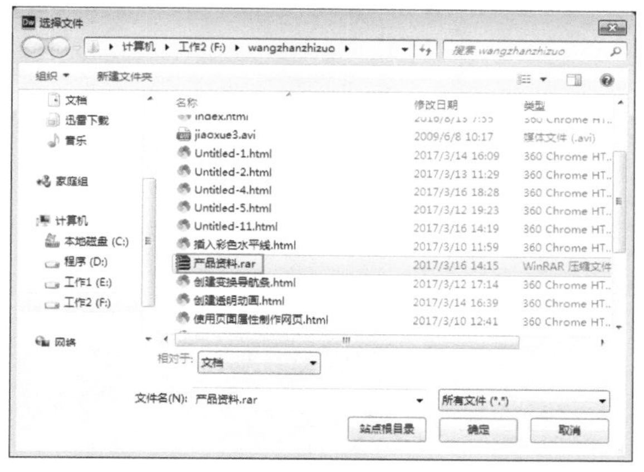


图7-34

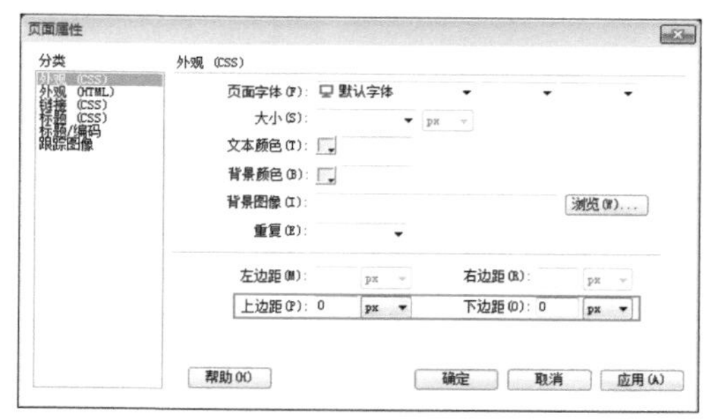


图7-35

07 在“分类”列表框中单击“链接（CSS）”选项，然后把“链接颜色”与“已访问链接”的颜色都设置为白色（#FFFFFF），在“下划线样式”下拉列表框中选择“始终无下划线”选项，然后单击 确定 按钮，如图7-36所示。

08 执行“插入>表格”菜单命令，插入一个1行1列、宽度为1018像素的表格，在“属性”面板中将其“对齐”方式设置为“居中对齐”，将“填充”和“间距”都设置为0，如图7-37所示。

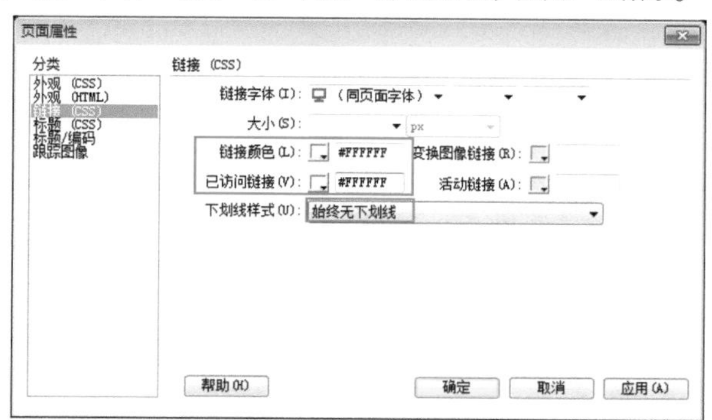


图7-36

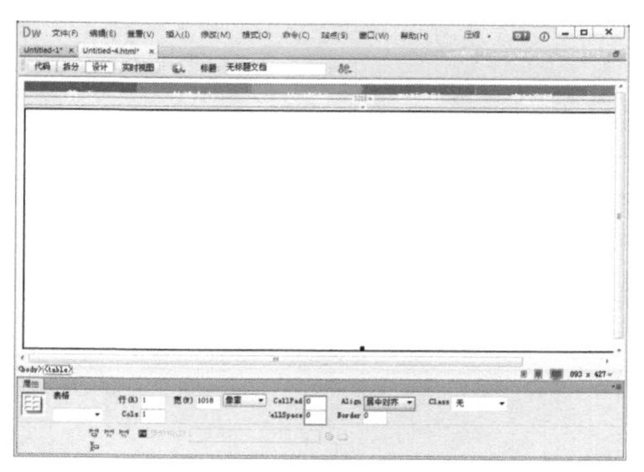

图7-37

09 将光标放置于表格中，执行“插入>图像>图像”菜单命令，插入一幅图像到表格中，如图7-38所示。

图7-38

10 执行“文件>保存”菜单命令保存文档，然后按F12键浏览网页，效果如图7-39所示。

图7-39

## 7.6 脚本链接

通过脚本链接可以执行JavaScript代码或调用JavaScript函数。它非常有用，能够在不离开当前网页的情况下，为访问者提供有关某项的附加信息。创建脚本链接的具体操作如下。

第1步：在文档窗口中选择要创建脚本链接的文本、图像或其他对象，在“链接”文本框中输入javascript，并在后面添加一些JavaScript 代码或函数调用。例如，这里输入javascript:alert('欢迎光临本网站')，如图7-40所示。

图7-40

第2步：保存文件，按“F12”键浏览网页，当单击文本时，会弹出如图7-41所示的对话框。

图7-41

# 7.7 章节小结

Dreamweaver CC提供了多种创建超级链接的方法，可创建到文档、图像、多媒体文件或可下载软件的链接。可以建立到文档内任意位置的任何文本或图像（包括标题、列表、表、层和框架中的文本或图像）的链接。

# 7.8 课后习题

## 课后练习 制作网页提示信息

实例位置 CH07> 制作网页提示信息 > 制作网页提示信息.html
素材位置 CH07> 制作网页提示信息 >images
实用指数 ★★★★
技术掌握 学习制作网页提示信息的方法

下面使用脚本链接制作网页提示信息，制作完成后的效果如图7-42所示。

图7-42

**主要步骤：**

（1）新建一个网页文件，在网页中插入一幅图像。

（2）单击状态栏的<body>标签，打开“属性”面板，在“链接”文本框中输入javascript:alert('参加本站问卷调查有奖哦！')。

（3）执行“文件>保存”菜单命令，将文件保存，然后按F12键浏览网页即可。

## 课后练习 在网页内部跳转

实例位置 CH07>在网页内部跳转>在网页内部跳转.html

素材位置 CH07>在网页内部跳转>images

实用指数 ★★★★

技术掌握 学习在网页内部跳转的方法

本例制作在网页内部跳转的效果，如图7-43所示。

图7-43

**主要步骤：**

（1）执行“插入>表格”菜单命令，插入一个3行1列、宽为620像素的表格，表格第1行单元格中输入文字，文字大小为12像素，颜色为深灰色（#666666）。

（2）将光标放置在表格第2行单元格中，插入一个3行3列、宽度为75%的嵌套表格，分别在嵌套表格的各个单元格中插入图像。

（3）使用“矩形热点工具”分别为嵌套表格各个单元格中的图像创建热区，选择嵌套表格第1行左侧单元格中的图像上的热区，进入“属性”面板，在“链接”文本框中输入要链接的图像的路径。

（4）按照同样的方法，分别为嵌套表格其他各个单元格中的图像设置内部链接，然后将表格第3行单元格拆分为3列，分别将第2列和第3列单元格的背景颜色设置为红色与黑色，分别在第2列和第3列单元格中输入MUSIC与MORE，文字大小为12像素，颜色为白色。

（5）执行“文件>保存”菜单命令，将文件保存，然后按F12键浏览网页即可。

CHAPTER

# 08 在网页中插入表单

我们在浏览网页时，经常会遇到要求填写信息单并提交；或在注册邮箱时所填写的页面就是一个表单。本章介绍了表单的创建和使用方法，并且通过实例讲述表单对象的创建方法。表单在网站的创建中起着重要的作用，应该重点掌握。在实际运用中，读者应该根据不同情况灵活创建表单对象，制作出适用的网页。

* 创建表单
* 设置表单属性
* 创建文本域
* 创建密码域
* 创建单选按钮
* 创建复选项
* 创建表单按钮
* 创建下拉菜单

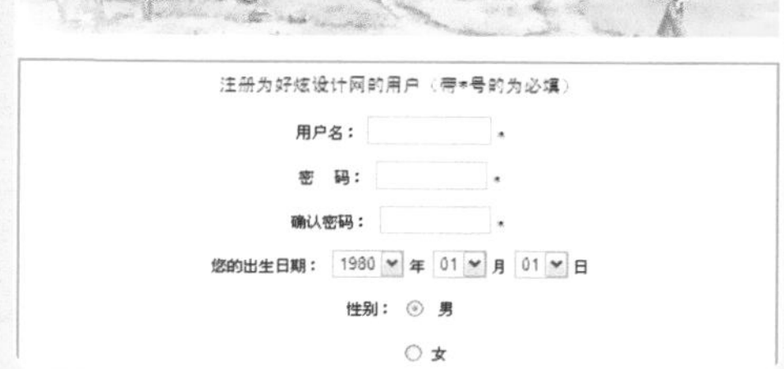

# 8.1 表单概述

使用表单能收集网站访问者的信息，比如会员注册信息、意见反馈等。表单的使用需要两个条件，一是描述表单的HTML源代码；二是用于处理用户在表单中输入的信息的服务器端应用程序客户端脚本，如ASP、CGI等。

一个表单由两部分组成，即表单域和表单对象，如图8-1所示。表单域包含处理数据所用的CGI程序的URL以及数据提交到服务器的方法；表单对象包括文本域、密码域、单选按钮、复选框、弹出式菜单以及按钮等对象。

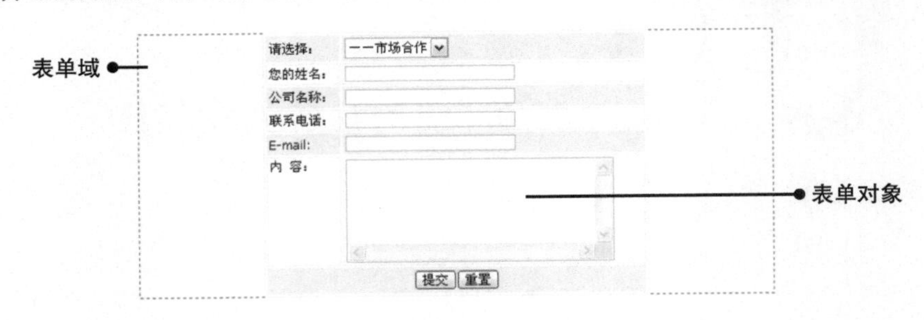


图8-1

# 8.2 表单的创建及设置

下面介绍创建表单与设置表单属性的方法。

## 8.2.1 创建表单

执行“插入>表单>表单”命令，或者在“插入”面板中切换至“表单”对象，然后单击 表单 按钮，即可插入一个表单，这时在文档中将出现一个红色虚线框，这个由红色虚线围成的区域就是表单域，各种表单对象都必须插入这个红色虚线区域才能起作用，如图8-2所示。

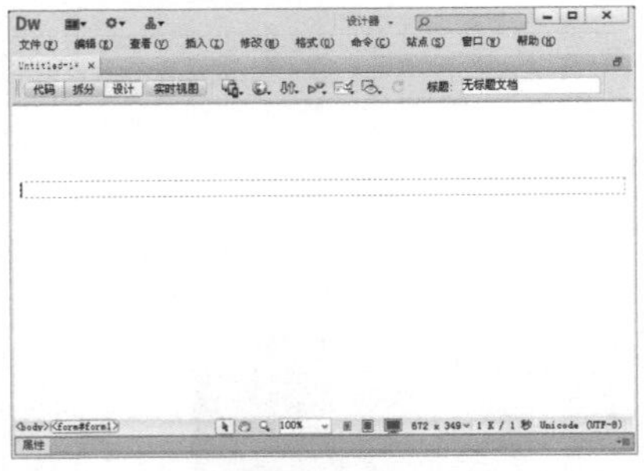

图8-2

**插入表单后，页面中如果没有出现红色虚线框，可执行“查看>可视化助理>不可见元素”菜单命令，即可出现红色虚线框。**

## 8.2.2 设置表单属性

将光标置于表单域中，可以在“属性”面板上设置表单的属性，如图8-3所示。

图8-3

**表单“属性”参数介绍**

* 表单ID：用来设置表单名称，可以方便以后的程序控制。
* 动作：在文本框中输入处理该表单的动态页或用来处理表单数据的程序的路径，也可以单击右侧的按钮来选择路径。
* 方法：选择表单的提示方式，包括“默认”、GET和POST这3种方式，默认方式是GET。

  **默认：**使用浏览器默认设置将表单数据发送到服务器。

  GET：将值追加到请求URL上。

  POST：在HTTP请求中嵌入表单数据。
* 目标：该下拉列表框中提供了_blank、_parent、_self、_top这4个选项供用户选择。

  _blank：表示目标文档将在新窗口中打开。

  _parent：表示目标文档将在上级框架中打开。

  _self：表示目标文档在提交表单所使用的窗口中打开，此项为默认，因此无须指定。

  _top：表示将目标文档载入到整个浏览器窗口中，将删除所有框架。
* 编码类型：设置服务器端处理表单数据的文件源。

# 8.3 创建表单对象

Dreamweaver CC中的表单可以包含标准表单对象，表单对象有文本域、文本区域、输入框、按钮、图像域、跳转菜单、复选项及隐藏域等。

## 8.3.1 创建文本域

“文本域”用来在表单中插入文本，访问者浏览网页时可以在文本域中输入相应的信息。

创建文本域的具体操作步骤如下。

第1步：将光标放到表单中需要插入文本域的位置。

第2步：将“插入”面板中的插入对象切换为“表单”，然后单击 文本 按钮，此时在光标处插入一个文本域，如图8-4所示。可以将前面的英文替换为中文，如“用户名：”。

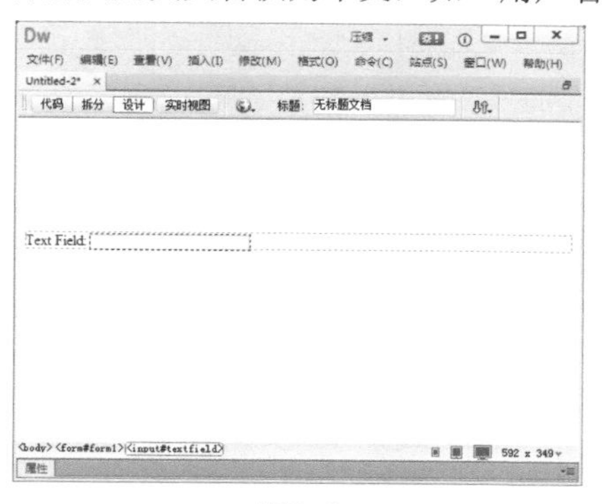


图8-4

## ↘8.3.2 创建密码域

创建密码域的具体操作步骤如下。

第1步：将光标放到表单中需要插入密码域的位置。

第2步：将“插入”面板中的插入对象切换为“表单”，然后单击[密码]按钮，此时在光标处插入一个密码域，如图8-5所示。可以将前面的英文替换为中文，如“密码：”。

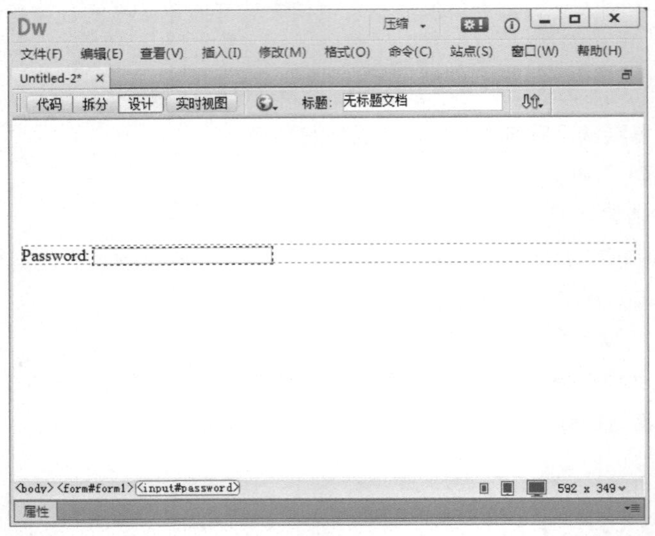


图8-5

Tips

**密码域是特殊类型的文本域，当用户在密码域中输入文本时，所输入的文本会被替换为星号或圆点以隐藏该文本，保护这些信息不被看到，如图8-6所示。**

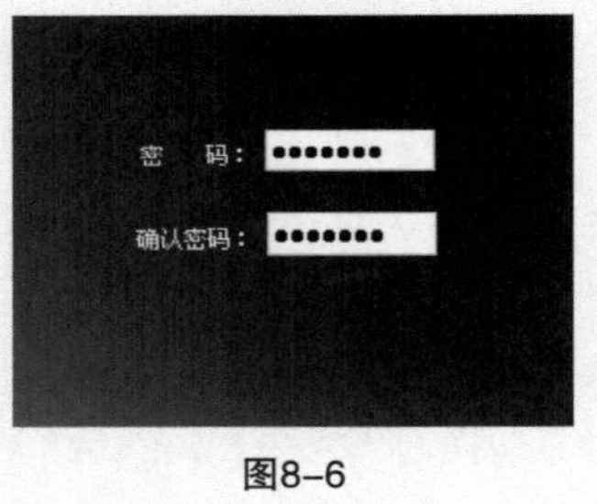


图8-6

## ↘8.3.3 创建单选按钮

单选按钮通常是多个一起使用，选择其中某个按钮时，就会取消选择该组的其他按钮。创建单选按钮的具体操作步骤如下。

第1步：将光标放到表单中需要插入单选按钮的位置。

第2步：将“插入”面板中的插入对象切换为“表单”，然后单击[单选按钮]按钮，此时在光标处插入一个单选按钮，如图8-7所示。

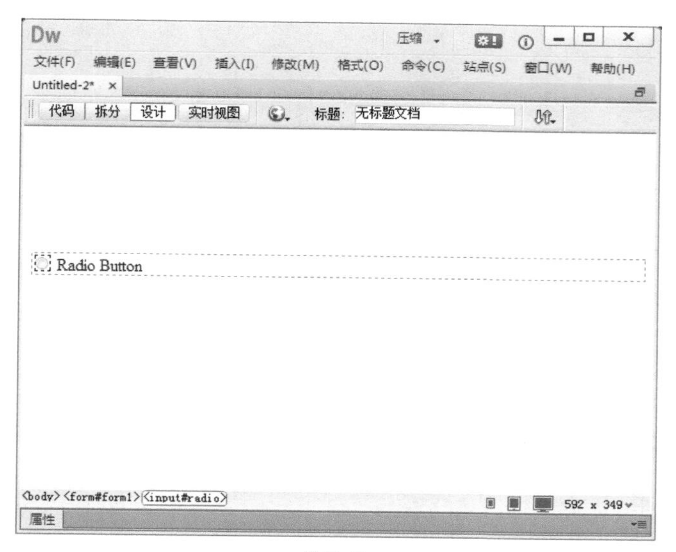


图8-7

Tips

需要插入几个单选按钮就执行菜单命令几次，图8-8所示是插入了3个单选按钮。

您的年龄： ○ 18---25岁 ○ 26---35岁 ○ 36---45岁

图8-8

## 8.3.4 创建复选项

复选项对每个单独的响应进行“关闭”和“打开”状态切换，因此用户可以从复选项组中选择多个复选项。创建复选项的操作步骤如下。

第1步：将光标放到表单中需要插入复选项的位置。

第2步：单击“插入”面板中“表单”对象的 ☑ 复选框 按钮，即可插入一个复选项，需要插入几个复选项就单击该按钮几次，如图8-9所示。

喜欢的书籍类型： □ 艺术 □ 军事 □ 娱乐 □ 科技 □ 历史

图8-9

## 即学即用 制作在线调查表

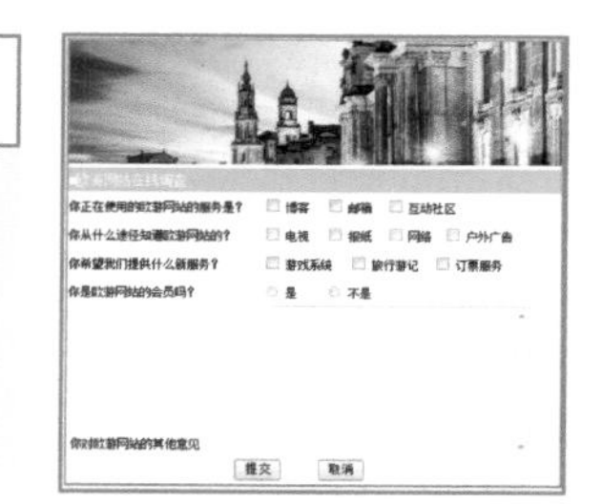

实例位置 CH08> 制作在线调查表 > 制作在线调查表.html

素材位置 CH08> 制作在线调查表 >images

实用指数 ★★★

技术掌握 学习使用表单域和表单对象制作在线调查表

**01** 新建一个网页文件，执行“插入>表单>表单”菜单命令，在网页中插入一个表单，如图8-10所示。

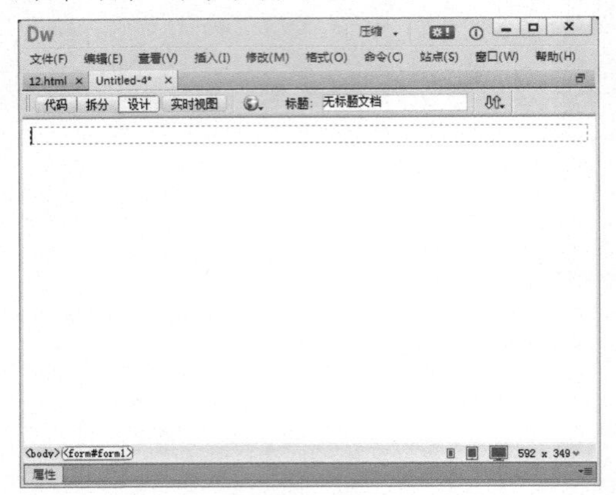


图8-10

**02** 将光标置在表单中，执行“插入>表格”菜单命令，插入一个1行1列的表格，设置表格宽度为500像素，并在“属性”面板中设置“填充”与“间距”为4，边框粗细为1，对齐方式为“居中对齐”，如图8-11所示。

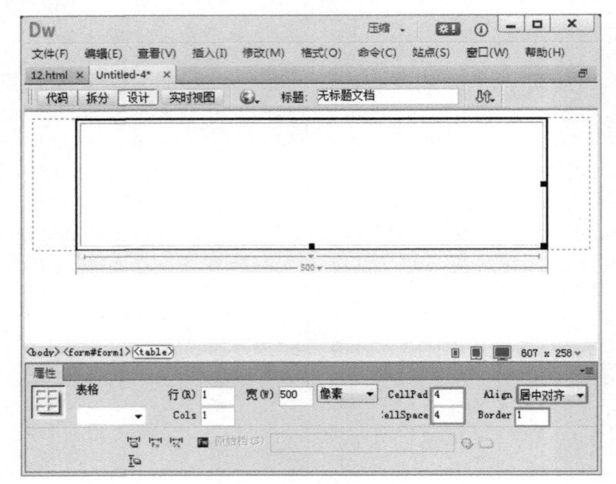


图8-11

**03** 选中表格，单击 代码 按钮，切换到代码视图，在<table width=“500” border=“1” align=“center” cellpadding=“4” cellspacing=“4”后面添加代码bordercolor=“#23B89A”，如图8-12所示，表示将色标值为#23B89A的颜色（蓝绿色）作为表格的边框颜色。

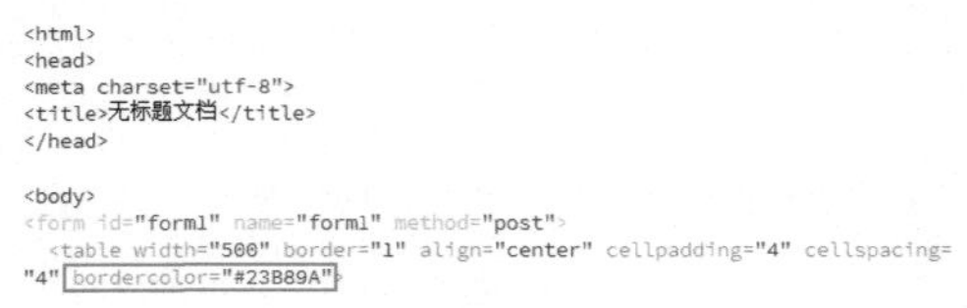


图8-12

**04** 在代码视图中的<td后面添加代码bordercolor=“#23B89A”，如图8-13所示，表示将色标值为#23B89A的颜色（蓝绿色）作为单元格的边框颜色。

图8-13

**05** 单击 设计 按钮，切换到设计视图，选中表格，打开“属性”面板，将“填充”与“间距”的值分别设置为0，如图8-14所示。

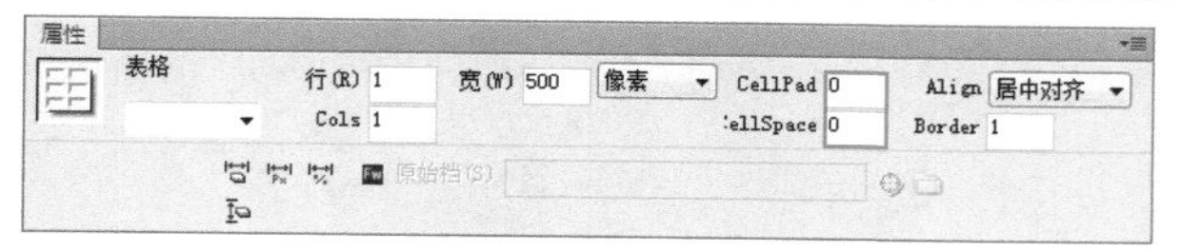


图8-14

**06** 将光标置在表格中，在“属性”面板上将垂直对齐方式设置为“顶端”，然后执行“插入>表格”菜单命令，插入一个8行1列的嵌套表格，设置表格宽度为100%，边框粗细、单元格边距和单元格间距均为0，如图8-15所示。

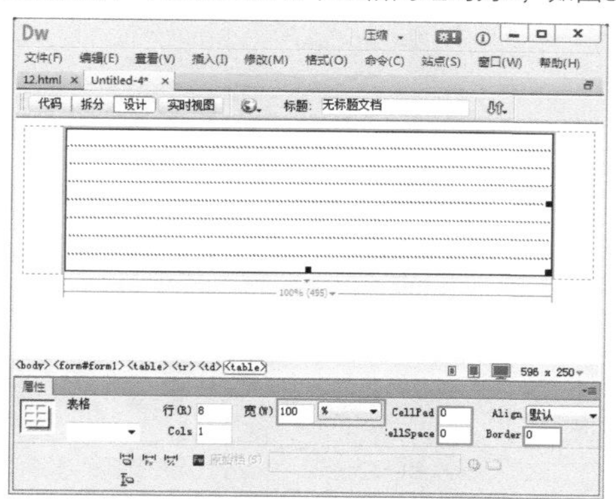

图8-15

**07** 将光标置在嵌套表格第1行的单元格中，执行“插入>图像>图像”菜单命令，在单元格中插入一幅图像，如图8-16所示。

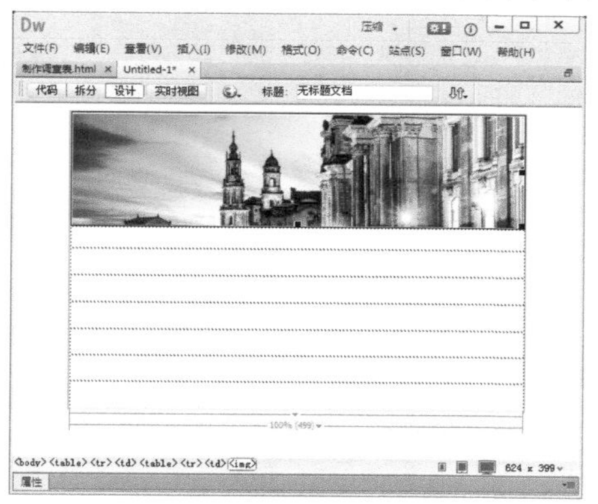

图8-16

**08** 将嵌套表格第2行单元格的背景颜色设置为蓝色（#57BEDF），然后在单元格中输入文字，文字大小为14像素，颜色为白色，如图8-17所示。

图8-17

**09** 在嵌套表格第3行单元格中输入文字，然后单击“插入”面板中“表单”对象的 复选框 按钮，插入3个复选项，并分别在复选项后面输入文字，如图8-18所示。

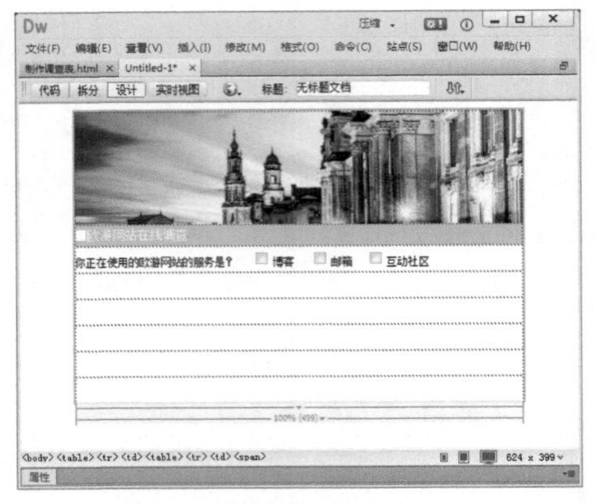


图8-18

**10** 在嵌套表格第4行单元格中输入文字，然后单击“插入”面板中“表单”对象的 复选框 按钮，插入4个复选项，并分别在复选项后面输入文字，如图8-19所示。

**11** 在嵌套表格第5行单元格中输入文字，然后单击“插入”面板中“表单”对象的 复选框 按钮，插入3个复选项，并分别在复选项后面输入文字，如图8-20所示。

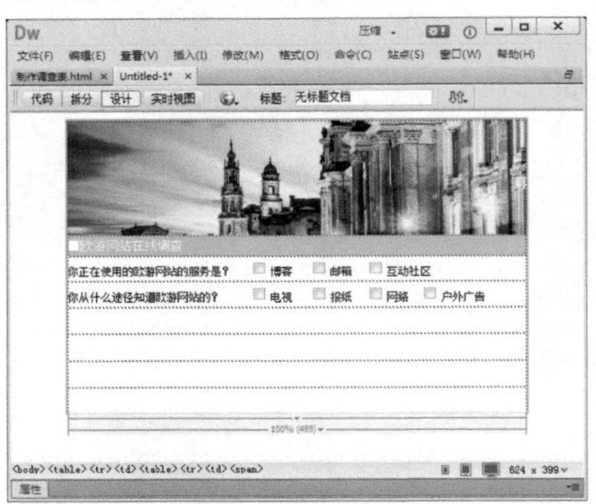


图8-19

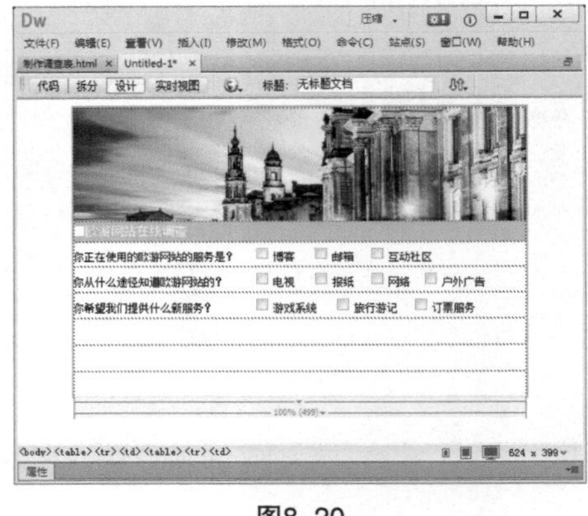


图8-20

**12** 在嵌套表格第6行单元格中输入文字，然后单击“插入”面板中“表单”对象的 单选按钮 按钮，插入2个单选按钮，并分别在单选按钮后输入文字“是”和“不是”，如图8-21所示。

**13** 在嵌套表格第7行单元格中输入文字，然后在“插入”面板的“表单”对象中单击 文本 按钮，插入1个文本域，选择插入的文本域，并在“属性”面板中设置“Rows”为30、“Cols”为10，如图8-22所示。

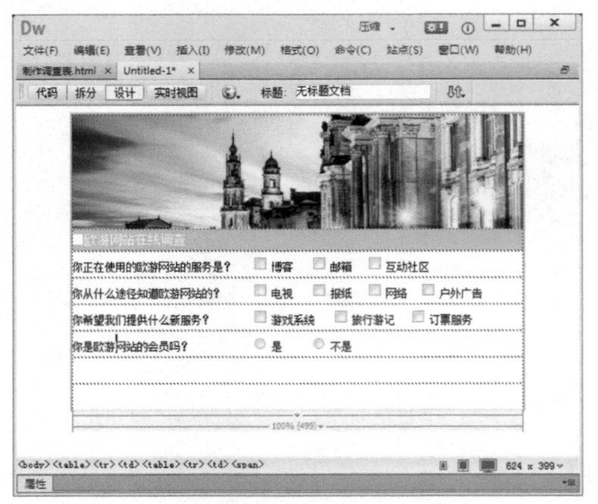


图8-21

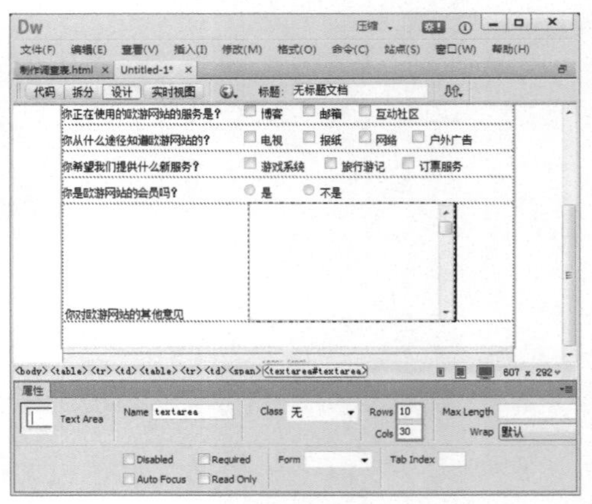


图8-22

14 将光标放在嵌套表格第8行单元格中，在“插入”面板的“表单”对象中单击 按钮 按钮，插入1个按钮，如图8-23所示。

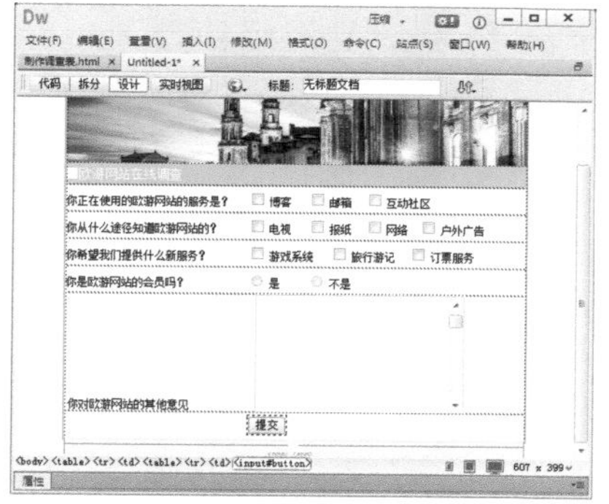

图8-23

15 在“提交”按钮后按8次空格键，然后单击“插入”面板中的“表单”对象的 按钮 按钮，继续插入1个按钮；接着选中该按钮，在“属性”面板上的“Value”文本框中输入“取消”，如图8-24所示。

16 执行“文件>保存”菜单命令，保存文档，然后按F12键浏览，即可看到页面的完成效果如图8-25所示。

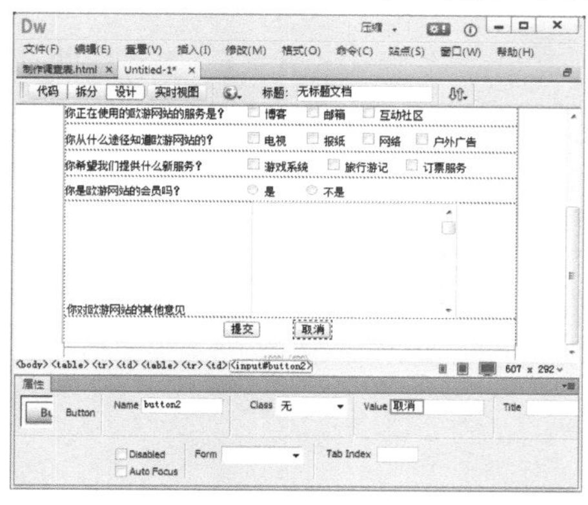

图8-24

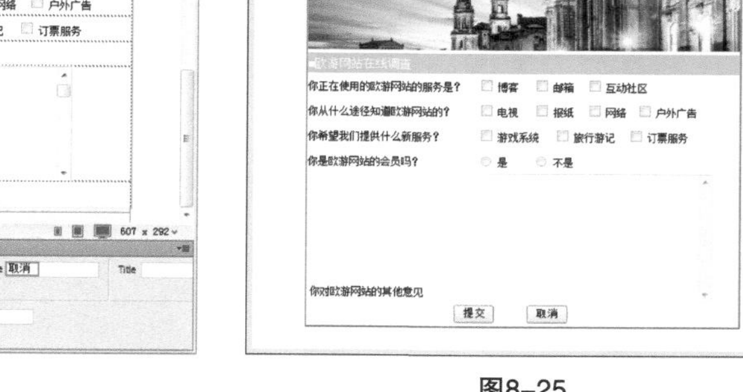

图8-25

## 8.3.5 创建表单按钮

表单按钮用于控制表单操作，使用表单按钮可以将输入表单的数据提交到服务器，或者重置该表单，还可以将其他已经在脚本中定义的处理任务分配给按钮。

创建表单按钮的操作步骤如下。

第1步：将光标置于表单中需要插入按钮的位置。

第2步：执行“插入>表单>按钮”菜单命令，即在光标处插入一个按钮，如图8-26所示。

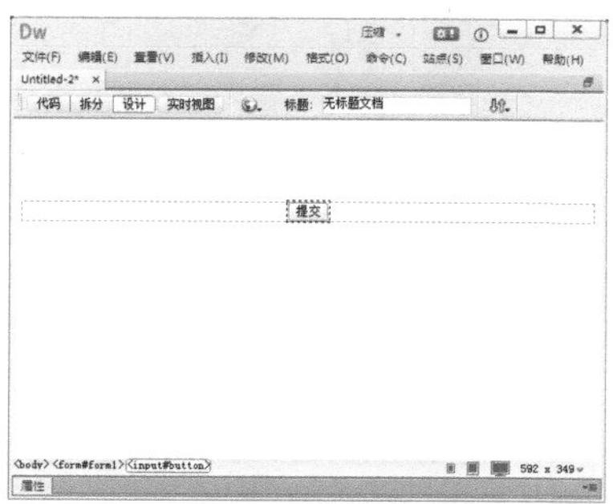

图8-26

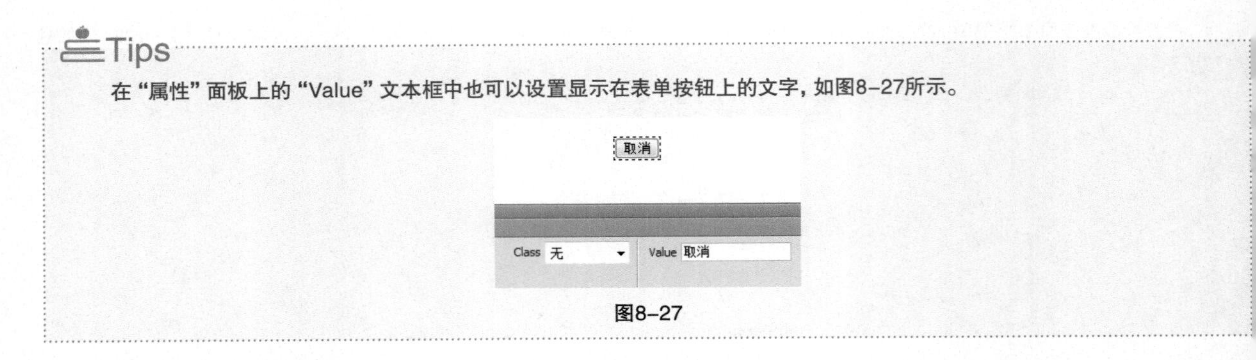

Tips
在“属性”面板上的“Value”文本框中也可以设置显示在表单按钮上的文字，如图8-27所示。
取消
Class 无
Value 取消

图8-27

## ↘8.3.6 创建下拉菜单

下拉菜单使访问者可以从由多项组成的列表中选择一项。当空间有限，但需要显示多个菜单项时，下拉式菜单非常有用。创建下拉菜单的操作步骤如下。

第1步：将光标放在表单中需要插入下拉菜单的位置。

第2步：在“插入”面板中单击 选择 按钮，在光标处插入一个菜单，如图8-28所示。

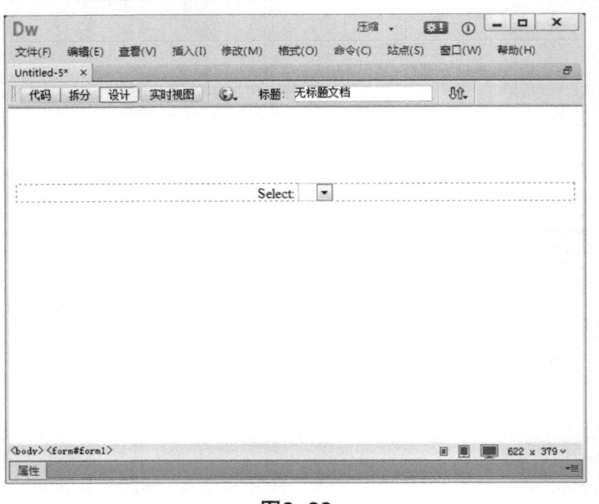

图8-28

第3步：在“属性”面板中单击 列表值... 按钮，打开如图8-29所示的对话框，将光标放在“项目标签”区域中，输入要在该下拉菜单中显示的文本。在“值”区域中，输入在用户选择该项时将发送到服务器的数据。若要向选项列表中添加其他项，可单击+按钮；若想删除项目，则可单击−按钮。图8-30所示就是在“列表值”对话框中添加项目的情形。

图8-29

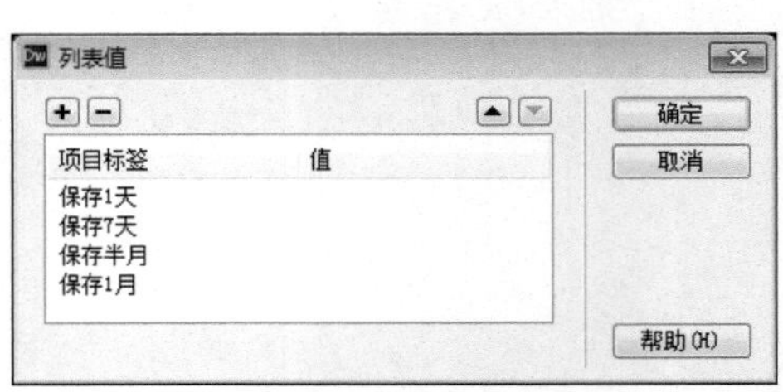

图8-30

第4步：设置完成后，单击 确定 按钮，创建的菜单会显示在“初始化时选定”列表框中，如图8-31所示。

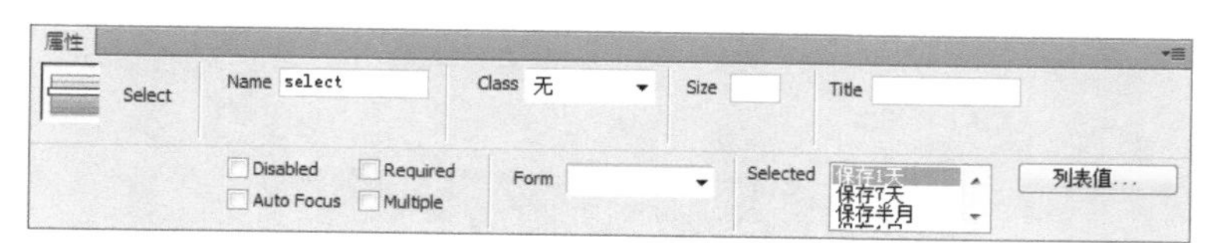

图8-31

## 即学即用 制作登录表单

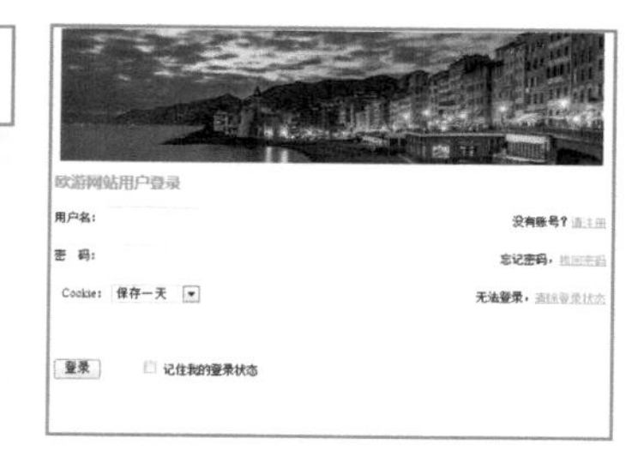

实例位置 CH08> 制作登录表单 > 制作登录表单.html

素材位置 CH08> 制作登录表单 >images

实用指数 ★★★

技术掌握 学习使用表单域和表单对象制作登录表单

01 新建一个网页文件，执行“插入>表格”菜单命令，插入一个1行1列的表格，设置表格宽度为560像素，边框粗细、单元格边距和单元格间距均为0，并在“属性”面板中将表格设置为“居中对齐”，如图8-32所示。

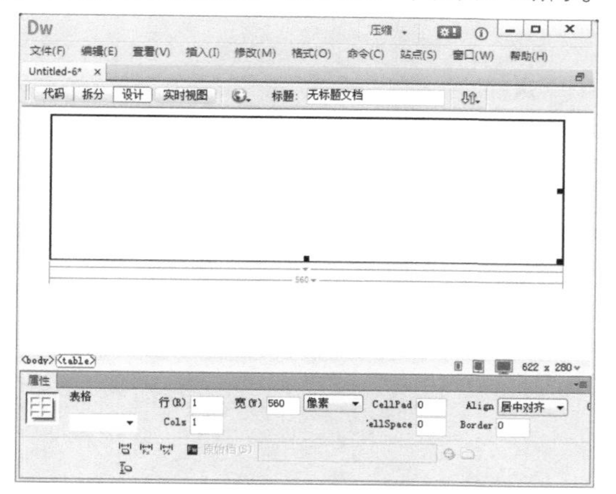

图8-32

02 将光标置于表格中，执行“插入>图像>图像”菜单命令，在表格中插入一幅图像，如图8-33所示。

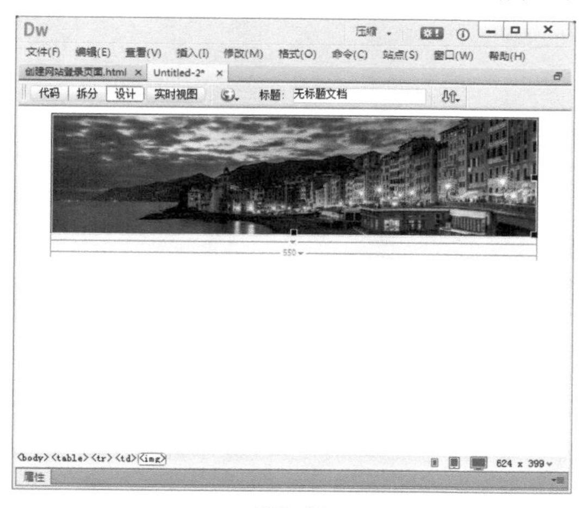

图8-33

03 将光标置于表格右侧，执行“插入>表单>表单”菜单命令，在网页中插入一个表单，如图8-34所示。

图8-34

**04** 将光标置于表单中，执行“插入>表格”菜单命令，插入一个6行2列的表格，设置表格宽度为560像素，边框粗细、单元格边距和单元格间距均为0，并在“属性”面板中将表格设置为“居中对齐”，如图8-35所示。

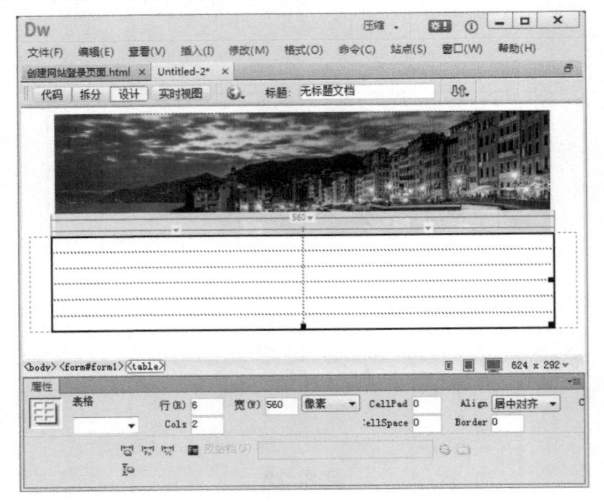


图8-35

**05** 将光标置于表格第1行左侧的单元格中，输入文字“欧游网站用户登录”，并设置文字字体为“黑体”，大小为16，颜色为红色，如图8-36所示。

**06** 在表格第2行左侧的单元格中输入文字“用户名：”，然后执行“插入>表单>文本”菜单命令，插入一个文本域，如图8-37所示。

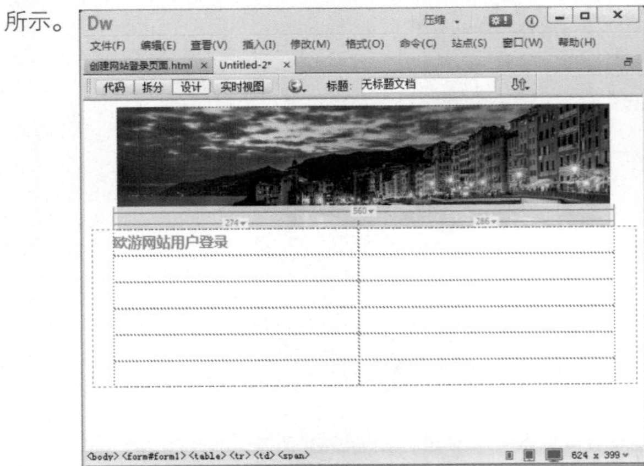


图8-36

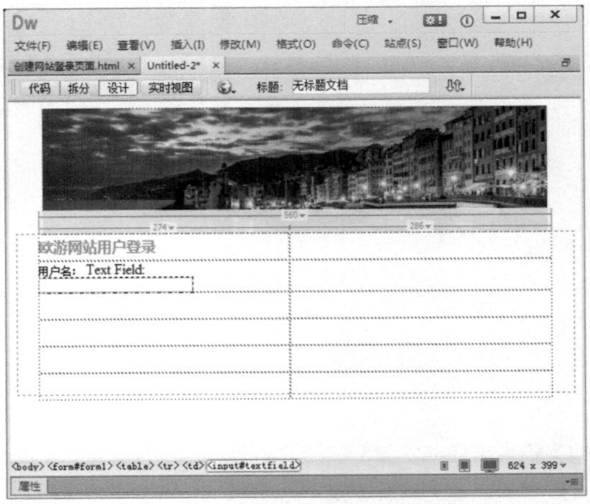

图8-37

**07** 将文本域左侧的"Text Field:"删除，选中插入的文本域，在"属性"面板的"Size"文本框中输入10，在"Max Length"文本框中输入30，如图8-38所示。

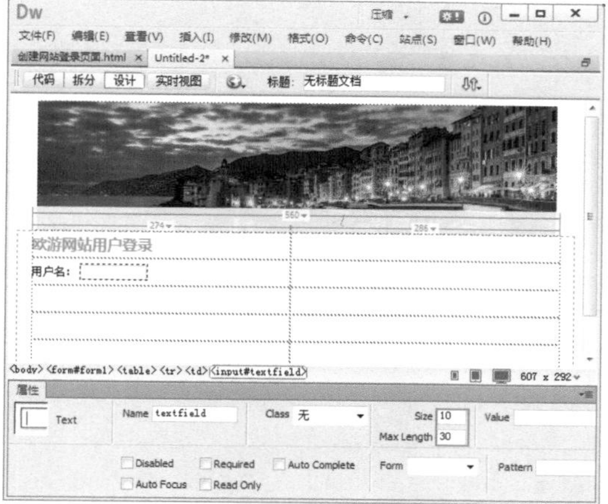


图8-38

**08** 在表格第3行左侧的单元格中输入文字"密码:"，然后执行"插入>表单>密码"菜单命令，插入一个密码域，如图8-39所示。

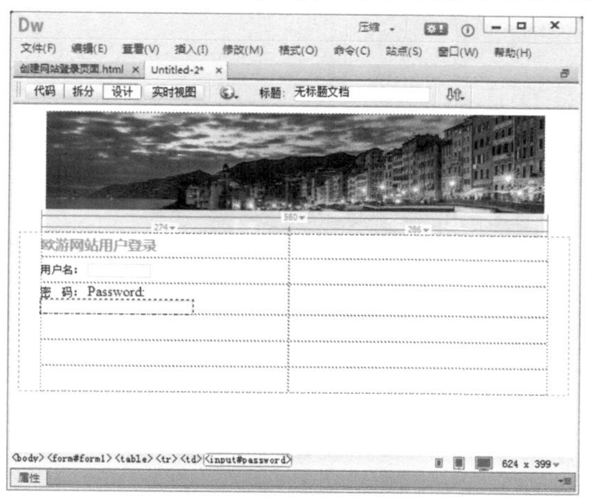


图8-39

**09** 将密码域左侧的"Password:"删除，选中插入的密码域，在"属性"面板的"Size"文本框中输入10，在"Max Length"文本框中输入30，如图8-40所示。

**10** 在表格第4行左侧的单元格中输入"Cookie:"，然后执行"插入>表单>选择"命令，插入一个下拉菜单，如图8-41所示。

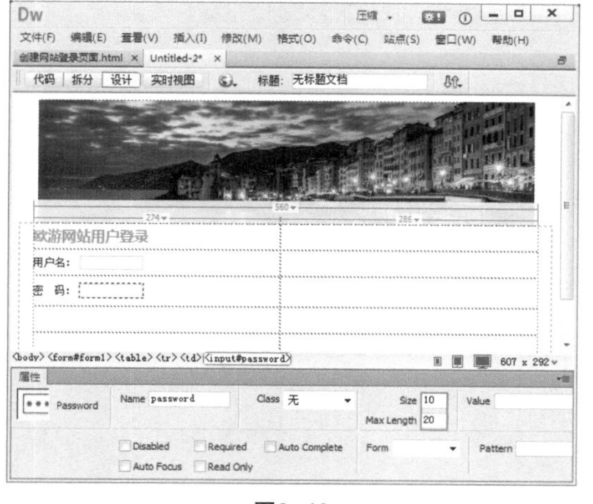


图8-40

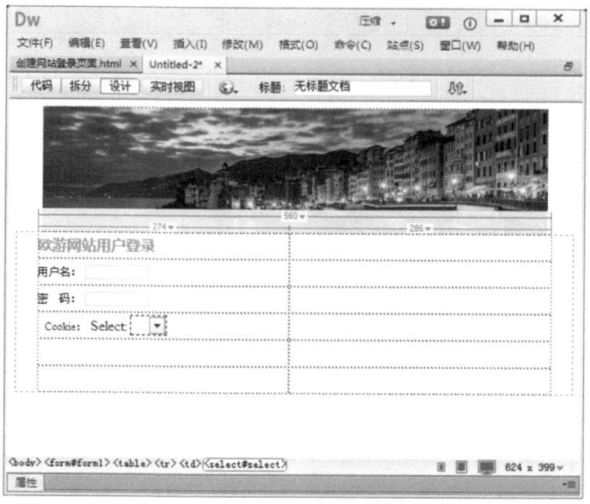

图8-41

11 将下拉菜单左侧的“Select:”删除，选中插入的菜单，单击“属性”面板上的 列表值... 按钮，打开“列表值”对话框，在对话框中的“项目标签”区域输入图8-42所示的列表项目。

12 设置完成后单击 确定 按钮，创建的下拉菜单项目将显示在“初始化时选定”列表框中，选中第1项“保存1天”，如图8-43所示。

图8-42

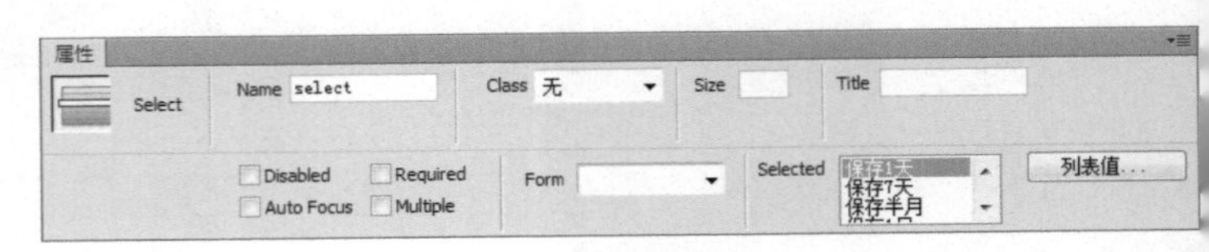


图8-43

13 把光标置于表格第6行左侧的单元格中，执行“插入>表单>按钮”菜单命令，插入一个按钮，如图8-44所示。

14 选中按钮，在“属性”面板上的“Value”文本框中输入“登录”，如图8-45所示。

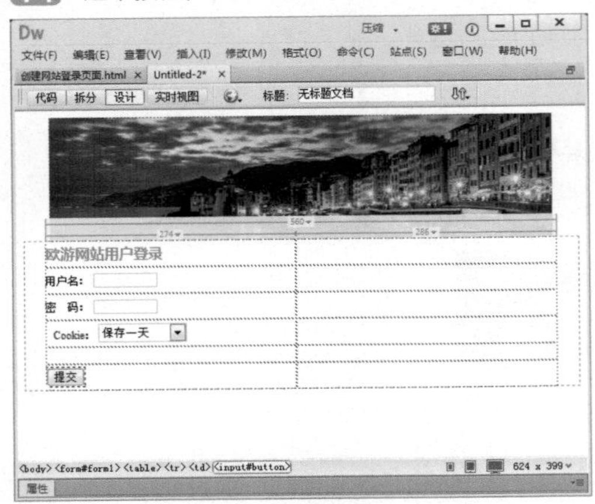


图8-44

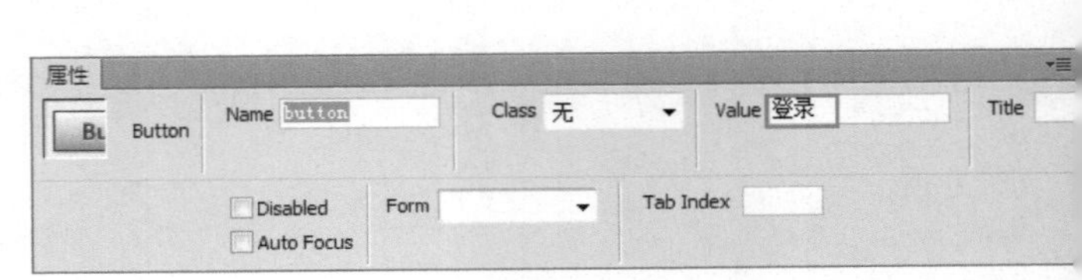


图8-45

15 将光标置于“登录”按钮之后，执行“插入>表单>复选框”菜单命令，插入一个复选项，并在复选项后输入文字，如图8-46所示。

16 将光标置于表格第3行右侧的单元格中，输入文字“没有账号？请注册”，然后选择“请注册”这3个字，在“属性”面板的“链接”文本框中输入#号，如图8-47所示。

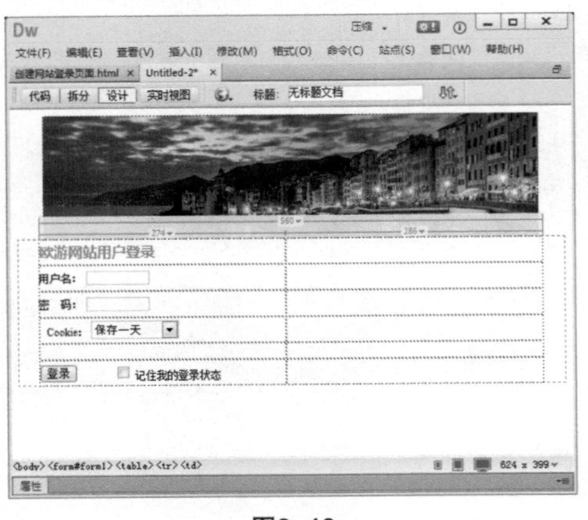


图8-46

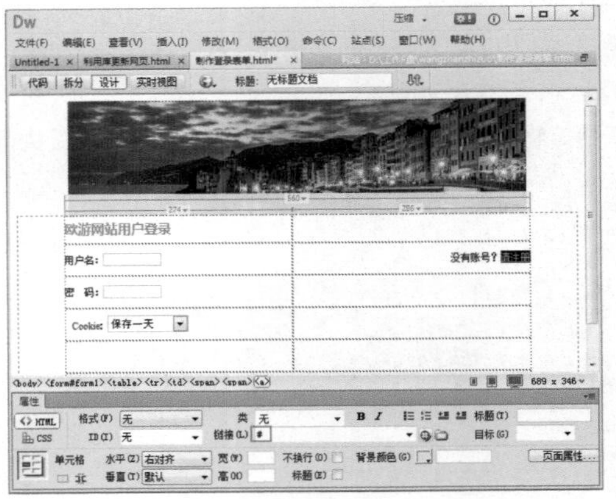


图8-47

17 将光标置于表格第4行右侧的单元格中，输入文字“忘记密码，找回密码”，然后选择“找回密码”这4个字，在“属性”面板的“链接”文本框中输入#号，如图8-48所示。

18 将光标置于表格第5行右侧的单元格中，输入文字“无法登录，清除登录状态”，然后选择“清除登录状态”这6个字，在“属性”面板的“链接”文本框中输入#号，如图8-49所示。

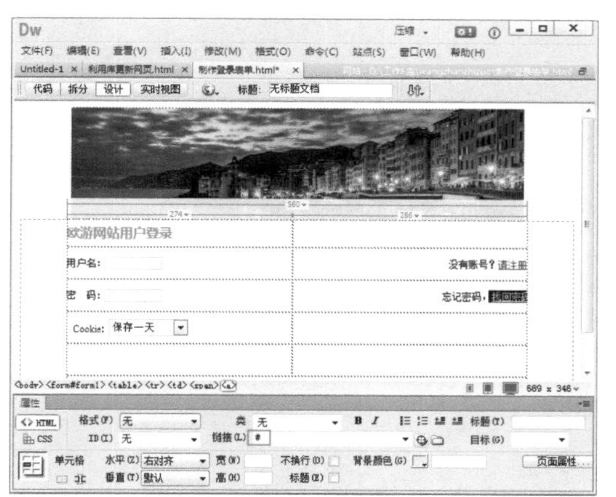

图8-48

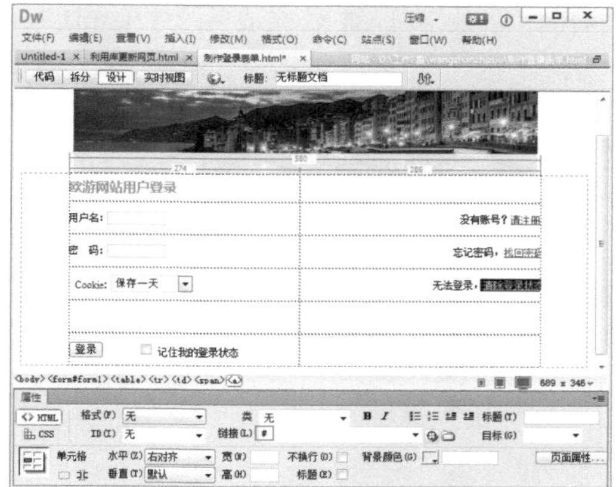

图8-49

19 单击“属性”面板上的 页面属性... 按钮，打开“页面属性”对话框，选择“链接（CSS）”选项，将“链接颜色”与“已访问链接”设置为红色（#FB605E），将“变换图像链接”设置为橙黄色（#990000），在“下画线样式”下拉列表框中选择“始终有下画线”选项，如图8-50所示。

20 执行“文件>保存”菜单命令，保存文档，然后按F12键浏览，即可看到本例的完成效果如图8-51所示。

图8-50

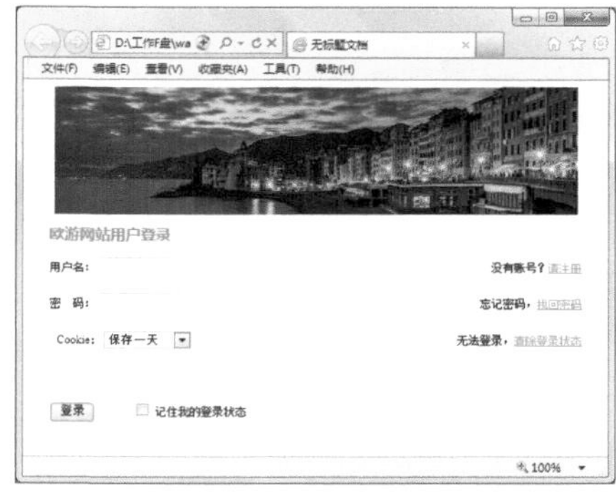

图8-51

## 8.4 章节小结

本章介绍了表单与表单对象的创建和使用，并且通过实例讲述表单对象的创建方法。表单在网站的创建中起着重要的作用，应该重点掌握。在实际运用中，读者应该根据不同情况灵活创建表单对象，制作出适用的网页。

## 8.5 课后习题

### 课后练习 制作下拉菜单

实例位置 CH08> 制作下拉菜单 > 制作下拉菜单.html

素材位置 CH08> 制作下拉菜单 >images

实用指数 ★★★★

技术掌握 学习制作下拉菜单的方法

本例将制作下拉菜单，制作完成后的效果如图8-52所示。

图8-52

**主要步骤：**

（1）为网页设置一幅背景图像，然后在网页中输入文字。

（2）将光标放到文字右侧，在网页中插入一个表单，将光标放到表单中，执行“插入>表单>选择”菜单命令，在表单中插入一个列表框。

（3）单击 列表值... 按钮，弹出“列表值”对话框，在对话框中添加选项。

（4）执行“文件>保存”菜单命令，将文件保存，然后按F12键浏览网页即可。

## 课后练习 制作注册表单

实例位置 CH08>制作注册表单>制作注册表单.html
素材位置 CH08>制作注册表单>images
实用指数 ★★★★
技术掌握 学习制作注册表单的方法

本例将制作注册表单，制作完成后的效果如图8-53所示。

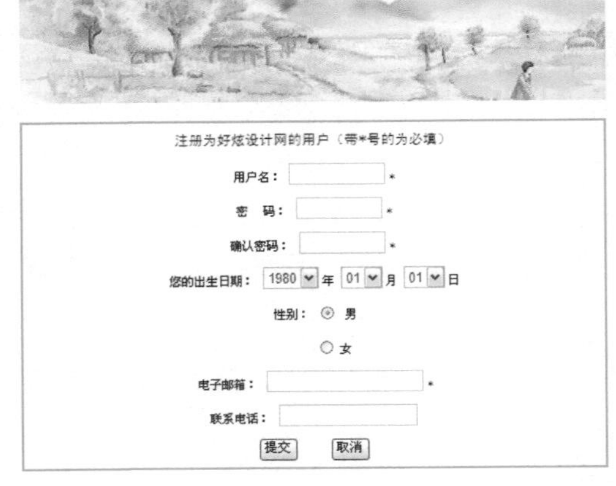


图8-53

**主要步骤：**

（1）在网页中插入表格，设置为居中对齐，并插入图像。

（2）在网页中插入表单，在表单中插入表格。

（3）在表格中插入表单对象和文字。

（4）执行“文件>保存”菜单命令，将文件保存，然后按F12键浏览网页即可。

CHAPTER

# 09 模板和库

一个大型的网站中一般会有几十甚至上百个风格相似的页面，在制作网页时如果为每一个页面都设置页面结构，以及导航条、版权信息等网页元素，其工作量是相当大的。通过Dreamweaver CC中的模板与库能极大地简化了网页设计者的工作。

* 创建模板
* 设计模板
* 定义模板区域
* 创建库项目
* 编辑库项目
* 添加库项目

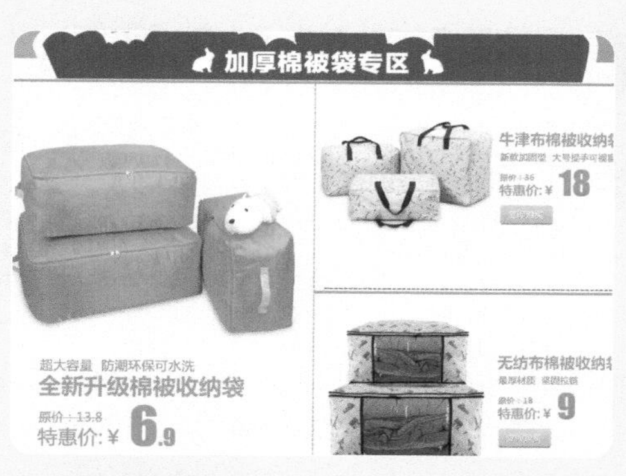

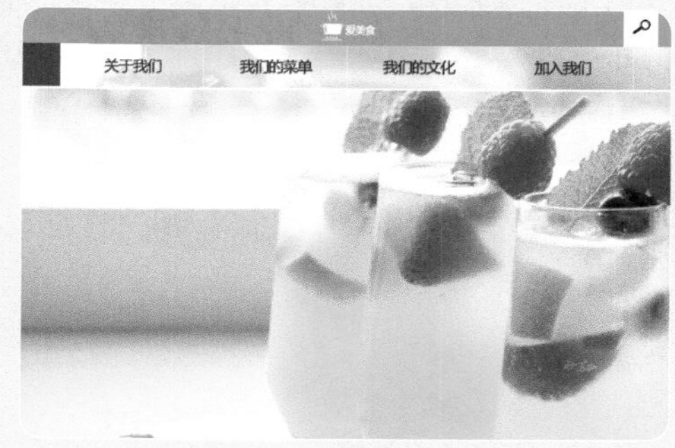

# 9.1 模板和库的概念

设计者在设计一个网站时，通常会根据网站的需要设计一整套页面风格一致、功能相似的页面。使用Dreamweaver CC的模板功能可以制作出风格一致的页面。通过模板来创建和更新网页，不但可以极大地提高设计者的工作效率，而且对网站的维护也会变得更加轻松。

在设置网站的过程中，很多时候需要把某些页面元素（比如图片和文字）应用到上百个页面中。而且当对每个页面进行修改时，如果采用逐一修改的方式，其工作量将会非常大。使用Dreamweaver CC中的库项目可以减轻这种重复劳动，使网站的维护变得更为简便。

## 9.1.1 模板的概念

设计者在制作统一风格的网页时经常会使用模板功能。在Dreamweaver CC中，模板能够帮助设计者快速制作出一系列具有相同风格的网页。制作模板与制作普通网页的方法相似，只是不把网页的所有部分都制作完成，而只把导航条和标题栏等各个页面共有的部分制作出来，其他部分则留给各个页面安排具体内容。

Tips

**模板实质上就是作为创建其他文档的基础文档，模板具有以下几个优点。**

**第1点：能使网站的风格保持一致。**

**第2点：有利于网站建成以后的维护，在修改共同的页面元素时不必每个页面都修改，只要修改应用的模板就可以了。**

**第3点：极大地提高了网站制作的效率，同时省去了许多重复的工作。**

**模板也不是一成不变的，即使在已经使用一个模板创建文档之后，也还可以对该模板进行修改，在更新模板创建的页面时，页面中所对应的内容也会被更新，而且与模板的修改相匹配。**

## 9.1.2 库的概念

Dreamweaver CC允许将网站中需要重复使用或需要经常更新的页面元素（比如图像、文本、版权信息等）存入库中，存入库中的元素称之为库项目，它包含已创建且便于放在Web页上的单独资源或资源副本的集合。

当页面需要时，可以把库项目拖曳到页面中。此时Dreamweaver CC会在页面中插入该库项目的HTML代码，并创建一个对外部库项目的引用（即对原始库项目的应用的HTML注释）。这样，如果对库项目进行修改并使用“更新”命令，即可实现整个网站各页面上与库项目相关内容的更新。

Tips

**库本身是一段HTML代码，而模板本身是一个文件。Dreamweaver CC将所有的模板文件都存放在站点根目录下的Templates子目录中，扩展名为.dwt；而将库项目存放在每个站点的本地根目录下的Library文件夹中，扩展名为.lbi。**

## 9.1.3 “资源”面板

在详细介绍模板和库之前，先介绍一下“资源”面板。执行“窗口>资源”菜单命令，打开“资源”面板，如图9-1所示。在图中可以看到，Dreamweaver CC的“资源”面板将网页元素分为很多类，比如图像、颜色、影片、脚本等。

**参数介绍**

* “图像”按钮：单击该按钮，将显示站点中的所有图像资源。
* “颜色”按钮：单击该按钮，将显示站点中定义的所有颜色资源。
* URLs按钮：单击该按钮，将显示站点中设置的所有链接，“资源”面板中会列出链接的文件以及链接的URL地址。
* SWF按钮：单击该按钮，将显示站点中所有的Flash动画，在“资源”面板的上方单击按钮可以预览Flash动画，如图9-2所示。
* “影片”按钮：单击该按钮，将显示站点中所有的影片资源。
* “脚本”按钮：单击该按钮，将显示站点中所有的脚本资源（包括JavaScript），同样在“资源”面板的上方显示脚本的代码，如图9-3所示。

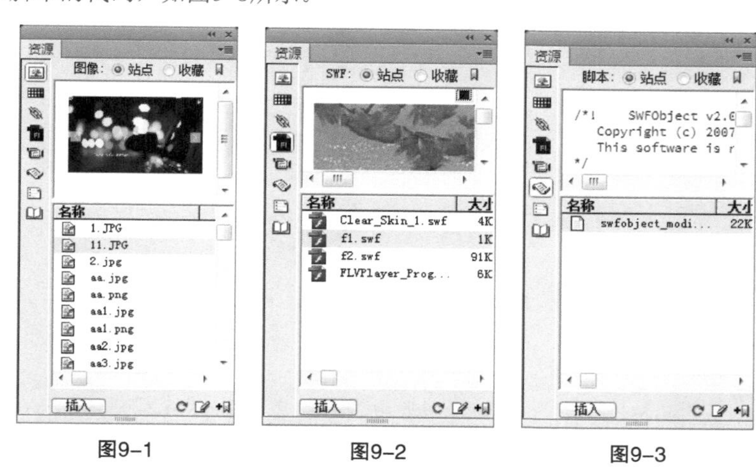


图9-1 图9-2 图9-3

* “模板”按钮：单击该按钮，将显示站点中所有的模板资源。
* “库”按钮：单击该按钮，将显示站点中所有的库资源。
* “插入”按钮插入：单击该按钮，可以将在“资源”面板中选定的元素直接插入到页面中。
* “刷新站点列表”按钮：单击该按钮，可以刷新站点列表。
* “编辑”按钮：单击该按钮，可以编辑在“资源”面板中选定的元素。
* “添加到收藏夹”按钮：单击该按钮，可以将当前选定的元素添加到收藏夹。

# 9.2 使用模板

模板是Dreamweaver提供的一种机制，它能够帮助设计者快速制作出一系列具有相同风格的网页。在Dreamweaver CC中，模板有以下4个主要功能。

模板可选区：从模板派生出文档时，可以设置该区域的内容是否显示。

模板重复区：从模板派生出的文档可能有需要重复出现的区域，例如可以定义表格的一个单元格为重复区域，这一单元格在文档中就能被重复利用。

模板的可编辑性标签属性：如果将模板的某个标签属性设置为可编辑，则可在派生出的文档中修改该标签。

模板的嵌套：一个模板中可以嵌入另一个模板，从而生成比较复杂的页面布局。

## ↘9.2.1 创建模板

创建模板一般有两种方法，一种是新建一个空白模板，另一种是将某个页面保存为模板。

### 1. 新建一个空白模板

使用Dreamweaver创建一个空白模板的具体操作如下。

第1步：执行“窗口>资源”菜单命令，打开“资源”面板，单击面板左下方的“模板”按钮，进入“模板”选项卡，如图9-4所示。

第2步：单击“模板”选项卡右下角的新建模板按钮，这时面板中就添加了一个未命名的模板，如图9-5所示。

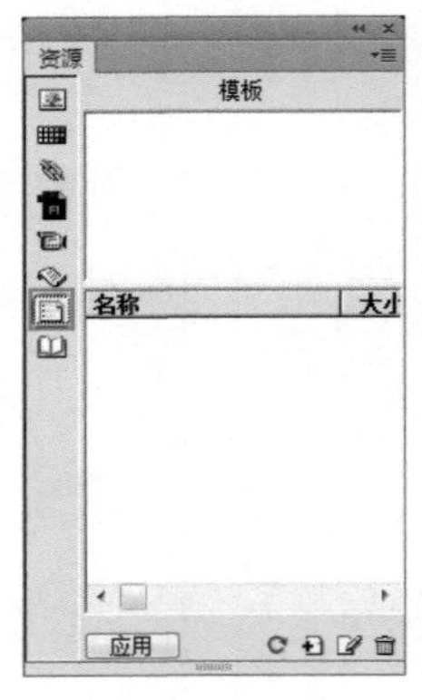

图9-4

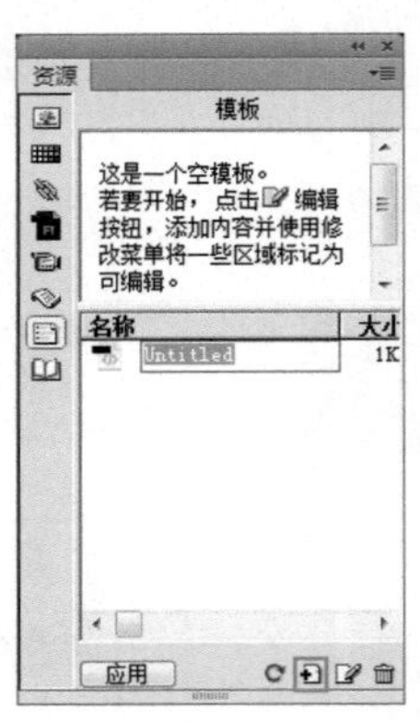

图9-5

**Tips**

**单击“模板”选项卡右上角的按钮，在弹出的快捷菜单中选择“新建模板”命令，也可创建模板，如图9-6所示。**

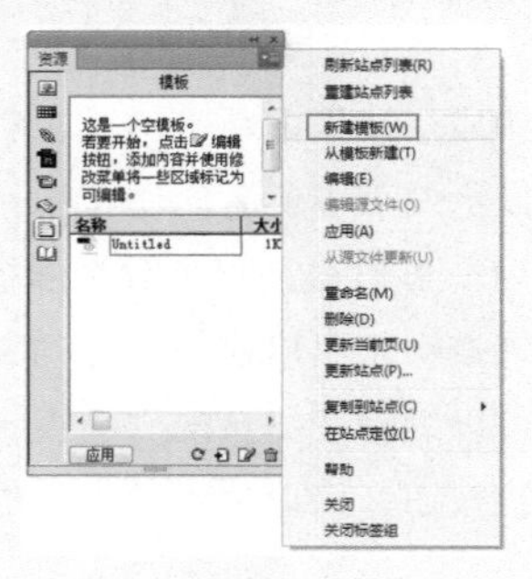

图9-6

第3步：输入模板名称，比如mb1，然后按Enter键确定即可完成空白模板的创建，如图9-7所示。

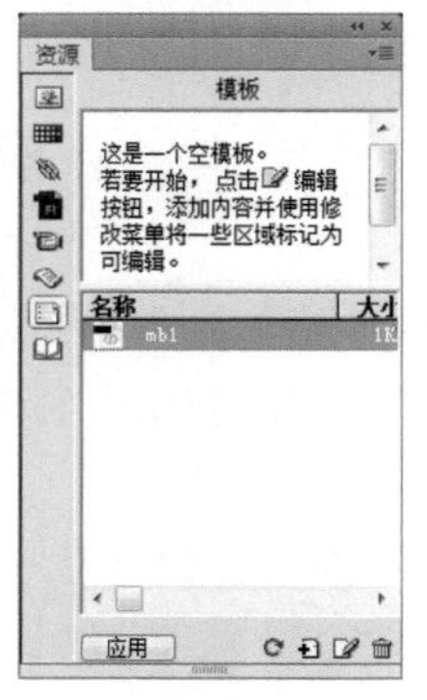

图9-7

### 2. 将文档保存为模板

Dreamweaver也可以将当前正在编辑的页面或已经完成的页面保存为模板，具体操作如下。

第1步：打开要保存为模板的页面文件。

第2步：执行“文件>另存为模板”菜单命令，打开“另存模板”对话框，如图9-8所示。

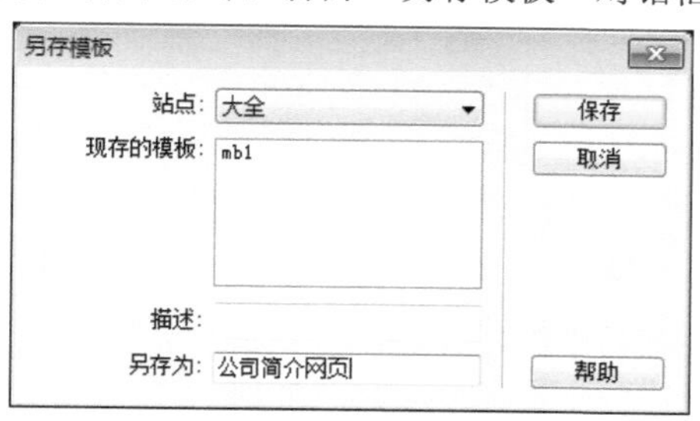


图9-8

第3步：在“站点”下拉列表框中选择一个站点，在“现存的模板”文本框中显示的是当前站点中存在的模板，在“另存为”文本框中输入模板的名称。

第4步：单击 保存 按钮保存设置。系统将自动在站点文件夹下创建模板文件夹Templates，并将创建的模板保存到该文件夹中。

**如果站点中没有Templates文件夹，则在保存新建模板时会自动创建该文件夹。不要将模板移动到Templates文件夹之外，也不要将非模板文件放在Templates文件夹中，更不要将Templates文件夹移动到本地站点文件夹之外，否则将使模板中的对象或链接路径发生错误。**

## 9.2.2 设计模板

如果要对创建好的空白模板或现有模板进行编辑，其操作流程如下。

第1步：打开“资源”面板，单击“模板”按钮。

第2步：在“模板”选项卡中用鼠标左键双击模板名，或在“模板”选项卡的右下角单击“编辑”按钮，即可打开模板编辑窗口。

第3步：根据需要，编辑和修改打开的文档。

第4步：编辑完毕后，执行“文件>保存”菜单命令，保存模板文档。

如果要重命名模板，可以在“资源”面板中选中需要重命名的模板并单击鼠标右键，在弹出的快捷菜单中选择“重命名”命令，然后输入新的模板名称即可。

当模板的文件名称被修改后，会弹出一个“更新文件”对话框，单击 更新(U) 按钮即可更新所有应用模板的页面，如图9-9所示。

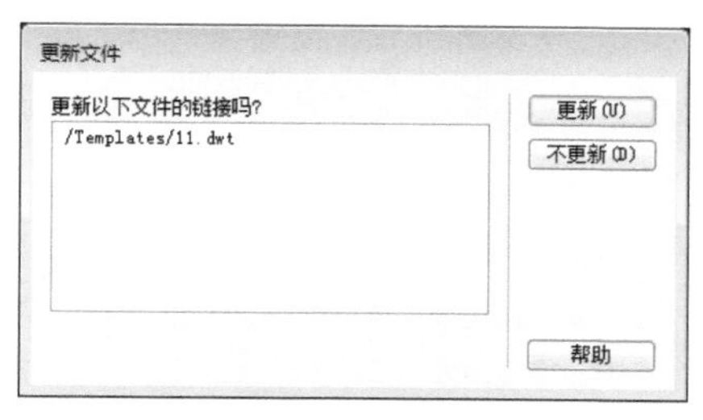


图9-9

要删除模板，可以先选中要删除的模板，然后单击“资源”面板右下方的“删除”按钮；或在想要删除的模板上单击鼠标右键并在弹出的快捷菜单中选择“删除”命令，系统会弹出一个消息提示框，单击 是(Y) 按钮即可删除模板，如图9-10所示。

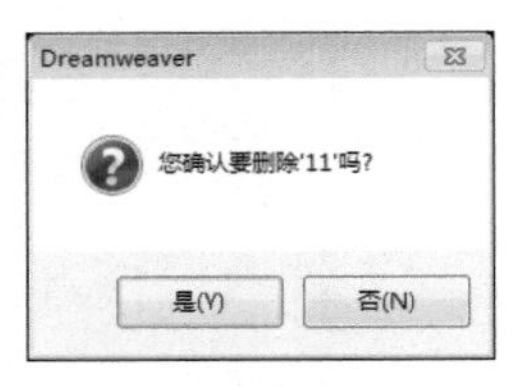


图9-10

## 9.2.3 设置模板文档的页面属性

应用模板的文档将会继承模板中除页面标题外的所有部分，因此应用模板后只可以修改文档的标题，而不能更改其页面的属性。设置模板文档的页面属性与设置普通文档页面属性的方法相似，具体的操作步骤如下。

第1步：打开要设置页面属性的模板文档。

第2步：执行“修改>页面属性”菜单命令，打开“页面属性”对话框，如图9-11所示。

图9-11

第3步：可以看到该对话框与设置页面属性时一致，参照设置普通文档页面属性的方法设置模板文档的页面属性，设置完成后单击 确定 按钮即可。

## 9.2.4 定义模板区域

Dreamweaver共有4种类型的模板区域，分别是可编辑区域、重复区域、可选区域和可编辑标记属性。

可编辑区域：是基于模板的文档中的未锁定区域，它是模板用户编辑的部分，用户可以将模板的任何区域定义为可编辑的。要让模板生效，它应该至少包括一个可编辑区域；否则，基于该模板的页面将无法编辑。

重复区域：是文档中设置为重复的部分。例如，可以重复一个表格行。通过重复表格行，可以允许模板用户创建扩展列表，同时使设计处于模板创作者的控制之下。可以在模板中插入两种类型的重复区域，分别是重复区域和重复表格。

可选区域：是设计师在模板中定义的可选部分，用于保存有可能在基于模板的文档中出现的内容（比如可选文本或图像）。在基于模板的页面上，通常由内容编辑器控制内容是否显示。

可编辑标签属性：使用户可以在模板中解锁标签属性，以便该属性可以在基于模板的页面中编辑。例如，可以“锁定”在文档中出现的图像，让页面创作者将对齐设为左对齐、右对齐或居中对齐。

### 1. 定义可编辑区域

用户可以在模板文件上指定哪些元素可以修改、哪些元素不可以修改，即设置可编辑区和不可编辑区。可编辑区是指在一个页面中可以更改的部分，不可编辑区是指在所在页面中不可更改的部分。

定义可编辑区域时可以将整个表格或单独的表格单元格标记为可编辑的，但不能将多个表格单元格标记为单个可编辑区域。如果td标签被选中，则可编辑区域中包括单元格周围的区域；如果未选中，则可编辑区域只影响单元格中的内容。

层和层内容是单独的元素。当层可编辑时，可以更改层的位置及内容；当层的内容可编辑时，则只能更改层的内容而不是位置。若要选择层的内容，应将光标移至层内再执行“编辑>全选”菜单命令。若要选中该层，则应确保显示了不可见元素，然后再单击层的标记图标。

定义可编辑区域的具体操作步骤如下。

第1步：将光标放到要插入可编辑区的位置。

第2步：执行“插入>模板>可编辑区域”菜单命令；或者按快捷键Ctrl+Alt+V，打开“新建可编辑区域”对话框，为了方便查看，在“名称”文本框中输入有关可编辑区域的说明，例如“此处为可编辑区域”，如图9-12所示。

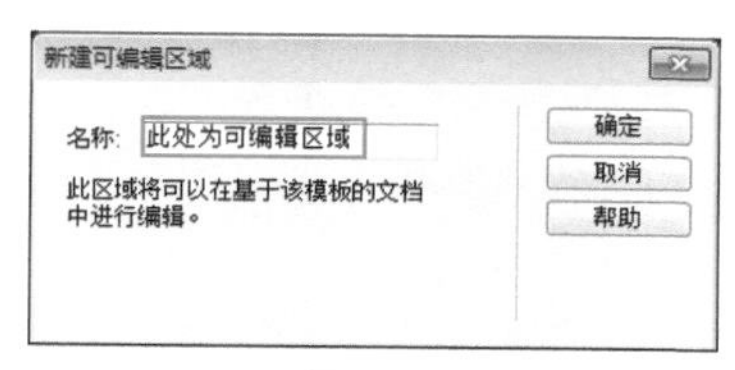


图9-12

第3步：单击 确定 按钮，即可在光标位置插入可编辑区域，如图9-13所示。

图9-13

第4步：插入可编辑区域后，可以发现状态栏上出现了<mmtemplate:editable>标签项，如图9-14所示。单击该标签项，就可以选定可编辑区域，按Delete键，可以删除可编辑区域。

<body> <mmtemplate:editable> 575 x 308

图9-14

### 2. 定义可选区域

使用可选区域可以控制不一定基于模板的文档中显示的内容。可选区域是由条件语句控制的，它位于单词if之后。根据模板中设置的条件，用户可以定义该区域在自己创建的页面中是否可见。

可编辑的可选区域让模板用户可以在可选区域内编辑内容。例如，如果可选区域中包括文本图像，模板用户即可设置此内容是否显示，并根据需要对该内容进行编辑。可编辑区域是由条件语句控制的。用户可以在“新建可选区域”对话框中创建模板参数和表达式，或通过在代码视图中输入参数和条件语句来创建。

定义可选区域的具体操作步骤如下。

第1步：将光标置于要定义可选区域的位置。

第2步：执行“插入>模板>可选区域”菜单命令，打开“新建可选区域”对话框，如图9-15所示。

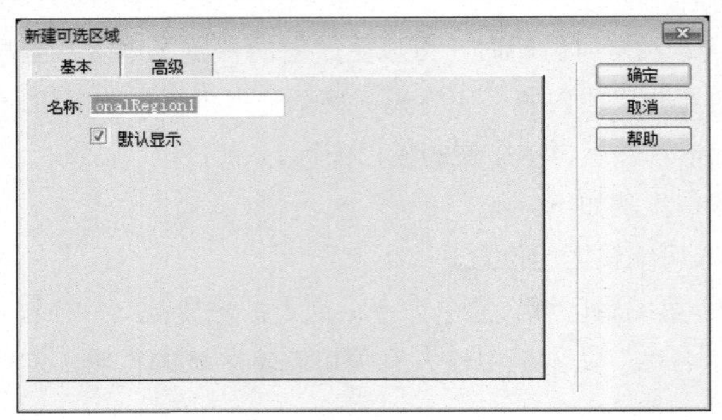


图9-15

第3步：在“基本”选项卡的“名称”文本框中输入可选区域的名称。

第4步：选中“默认显示”复选项，可以设置要在文档中显示的选定区域。

第5步：选择“高级”选项卡，如图9-16所示。

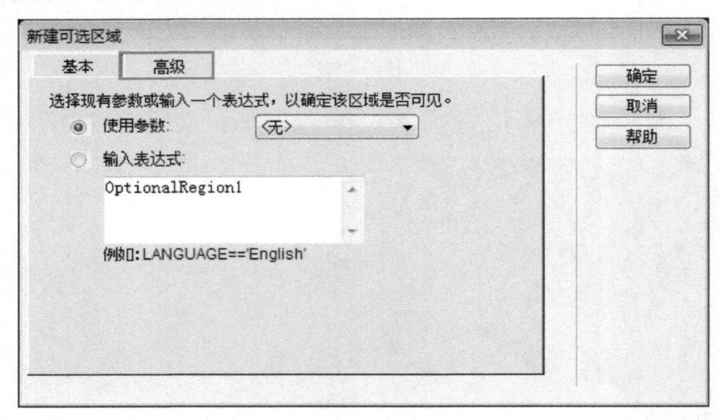


图9-16

第6步：选中“使用参数”单选项，在右边的下拉列表框中选择要与选定内容链接的现有参数。

第7步：选中“输入表达式”单选项，然后在下面的文本框中输入表达式内容。

第8步：单击确定按钮，即可在模板文档上插入可选区域。

### 3. 定义重复区域

重复区域是可以根据需要在基于模板的页面中复制多次的模板部分。重复区域通常用于表格，但也可以为其他页面元素定义重复区域。

重复区域不是可编辑区域，若要使重复区域中的内容可编辑（比如让用户可以在表格单元格中输入文本），必须在重复区域插入可编辑区域。

在模板中定义重复区域的具体操作步骤如下。

第1步：将光标置于要定义重复区域的位置。

第2步：执行“插入>模板>重复区域”菜单命令，打开“新建重复区域”对话框，在“名称”文本框中输入重复区域的提示信息，比如“此处为重复区域”，如图9-17所示。

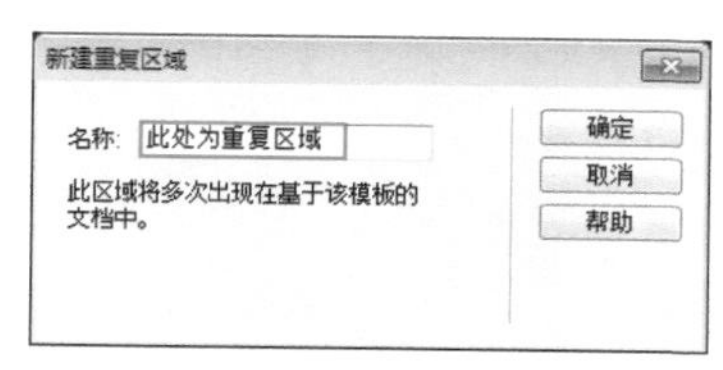


图9-17

第3步：单击 确定 按钮，即可在光标处插入重复区域，如图9-18所示。

图9-18

### 4. 定义可编辑标签属性

用户可以为一个页面元素设置多个可编辑属性，定义可编辑标签属性的具体操作步骤如下。

第1步：选定要设置可编辑标签属性的对象。

第2步：执行“修改>模板>令属性可编辑”菜单命令，打开“可编辑标签属性”对话框，如图9-19所示。

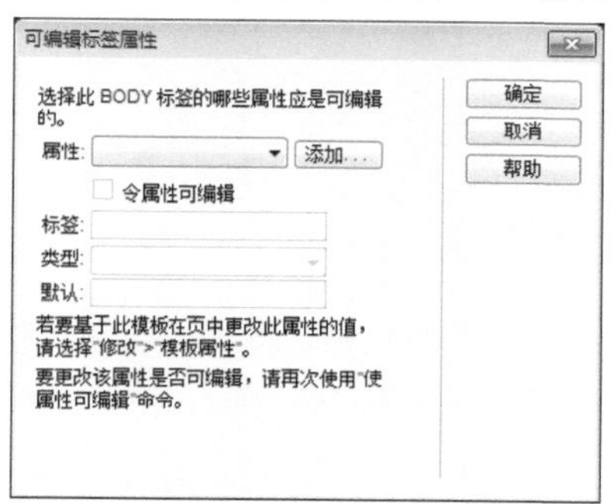


图9-19

第3步：在“属性”下拉列表框中选择可编辑的属性，若没有需要的属性，则单击 添加... 按钮，打开Dreamweaver对话框，在文本框中输入想要添加的属性名称，然后单击 确定 按钮，如图9-20所示。

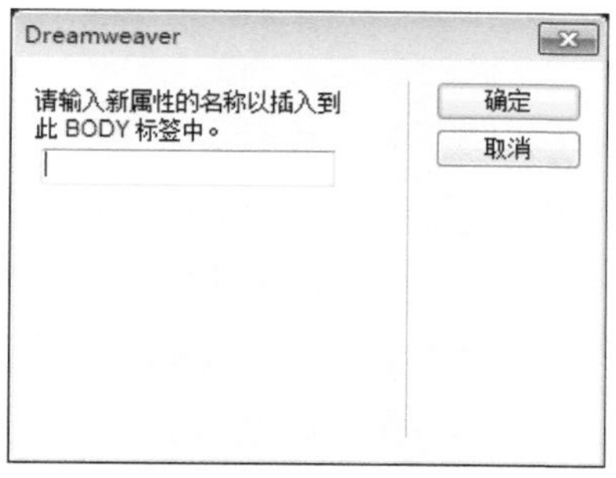


图9-20

第4步：选中“令属性可编辑”复选项，在“标签”文本框中输入标签的名称。

第5步：从“类型”下拉列表框中选择该属性允许具有的值的类型。

第6步：在“默认”文本框中输入所选标签属性的值。

第7步：设置完成后单击 确定 按钮。

## 即学即用 利用模板制作网页

实例位置 CH09> 利用模板制作网页 > 利用模板制作网页.html

素材位置 CH09> 利用模板制作网页 >images

实用指数 ★★★

技术掌握 学习将需要更新的网页元素设置为可编辑区域，然后通过模板页将可编辑区域进行更新的方法

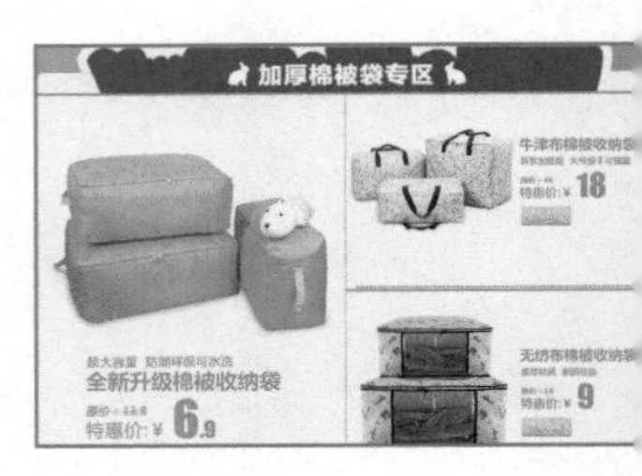


01 在Dreamweaver CC中打开第5章制作的一个案例“制作商品促销网页”，然后执行“文件>另存为模板”菜单命令，如图9-21所示。

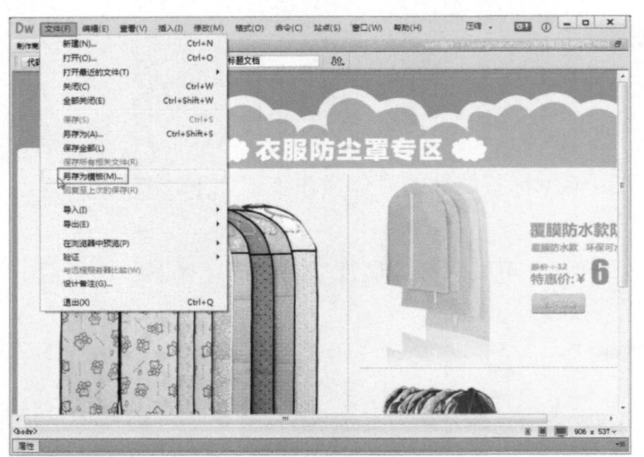


图9-21

02 打开“另存模板”对话框，在“另存为”文本框中输入cuxiao，然后单击 保存 按钮，如图9-22所示。

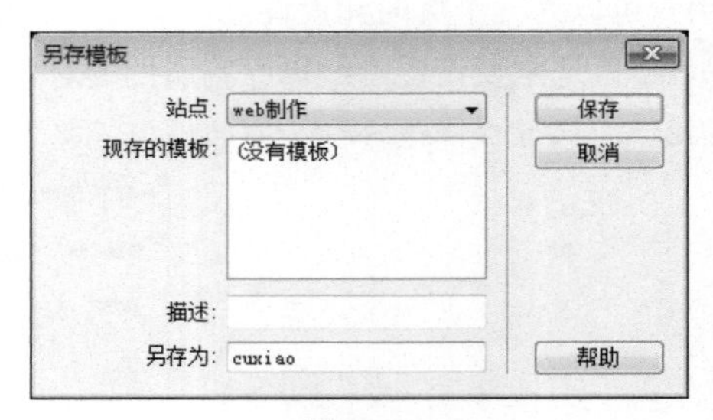


图9-22

03 选择第1行单元格中的图像，然后执行“插入>模板>可编辑区域”菜单命令，打开“新建可编辑区域”对话框，在对话框中设置名称为c1，如图9-23所示。

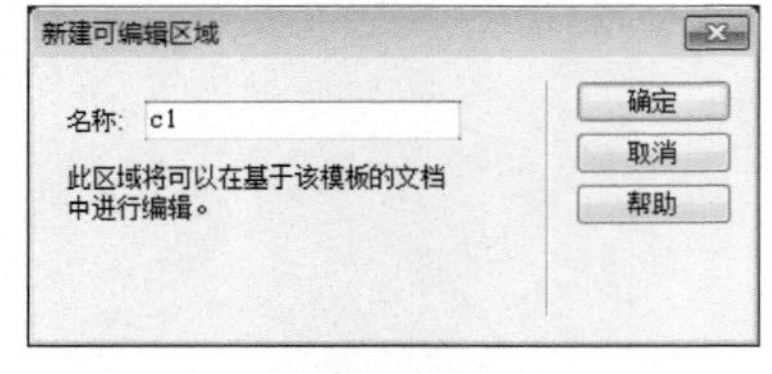


图9-23

04 设置完成后单击 确定 按钮，图像所在区域添加为可编辑区域，如图9-24所示。

图9-24

**05** 选择第2行左侧单元格中的图像，执行“插入>模板>可编辑区域”菜单命令，打开“新建可编辑区域”对话框，在对话框中设置名称为c2，如图9-25所示。

**06** 设置完成后单击 确定 按钮，图像所在区域添加为可编辑区域，如图9-26所示。

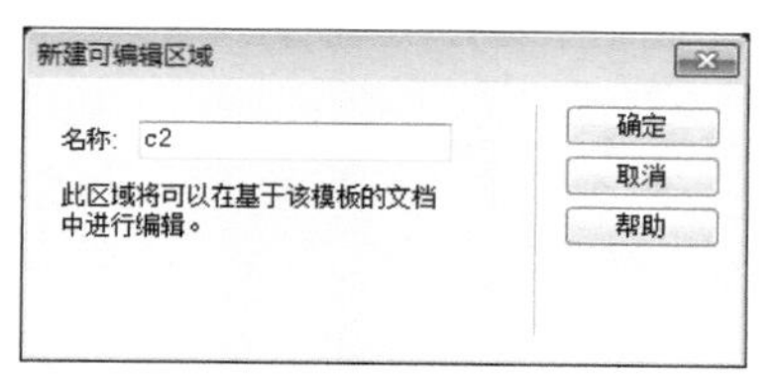


图9-25

图9-26

**07** 选择第2行右侧上方单元格中的图像，执行“插入>模板>可编辑区域”菜单命令，打开“新建可编辑区域”对话框，在对话框中设置名称为c3，如图9-27所示。

**08** 设置完成后单击 确定 按钮，图像所在区域添加为可编辑区域，如图9-28所示。

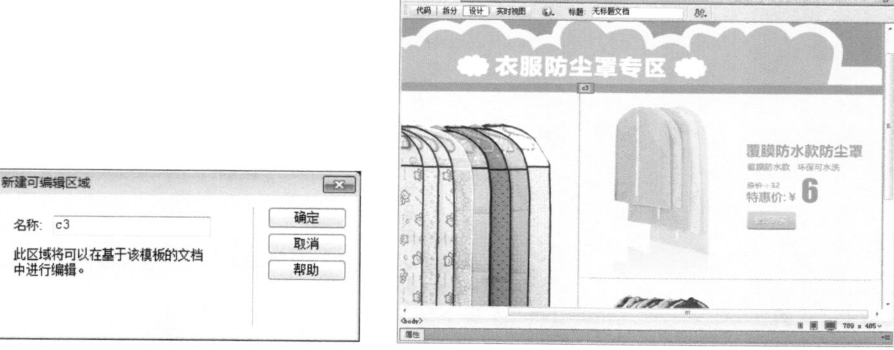


图9-27

图9-28

**09** 选择第2行右侧下方单元格中的图像，执行“插入>模板>可编辑区域”菜单命令，打开“新建可编辑区域”对话框，在对话框中设置名称为c4，如图9-29所示。

**10** 设置完成后单击 确定 按钮，图像所在区域添加为可编辑区域，如图9-30所示，然后按快捷键Ctrl+S保存模板，并关闭文档。

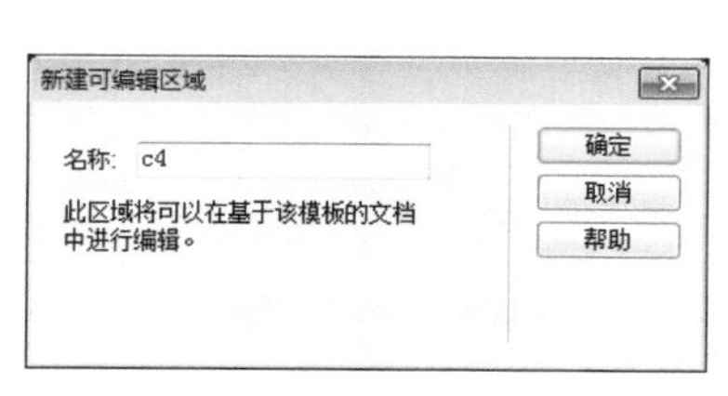


图9-29

图9-30

11 执行“文件>新建”菜单命令，打开“新建文档”对话框。单击“网站模板”选项，在“站点”列表框中选择应用模板所在的站点名称，然后在右侧列表中选择要应用的模板cuxiao，如图9-31所示。

12 单击 创建(R) 按钮，创建一个新文档，如图9-32所示，右上角黄色区域的“模板cuxiao”，表示该文档是基于模板cuxiao文件创建的。

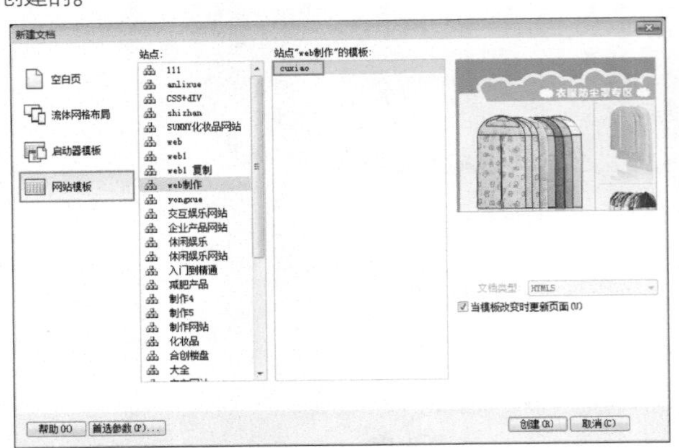

图9-31

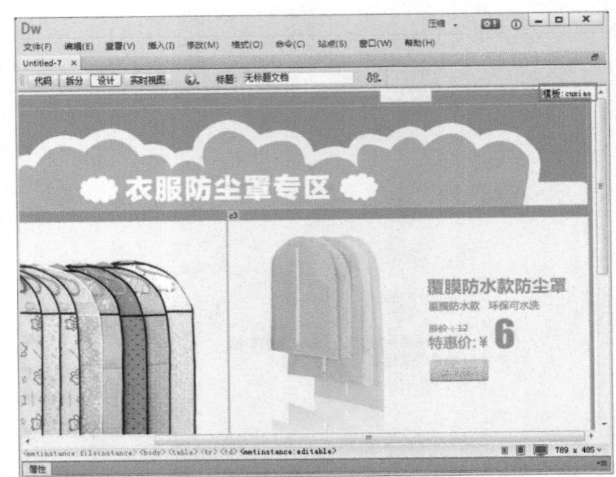


图9-32

13 双击可编辑区域c1中的图像，打开“选择图像源文件”对话框，在对话框中选择一幅图像，如图9-33所示。

14 设置完成后单击 确定 按钮，选择的图像就添加到可编辑区域c1中，如图9-34所示。

图9-33

图9-34

15 双击可编辑区域c2中的图像，打开“选择图像源文件”对话框，在对话框中选择一幅图像，如图9-35所示。

16 设置完成后单击 确定 按钮，选择的图像就添加到可编辑区域c2中，如图9-36所示。

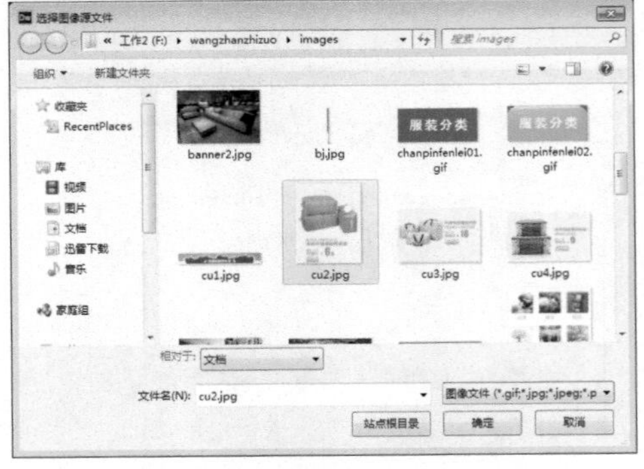

图9-35

图9-36

17 按照同样的方法将可编辑区域c3与c4中的图像替换，如图9-37所示。

18 保存网页并将网页命名为“利用模板制作网页.html”，按F12键浏览网页，最终效果如图9-38所示。

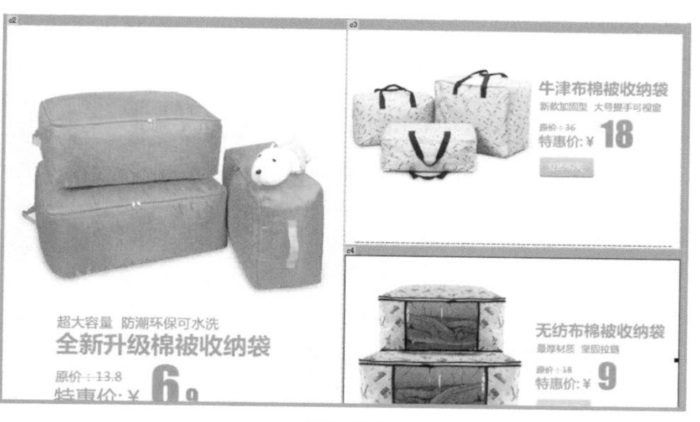


图9-37

图9-38

# 9.3 定制库项目

库可以用来存储网站中经常出现或重复使用的页面元素。简单地说，库主要用来处理重复出现的内容。例如，每一个网页都会使用版权信息，如果一个一个去设置就会显得十分繁琐。这时可以将其收集到库中，使之成为库项目，当用户需要这些信息时，直接插入该项目即可，而且使用库比模板具有更大的灵活性。

## 9.3.1 创建库项目

在Dreamweaver中，用户能够将网页中<body>部分的任意元素创建为库项目，这些元素包括文本、图像、表格、表单、插件、导航条等。库项目的文件扩展名为.lbi，所有的库项目都默认放置在“站点文件夹/Libxry”文件夹内。

对于链接项（如图像），库只存储对该项的引用，原始文件必须保留在指定的位置才能使库项目正确工作。

在库项目中存储图像还是非常有用的，例如在库项目中可以存储一个完整的<img>标签，它可以让用户方便地在整个站点中更改图像的alt文本，甚至更改它的src属性。

创建库项目的具体操作如下。

第1步：在网页文档窗口中，选定要创建为库项目的元素。

第2步：执行以下两种操作方法，均可创建库项目。

执行“窗口>资源”菜单命令，打开“资源”面板，单击“库”按钮，将选择的对象拖入库选项窗口中，如图9-39所示。

选中要添加的对象，然后执行“修改>库>增加对象到库”菜单命令，如图9-40所示。

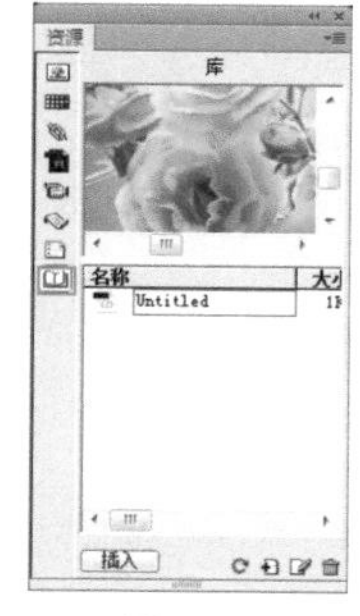


图9-39

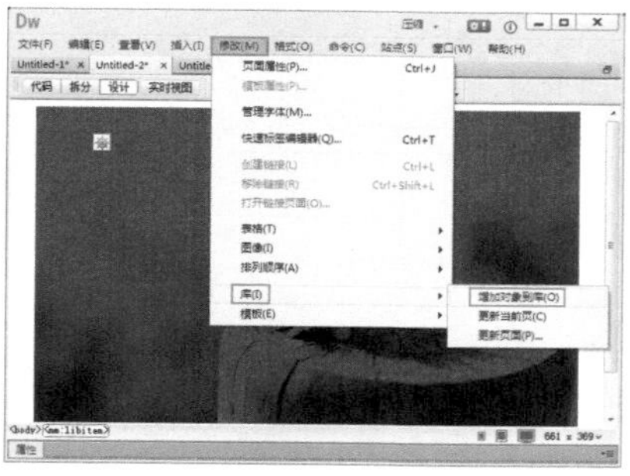

图9-40

## ↘9.3.2 库项目属性面板

通过库项目的“属性”面板，可以设置库项目的源文件、编辑库项目等。在页面中选择已创建为库项目的元素，打开“属性”面板，如图9-41所示。

图9-41

**参数介绍**

* 源文件：显示当前库项目源文件的路径和文件名。
* 打开：单击该按钮，可以打开库项目的源文件，并对其进行编辑和修改。
* 从源文件中分离：单击该按钮，将会打开如图9-42所示的提示框，使库项目同它的源文件分离，可以直接编辑其中的内容。

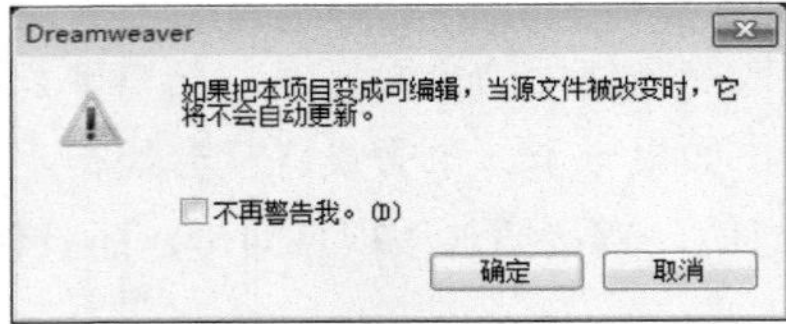


图9-42

* 重新创建：单击该按钮，可以重新创建新的库项目。

## ↘9.3.3 编辑库项目

编辑库项目的操作包括更新库项目、重命名项目名和删除库项目等。

### 1. 更新库项目

更新库项目的具体操作如下。

第1步：执行“修改>库>更新页面”菜单命令，打开“更新页面”对话框，如图9-43所示。

图9-43

第2步：在“更新”区域中勾选“库项目”复选项，可以更新站点中所有的库项目，勾选“模板”复选项，可以更新站点中的所有模板。

第3步：单击开始(S)按钮进行更新，更新完毕后单击关闭(C)按钮。

### 2. 重命名库项目

重命名库项目是指对库项目的名称进行重新命名，其操作步骤如下。

第1步：选定库面板上要命名的项目。

第2步：单击面板右上角的下拉按钮，在弹出的快捷菜单中选择“重命名”命令，如图9-44所示。或在库项目上单击鼠标右键，在弹出的快捷菜单中选择“重命名”命令。

第3步：输入新的名称，按下Enter键确认即可，如图9-45所示。

图9-44

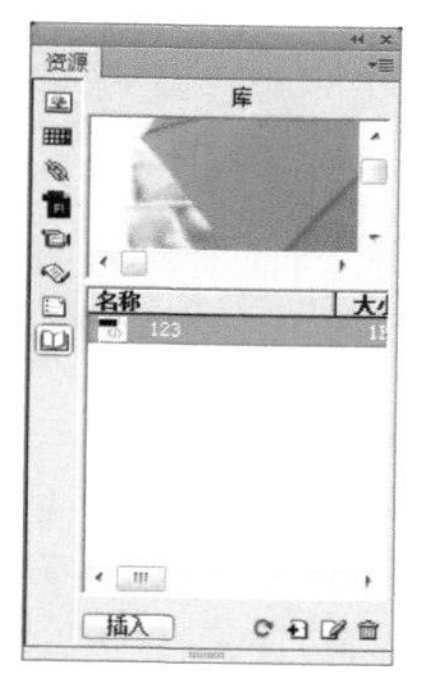


图9-45

### 3. 删除库项目

删除库项目的具体操作如下。

第1步：在库面板中选择要删除的库项目。

第2步：单击右上角的下拉按钮，在弹出的快捷菜单中选择“删除”命令，如图9-46所示。

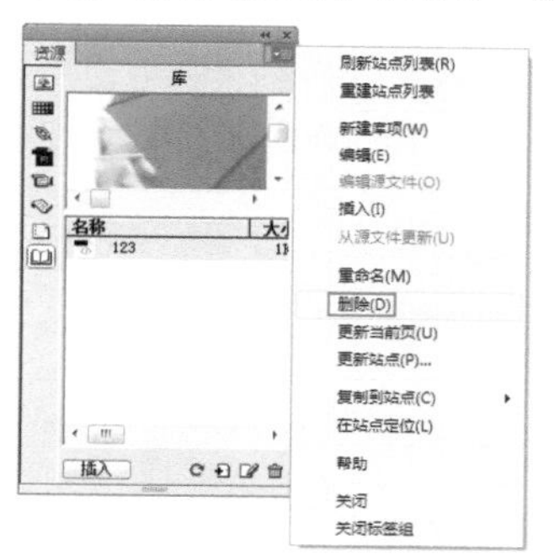


图9-46

Tips

**在库项目上单击鼠标右键并在弹出的快捷菜单中选择“删除”命令；或者选中库项目，在库面板上单击右下角的按钮，或按键盘上的Delete键，都可以删除库项目。**

第3步：在弹出的提示框中单击 是(Y) 按钮，即可删除库项目，如图9-47所示。

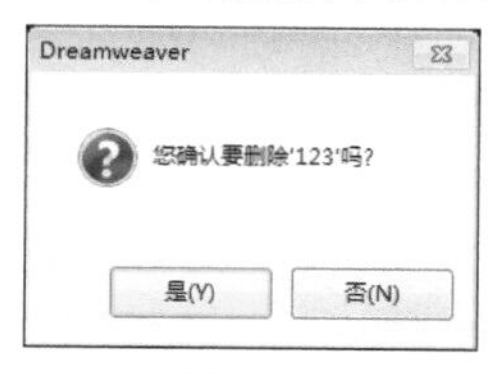


图9-47

## 9.3.4 添加库项目

向页面添加库项目时，将把实际内容以及对该库项目的引用一起插入到页面中。把创建好的库项目添加到页面的具体操作步骤如下。

第1步：打开要添加库项目的页面，将光标置于要插入库项目的位置。

第2步：执行“窗口>资源”菜单命令，打开“资源”面板，选择库项目。

第3步：单击“资源”面板左下角的 插入 按钮，即可将选中的库项目插入到网页中，如图9-48所示。

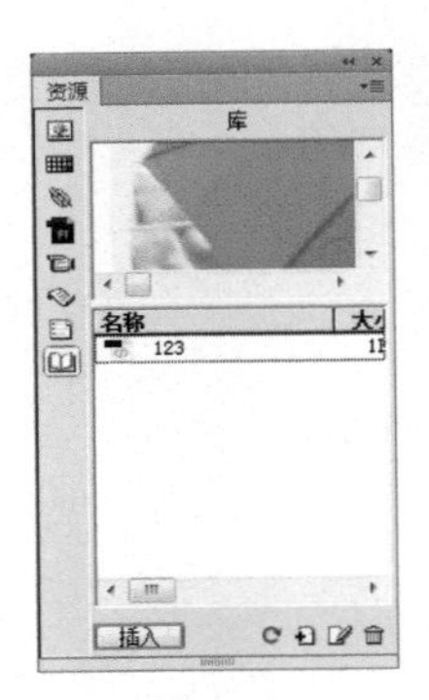

图9-48

Tips

在库项目上单击鼠标右键，在弹出的快捷菜单中选择“插入”命令，也可将库项目插入到网页中，如图9-49所示。

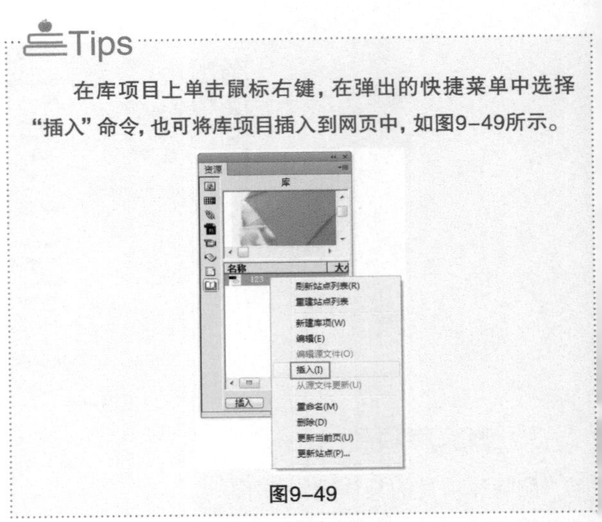

图9-49

模板和库都是在网页设计及制作过程中，为设计出不同风格的网站所使用的一种辅助工具。通过模板和库可以设计出具有统一风格的网站，并且模板和库为网站的更新及维护提供了极大的方便。

使用库可以完成对网站中某个板块的修改。在定义模板的可编辑区域时需要仔细研究整个网站中各个页面的共同风格和特性，这样才能设计出适合整个网站且使用合理的模板。

## 即学即用 利用库更新网页

实例位置 CH09> 利用库更新网页 > 利用库更新网页.html

素材位置 CH09> 利用库更新网页 >images

实用指数 ★★★

技术掌握 学习使用库项目更新已经制作完成的网页的方法

01 执行“窗口>资源”菜单命令，打开“资源”面板，单击“库”按钮，然后单击右下方的“新建库项目”按钮，将新建的库项目命名为k1，如图9-50所示。

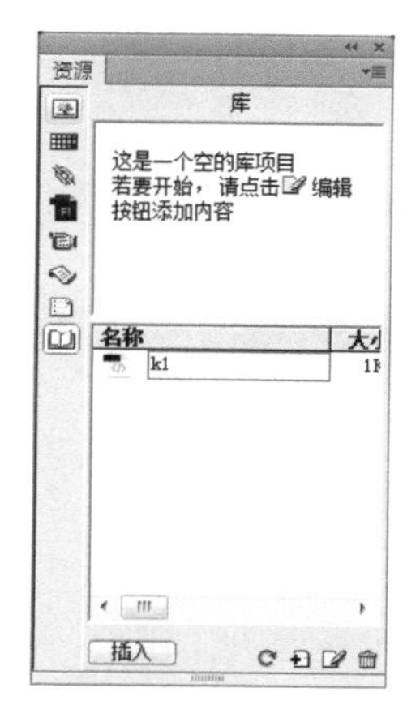


图9-50

02 使用鼠标左键双击k1库项目，进入k1库项目的编辑页面，执行“插入>表格”菜单命令，插入一个1行1列、表格宽度为1038像素的表格，设置表格的边框粗细、单元格边距和单元格间距均为0，并在“属性”面板中将表格设置为“居中对齐”，如图9-51所示。

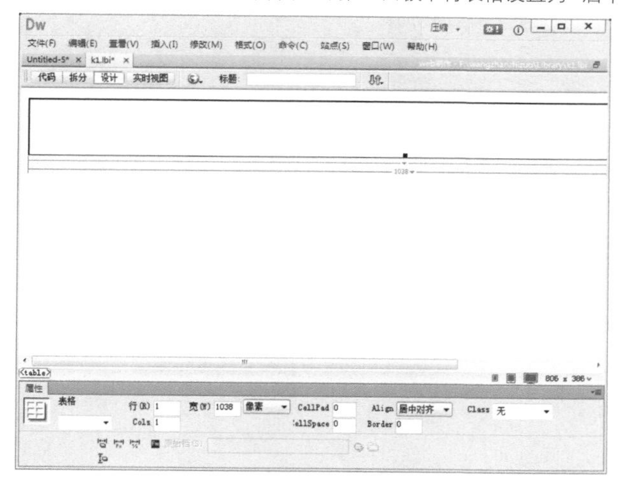

图9-51

03 将光标置于表格中，执行“插入>图像>图像”菜单命令，插入一幅图像，如图9-52所示。

04 按快捷键Ctrl+S保存文件，然后在“文件”面板中打开本书第8章制作的登录表单，如图9-53所示。

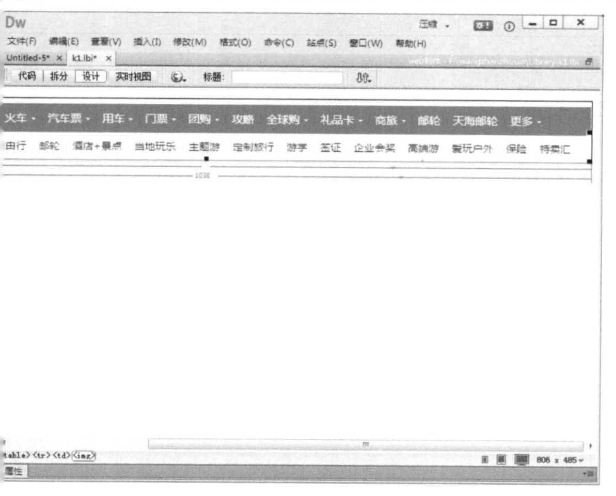

图9-52

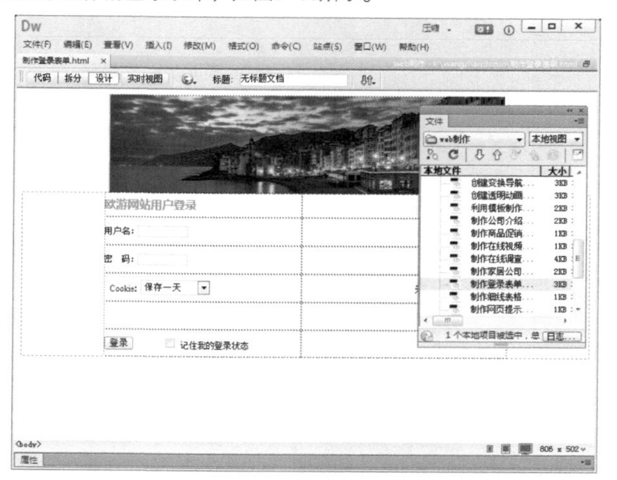

图9-53

05 将光标置于要添加内容的位置，也就是页面顶部，然后打开“库”面板并选择k1库项目，单击 插入 按钮即可插入库项目，如图9-54所示。

图9-54

06 保存网页后按F12键浏览，可以看到，需要添加的内容已经出现在网页中了，如图9-55所示。

图9-55

Tips

**使用库更新网页之前，需要先制作好库项目的内容。如果一个网站中有多个网页需要添加内容，可分别打开网页，再插入库项目即可。而且只要更改了库项目，所有应用该库项目的网页都会出现相应的变化，这在大型网站制作中非常有用。**

## 9.4 章节小结

本章主要向读者介绍了模板与库的知识，希望读者通过本章内容的学习，能够理解模板与库的概念，掌握模板与库的编辑操作和应用。

# 9.5 课后习题

## 课后练习 使用模板创建网页

实例位置 CH09> 使用模板创建网页 > 使用模板创建网页.html

素材位置 CH09> 使用模板创建网页 >images

实用指数 ★★★★

技术掌握 学习使用模板创建网页的方法

本例使用模板创建网页，完成后的效果如图9-56所示。

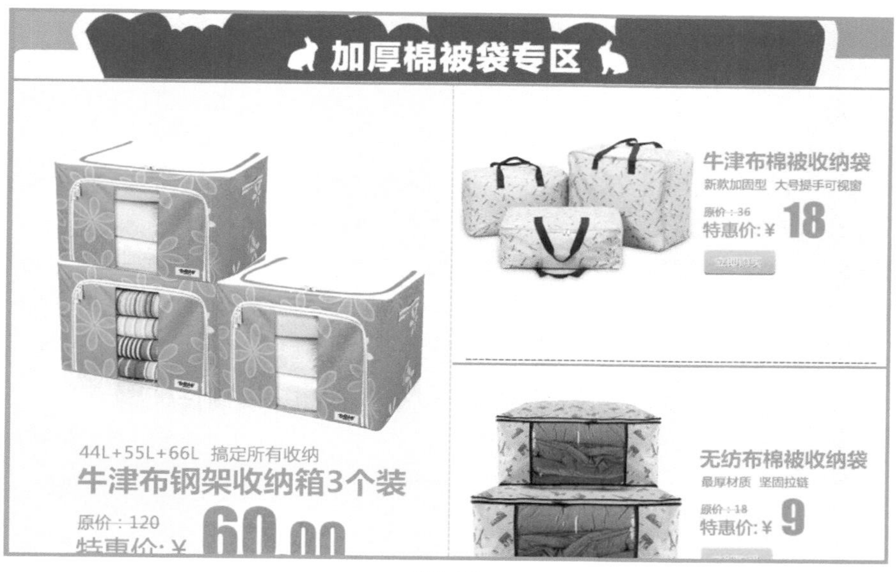


图9-56

**主要步骤：**

（1）在Dreamweaver CC中打开本章制作的一个案例“利用模板制作网页”。

（2）选择第2行右侧单元格中的图像，执行“插入>模板>可编辑区域”菜单命令，打开“新建可编辑区域”对话框，在对话框中设置名称为c5。

（3）双击可编辑区域c1中的图像，打开“选择图像源文件”对话框，在对话框中选择一幅图像。

（4）执行“文件>保存”菜单命令将文件保存，然后按F12键浏览网页即可。

## 课后练习 使用库创建网页

实例位置 CH09> 使用库创建网页 > 使用库创建网页.html

素材位置 CH09> 使用库创建网页 >images

实用指数 ★★★★

技术掌握 学习使用库创建网页的方法

本例使用库创建网页，效果如图9-57所示。

图9-57

**主要步骤：**

（1）执行“窗口>资源”菜单命令，打开“资源”面板，单击“库”按钮，然后单击右下方的“新建库项目”按钮，将新建的库项目命名为ku1。

（2）使用鼠标左键双击ku1库项目，进入db库项目的编辑页面，插入一个1行1列、表格宽度为1208像素的表格，然后在表格中插入图像。

（3）按快捷键Ctrl+S保存文件，然后新建一个网页，插入一个1行1列、表格宽度为1141像素的表格，在表格中插入一幅图像。

（4）将光标置于页面顶部，然后打开“库”面板并选择ku1库项目，单击插入按钮插入库项目。

（5）执行“文件>保存”菜单命令，将文件保存，然后按F12键浏览网页即可。

CHAPTER

# 10 行为在网页中的应用

在Dreamweaver CC中，行为可以说是最具特色的功能之一，它可以让用户不用书写JavaScript代码便可以实现多种动态网页效果。每个行为都是由一个事件和一个动作两部分组成，事件是动作被触发的结果，任何一个动作都需要一个事件来激发，事件与动作是相辅相成的一对。

* 认识行为
* 交换图像
* 恢复交换图像
* 打开浏览器窗口
* 弹出信息
* 转到URL
* 行为的管理与修改

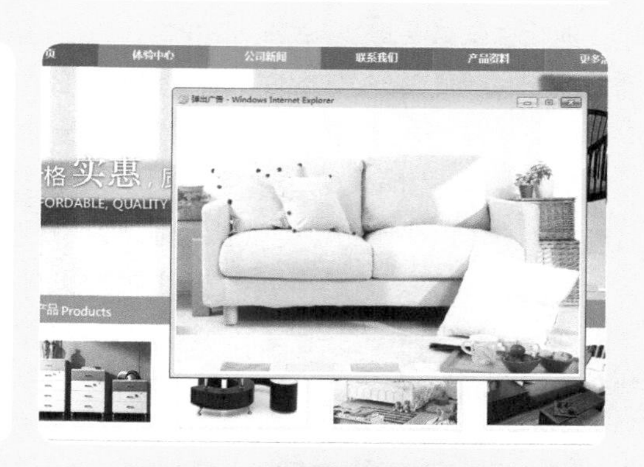

# 10.1 认识行为

行为由JavaScript函数和事件处理程序组成，JavaScript函数在Dreamweaver中作为动作，所有动作都响应事件。Dreamweaver中的行为是将JavaScript代码放置在文档中，以允许访问者与Web页进行交互，从而以多种方式更改页面或引起某些任务的执行。

## 10.1.1 行为简介

下面介绍“行为”的含义以及与“行为”相关的几个重要概念——对象、事件和动作。

“行为”是事件和动作的组合。在Dreamweaver CC中，事件可以是任何类似使用者在某个链接上单击这样具有交互性的事情，或者类似一个网页的载入过程这样具有自动化的事情。行为被规定附属于页面上某个特定的元素，可以是一个文本链接、一幅图像，也可以是一个<body>标签。为了更好地理解行为的概念，下面介绍与行为相关的几个概念：对象、事件和动作。

“对象”是产生行为的主体，许多网页元素都可以成为对象，如图片、文字、多媒体文件等，甚至是整个页面。

“事件”是触发动态效果的原因，它可以被附加到各个页面元素上，也可以被附加到HTML标记中。事件总是针对页面元素或标记而言的。例如，将鼠标指针移到图像上、将鼠标指针放在图像之外或者单击鼠标左键，这些是关于鼠标最常见的3个事件（onMouseOver、onMouseOut、onClick）。不同版本的浏览器所支持的事件种类和数量是不一样的，通常高版本的浏览器支持更多的事件。

“行为”是通过动作来完成动态效果，例如，交换图像、打开浏览器窗口、弹出信息、播放声音等动作。动作通常是一段JavaScript代码，在Dreamweaver中使用Dreamweaver内置的行为系统会自动往页面中添加JavaScript代码，用户完全不必自己编写。

把“事件”和“动作”结合就构成了行为。例如，将onClick行为事件与JavaScript代码相关联，当鼠标指针放在对象上时就可以执行相应的JavaScript代码动作。每个事件可以同多个动作相关联，即发生事件时可以执行多个动作，为了实现需要的结果，用户还可以指定和修改动作发生的顺序。

在Dreamweaver CC中内置了许多行为动作，形成了一个JavaScript库。用户还可以通过Adobe的官方网站下载并安装行为库中的文件以获得更多的行为。用户如果很熟悉JavaScript语言，也可以自己编写新动作，添加到Dreamweaver中。

## 10.1.2 “行为”面板

在Dreamweaver中，对行为的添加和控制主要通过“行为”面板来实现。执行“窗口>行为”菜单命令，打开“行为”面板，如图10-1所示。也可以按快捷键Shift+F4，打开“行为”面板。

图10-1

在“行为”面板中单击“显示设置事件”按钮，下方会显示触发事件，也就是显示已经设置了的行为。当单击行为列表中所选事件名称旁边的箭头按钮时，会弹出一个下拉菜单，只有在选择了行为列表中的某个事件时才显示此菜单。选择的对象不同，显示的事件也会有所不同。

单击“显示所有事件”按钮，下方会显示所有的事件。在列表中单击按钮，会弹出一个选择触发事件的下拉菜单，如图10-2所示。

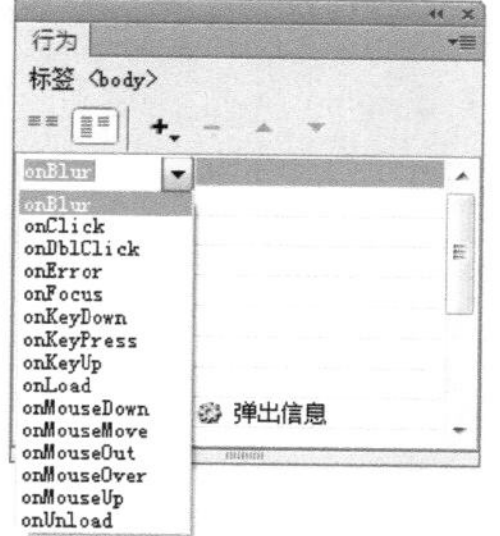


图10-2

单击按钮可以为选定的对象加载动作，即自动生成一段JavaScript程序代码。单击该按钮会打开如图10-3所示的下拉菜单，用户可以在其中指定该动作的参数。需要注意的是，如果在空白的文档中打开此菜单，大部分菜单都是灰色的，这是因为对普通文本不能加载行为动作。

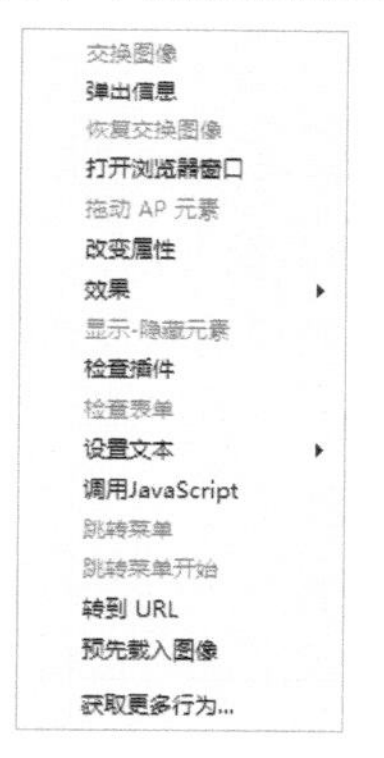


图10-3

单击按钮可用来删除已加载的动作。如果未加载任何动作，该按钮将呈现灰色状态。

单击和按钮可将特定事件的所选动作在行为列表中向上或向下移动。在多个动作都是相同的触发事件时，这个功能才有用处。

下面对这些动作进行详细介绍。

* 交换图像：通过改变img标签的src属性来改变图像，利用该动作可创建活动按钮或其他图像效果。
* 弹出信息：显示带指定信息的JavaScript警告，用户可在文本中嵌入任何有效的JavaScript功能，比如调用、属性、布局变量或表达式（需用{}括起来）。
* 恢复交换图像：恢复交换图像为原图。
* 打开浏览器窗口：在新窗口中打开URL，并可设置新窗口的尺寸等属性。
* 拖动AP元素：利用该动作可允许用户拖动层。
* 改变属性：改变对象的属性值。
* 效果：制作一些类似增大、搜索的效果。
* 显示-隐藏元素：显示、隐藏一个或多个层窗口，或者恢复其默认属性。
* 检查插件：利用该动作可根据访问者所安装的插件，发送给不同的网页。

* 检查表单：检查输入框中的内容，以确保用户输入的数据格式正确无误。
* 设置文本：包括4项功能，分别是设置层文本、设置文本域文字、设置框架文本、设置状态栏文本。
* 调用JavaScript：执行JavaScript代码。
* 跳转菜单：当用户创建了一个跳转菜单时，Dreamweaver将创建一个菜单对象，并为其附加行为。在“行为”面板中双击跳转菜单动作即可编辑跳转菜单。
* 跳转菜单开始：当用户创建一个跳转菜单时，在其后面会添加一个行为动作按钮前往。
* 转到URL：在当前窗口或指定框架中打开新页面。
* 预先载入图像：该图像在页面载入浏览器缓冲区之后不会立即显示，它主要用于时间线、行为等，从而防止因下载引起的延迟。
* 获取更多行为：从网站上获得更多的动作功能。

# 10.2 内置行为的使用

下面介绍Dreamweaver CC中各种行为动作的使用。

## 10.2.1 交换图像

“交换图像”动作用于改变img标签的src属性，即用另一张图像替换当前的图像。使用这个动作可以创建按钮变换效果和其他图像效果（包括一次变换多幅图像）。

因为这个动作只影响到src属性，所以变换图像的尺寸应该一致（高度和宽度与初始图像相同），否则交换的图像在显示时会被压缩或扩展。

使用“交换图像”动作的具体操作步骤如下。

第1步：在页面中插入一幅素材图像，在“属性”面板上输入图像的名称images1，如图10-4所示。

第2步：选中插入的图像，单击“行为”面板上的+.按钮，在打开的下拉菜单中选择“交换图像”命令，如图10-5所示。

图10-4

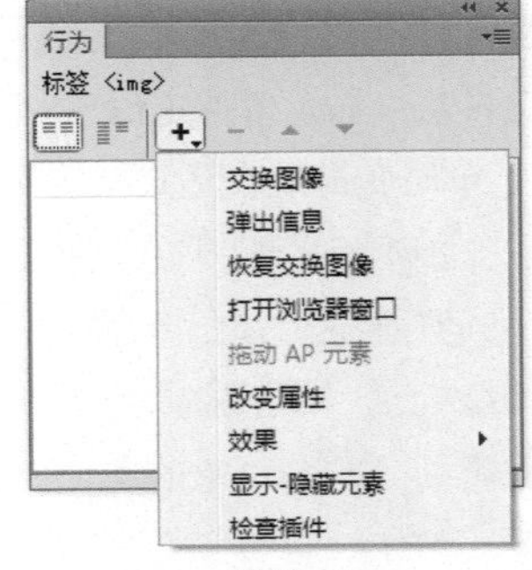

图10-5

第3步：打开“交换图像”对话框，选择要设置替换图像的原始图像，单击浏览...按钮，如图10-6所示。打开“选择图像源文件”对话框，选择替换后的图像文件，单击确定按钮，如图10-7所示。

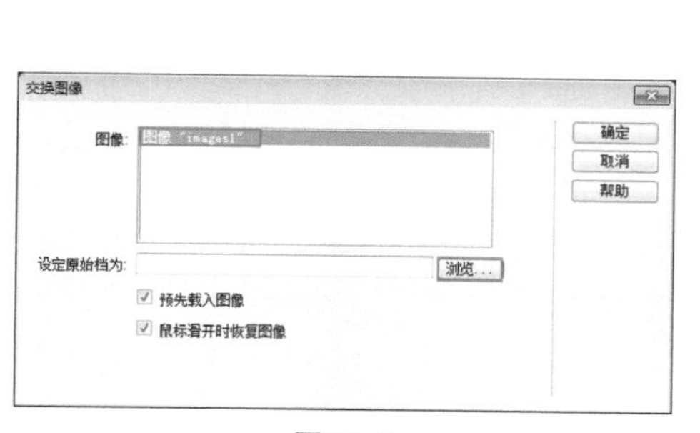


图10-6

图10-7

第4步：返回“交换图像”对话框，单击 确定 按钮，如图10-8所示。在“行为”面板中会出现“恢复交换图像”行为，如图10-9所示。

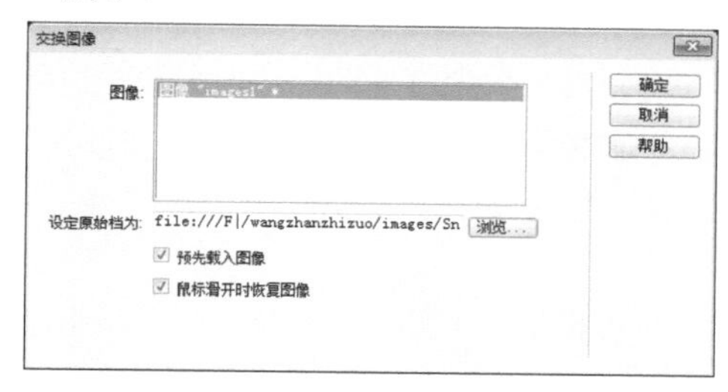


图10-8

图10-9

第5步：保存网页，按F12键浏览网页，将鼠标移至原始图像上，图像会进行变换，效果如图10-10所示。

图10-10

**在“交换图像”对话框中选中“预先载入图像”和“鼠标滑开时恢复图像”复选项，表示无论图像是否被显示，当鼠标离开附加行为的对象时，恢复显示所有的原始图像。**

## 10.2.2 恢复交换图像

“恢复交换图像”动作是指当鼠标指针移出对象区域后，所有被替换显示的图像恢复为原始图像。一般在设置替换图像的动作时，会自动添加替换图像恢复动作。如果在附加“交换图像”动作时选择了“鼠标滑开时恢复图像”复选项，则不需要手动选择“恢复交换图像”动作。

如果在设置“交换图像”动作时，没有选中“鼠标滑开时恢复图像”复选项，可以手工设置图像恢复动作，具体的操作步骤如下。

第1步：选择网页中添加了交换图像的对象，单击“行为”面板上的+.按钮，在打开的下拉菜单中选择“交换图像”命令，如图10-11所示。

第2步：打开“恢复交换图像”对话框，单击 确定 按钮即可，如图10-12所示。

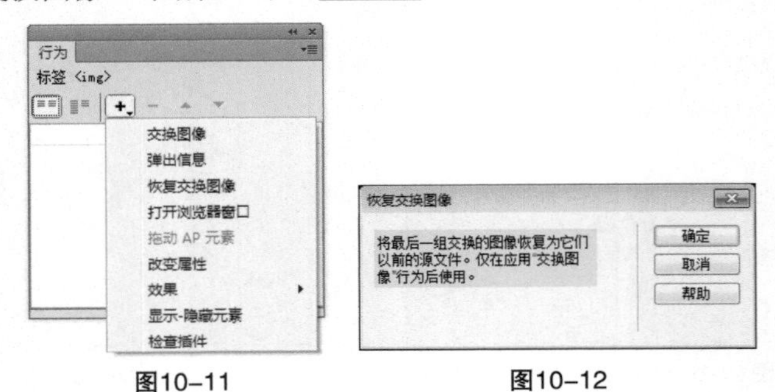


图10-11　　图10-12

## 10.2.3 打开浏览器窗口

使用“打开浏览器窗口”动作可以在一个新的窗口中打开URL。使用该动作的同时可以指定新窗口的属性，包括其大小、特性（是否可以调整大小、是否具有菜单栏等）和名称。例如，使用此行为在访问者单击缩略图时，可用一个单独的窗口中打开一个较大的图像；使用此行为，可使新窗口与该图像恰好一样大。使用“打开浏览器窗口”动作的具体操作步骤如下。

第1步：新建一个网页文档，单击“行为”面板上的+.按钮，在打开的“动作”快捷菜单中选择“打开浏览器窗口”命令，如图10-13所示。

第2步：弹出“打开浏览器窗口”对话框，在“要显示的URL”文本框中设置打开窗口时要显示网页的URL，再设置弹出窗口的宽度和高度，在“属性”区域可选择弹出窗口是否包括某些属性，如图10-14所示。

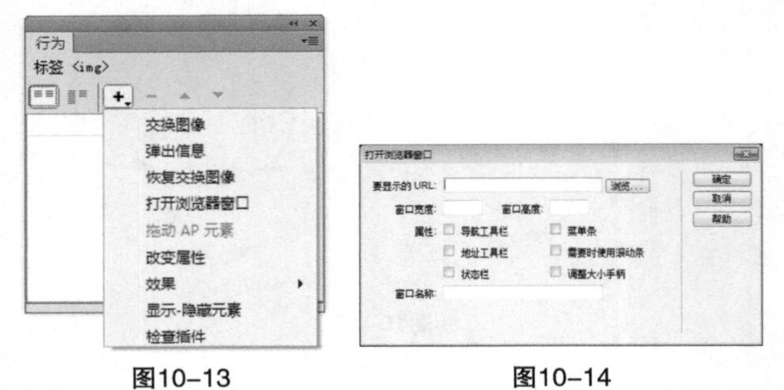


图10-13　　图10-14

**“打开浏览器窗口”对话框参数介绍**

* 导航工具栏：浏览器窗口的导航工具栏。
* 菜单条：浏览器窗口的菜单。
* 地址工具栏：浏览器窗口中的地址栏。
* 需要时使用滚动条：如果勾选此选项，当页面内容较多时，窗口会出现滚动条，否则不出现滚动条。
* 状态栏：浏览器下方的状态栏。
* 调整大小手柄：如果勾选此项，则浏览器窗口大小可调，否则不可调。
* 窗口名称：如果浏览器按这个名字找到了一个窗口或框架，它就在这个窗口中打开网页，否则浏览器会为网页生成一个新的窗口。

## 即学即用 制作网页弹出广告

实例位置 CH10> 制作网页弹出广告 > 制作网页弹出广告.html

素材位置 CH10> 制作网页弹出广告 >images

实用指数 ★★★★

技术掌握 学习使用“打开浏览器窗口”制作网页弹出广告的方法

**01** 新建一个网页文档，在“标题”文本框中输入文本“弹出广告”，如图10-15所示。

图10-15

**02** 执行“插入>表格”菜单命令，插入一个1行1列、宽度为611像素的表格，并在“属性”面板中将其对齐方式设置为“居中对齐”，填充和间距都设置为0，如图10-16所示。

**03** 将光标置于表格中，执行“插入>图像>图像”菜单命令，将一幅图像插入到表格中，如图10-17所示。

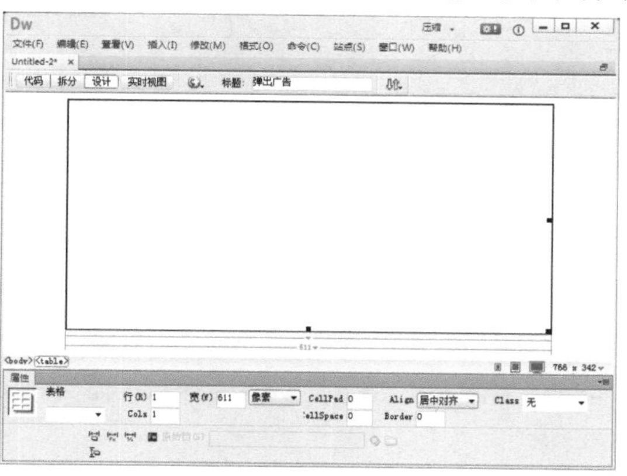

图10-16

图10-17

**04** 单击“属性”面板上的 页面属性... 按钮，打开“页面属性”对话框，在“左边距”“右边距”“上边距”和“下边距”文本框中都输入0，如图10-18所示。

**05** 执行“文件>保存”菜单命令将网页文档保存，并将其命名为弹出广告.html，设置完成后打开第7章制作的家居公司首页，然后单击文档窗口左下角的<body>标记，如图10-19所示。

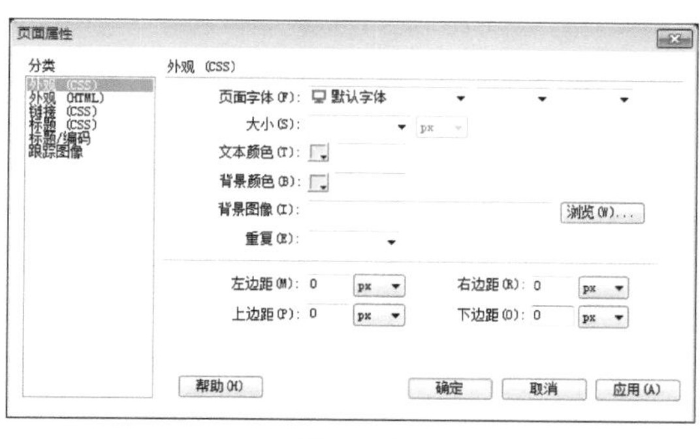


图10-18

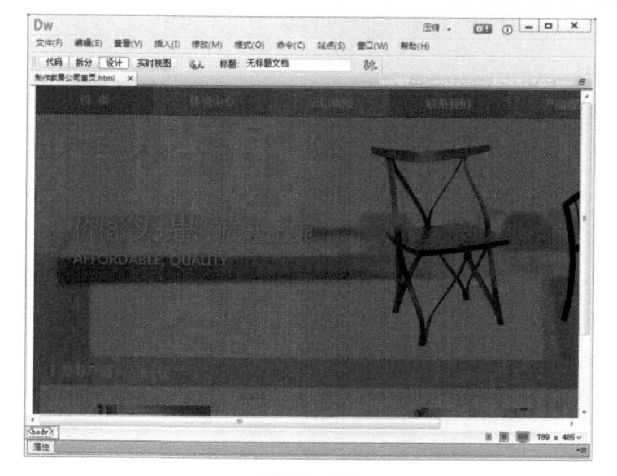

图10-19

**06** 执行“窗口>行为”菜单命令打开“行为”面板，在面板上单击+按钮，在弹出的快捷菜单中选择“打开浏览器窗口”命令，如图10-20所示。

**07** 软件弹出“打开浏览器窗口”对话框，在“要显示的URL”文本框中输入“弹出广告.html”，在“窗口宽度”和“窗口高度”文本框中分别输入611与411，在“窗口名称”文本框中输入文字“网站广告”，设置完成后单击 确定 按钮，如图10-21所示。

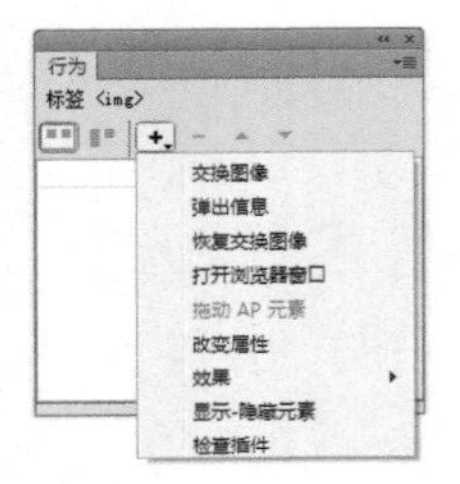


图10-20

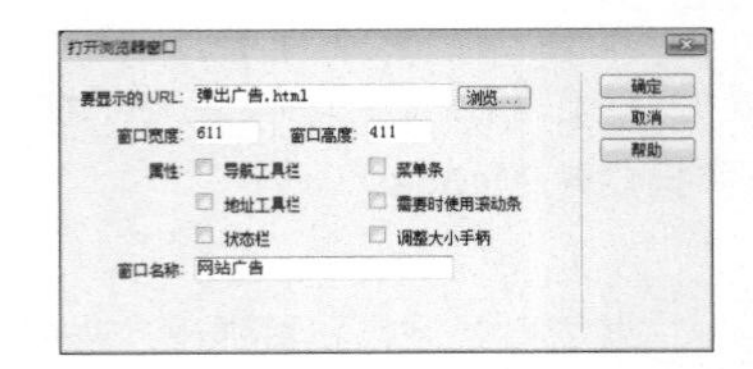


图10-21

08 在“行为”面板中选择onLoad事件，如图10-22所示。

09 保存文件，按F12键浏览网页，在打开网页的同时会弹出广告窗口，如图10-23所示。

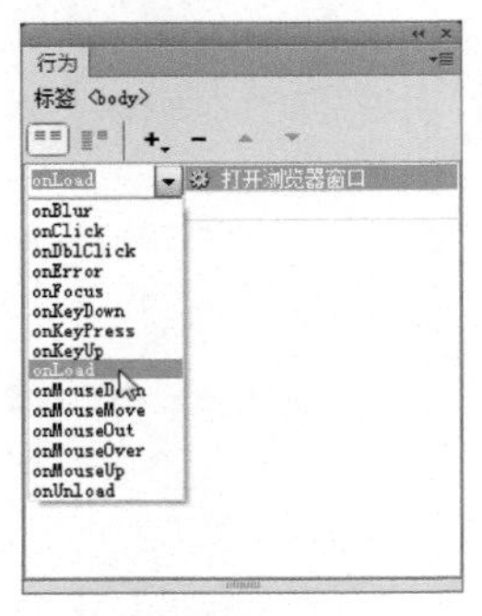


图10-22

图10-23

Tips

弹出式广告虽然可以使用较大面积的页面空间来展示广告内容，效果十分醒目。但这种方式也有缺点，每次用户打开页面时都会自动弹出广告窗口，很容易引起用户反感，从而使用专用的上网工具将广告拦截。所以网站中不必每个页面都制作弹出式广告，只须在重要的页面中放置弹出式广告即可，比如首页。

## 10.2.4 弹出信息

“弹出信息”动作会显示一个带有用户指定的JavaScript警告，最常见的信息提示框只有一个[确定]按钮，在网页中显示信息提示框，可以起到显示指定信息、提示信息的作用。使用“弹出信息”动作的具体操作步骤如下。

第1步：新建一个网页文档，单击“行为”面板上的+.按钮，在打开的下拉菜单中选择“弹出信息”命令，如图10-24所示。

第2步：打开“弹出信息”对话框，如图10-25所示，在“消息”文本框中输入所要弹出的文字信息，然后单击[确定]按钮即可。

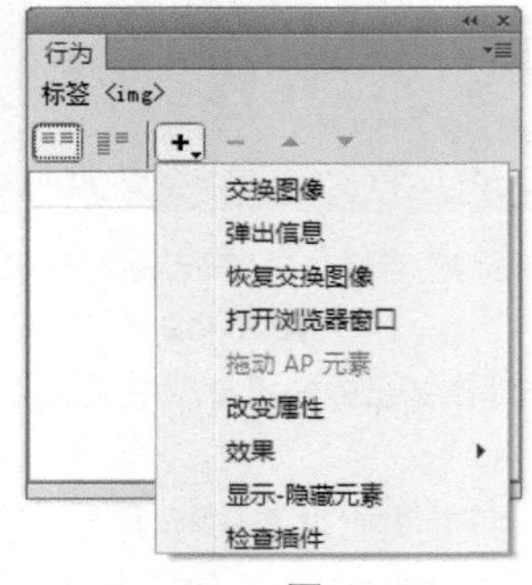

图10-24

图10-25

## 即学即用 制作网页提示信息

实例位置 CH10> 制作网页提示信息 > 制作网页提示信息.html
素材位置 CH10> 制作网页提示信息 >images
实用指数 ★★★
技术掌握 学习使用“弹出信息”动作制作网页提示信息的方法

01 新建一个网页文件，在网页中输入文字“欢迎来到本站！”，如图10-26所示。

02 按Shift+Enter快捷键强制换行，然后插入一幅图像，如图10-27所示。

03 选中文本，单击“行为”面板上的+.按钮，在打开的“动作”快捷菜单中选择“弹出信息”命令，如图10-28所示。

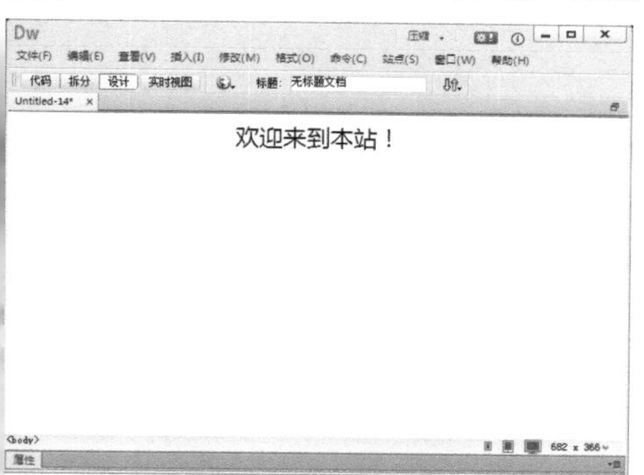


图10-26

图10-27

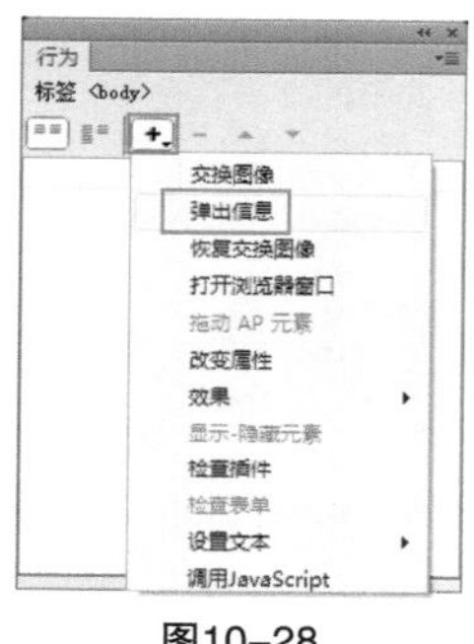


图10-28

04 打开“弹出信息”对话框，在“消息”文本框中输入要弹出的文字信息，比如“欢迎访问本网站，希望您常来浏览！”，设置完成后单击 确定 按钮，如图10-29所示。

05 在“行为”面板中打开事件菜单，选择相应的事件项，这里选择onClick，如图10-30所示。

06 保存网页后按F12键浏览，即可看到本例的完成效果，如图10-31所示。

图10-29

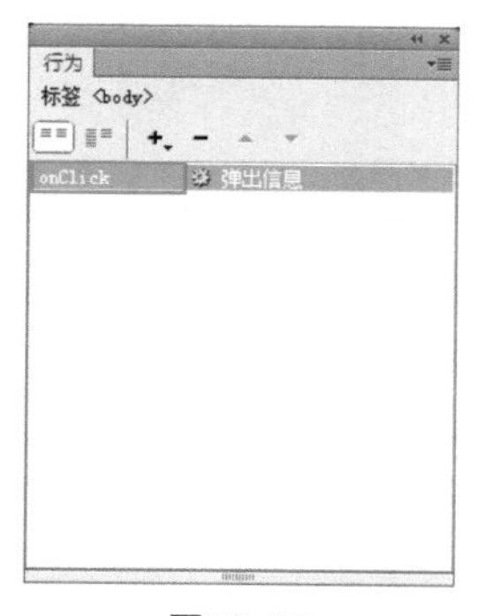


图10-30

图10-31

Tips

**本例讲述了使用“弹出信息”动作制作欢迎网页的方法，“弹出信息”动作在网页中的应用较多，可用来制作警告信息、提示信息等。**

## 10.2.5 转到URL

“转到URL”动作可以设置在指定的框架或在当前的浏览窗口中载入指定的页面，此操作尤其适用于通过一次单击更改两个或多个框架的内容。使用“转到URL”动作的具体操作步骤如下。

第1步：在页面上选择要附加行为的对象，单击“行为”面板上的+.按钮，在打开的下拉菜单中选择“转到URL”命令，如图10-32所示。

第2步：打开“转到URL”对话框，在“打开在”列表框中选择打开链接的窗口，在URL文本框中输入链接的URL地址，设置完成后单击 确定 按钮即可，如图10-33所示。

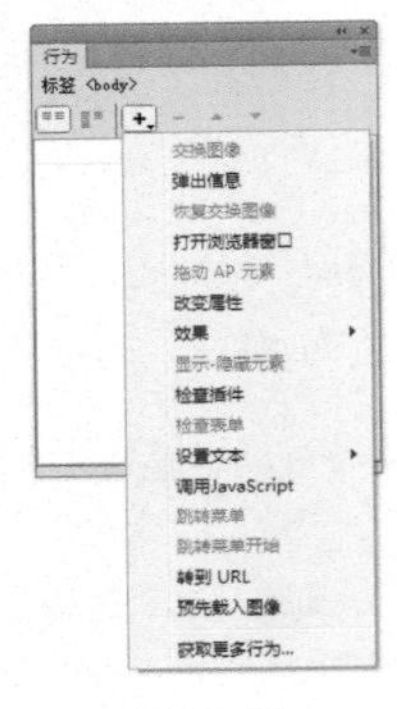


图10-32

图10-33

# 10.3 行为的管理与修改

前面介绍了有关行为的动作和事件，下面介绍一下行为参数的修改、行为的排序以及如何删除行为。

## 10.3.1 行为参数的修改

在页面中附加了行为后，用户可以更改触发动作的事件，也可以更改动作的参数等。

要更改行为的事件的参数，具体操作步骤如下。

第1步：先选择一个附加行为的对象，执行“窗口>行为”菜单命令或按快捷键Shift+F4打开“行为”面板。

第2步：在文档对象或标签选择器中选择已设置的行为对象，如图10-34所示。

第3步：使用鼠标左键双击要改变的动作，打开该动作的参数设置对话框，在对话框中可以对动作进行修改，如图10-35所示。

第4步：设置完毕后单击 确定 按钮。

第5步：将鼠标移至事件处，单击事件，打开下拉列表，选择要更改的事件，如图10-36所示。

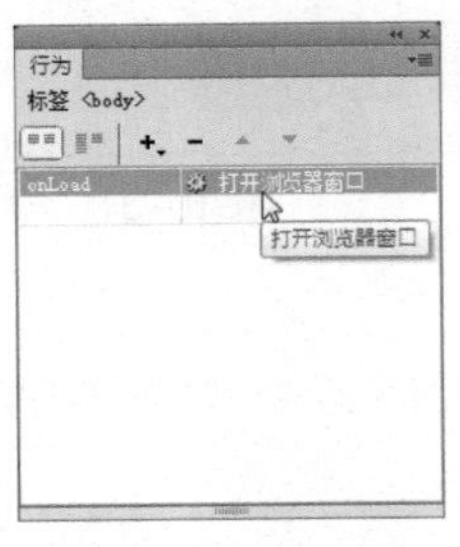


图10-34

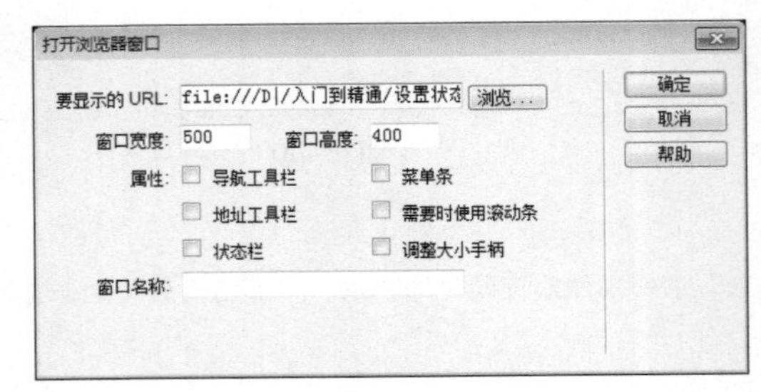


图10-35

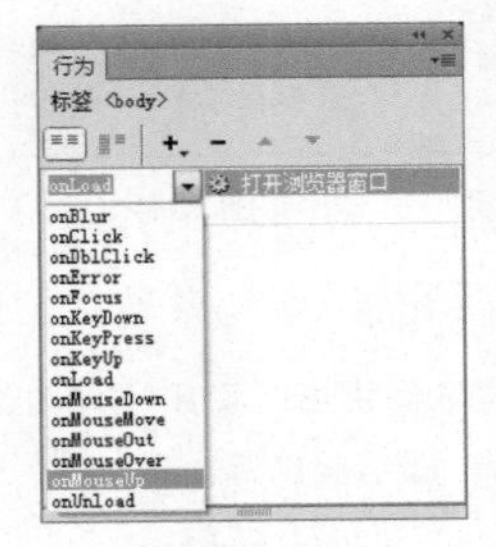


图10-36

## 10.3.2 行为的排序

当有多个行为设置在一个特定的事件上时，动作之间的次序是很重要的。

在Dreamweaver中，多个行为是按事件的字母顺序显示在面板上的。如果同一个事件有多个动作，则以执行的顺序显示这些动作。若要更改指定事件的多个动作的顺序，用户可以使用鼠标选中动作，然后单击▲按钮或▼按钮进行上下移动。

此外，还可以选择该动作后使用“剪切”命令，然后使用“粘贴”命令将其粘贴到其他位置，这样也可以实现行为的排序。

## 10.3.3 删除行为

当行为过多或者用户认为某些行为已经不需要时，可以对其进行删除，具体的操作步骤如下。

第1步：先选择一个附加行为的对象。

第2步：打开“行为”面板，在“行为”面板中用鼠标单击所要删除的行为对象。

第3步：单击“行为”面板中的 - 按钮，或者按Delete键即可删除所选的行为，如图10-37所示。

图10-37

# 10.4 章节小结

本章主要向读者介绍了Dreamweaver CC中的行为，希望读者通过本章内容的学习，能够理解行为的概念、掌握内置行为的使用等知识。学习并掌握本章中所讲述的内容，对于制作网页中的特效是非常有用的。

# 10.5 课后习题

## 课后练习 制作变换图像

实例位置 CH10> 制作变换图像 > 制作变换图像.html

素材位置 CH10> 制作变换图像 >images

实用指数 ★★★★

技术掌握 学习制作变换图像的方法

本例使用“交换图像”动作制作变换图像效果，制作完成后的图像效果如图10-38所示。

图10-38

**主要步骤：**

（1）在页面中插入一幅素材图像，在“属性”面板上输入图像的名称a1，选中插入的图像，单击“行为”面板上的+.按钮，在打开的下拉菜单中选择“交换图像”命令。

（2）打开“交换图像”对话框，选择要设置替换图像的原始图像，单击 浏览... 按钮，打开“选择图像源文件”对话框，选择替换的图像文件后单击 确定 按钮。

（3）执行“文件>保存”菜单命令，将文件保存，然后按F12键浏览网页即可。

## 课后练习 制作提示信息

实例位置 CH10> 制作提示信息 > 制作提示信息.html

素材位置 CH10> 制作提示信息 >images

实用指数 ★★★★

技术掌握 学习制作提示信息的方法

本例使用“弹出信息”动作提示浏览者将网页添加到收藏夹，效果如图10-39所示。

图10-39

**主要步骤：**

（1）在网页中插入一幅图像，然后使用矩形热点工具在图像上文字处创建矩形热点。

（2）选择矩形热点，单击“行为”面板上的+.按钮，在打开的下拉菜单中选择“弹出信息”命令，打开“弹出信息”对话框，在“消息”文本框中输入文字信息。

（3）执行“文件>保存”菜单命令，将文件保存，然后按F12键浏览网页即可。

CHAPTER

# 11 Dreamweaver中的HTML代码

HTML文件是一个包含标记的文本文件。使用HTML编写的超文本文档称为HTML文档，它能独立于各种操作系统平台。

* HTML的基本结构
* 常用基本标签
* 表格
* 超级链接
* HTML中图像的设置
* 在HTML中播放音乐
* 框架
* 使用快速标签编辑器
* 使用提示菜单
* 编辑HTML代码

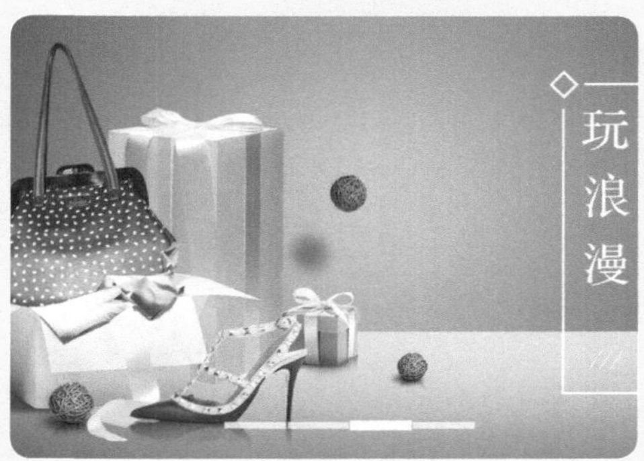

# 11.1 HTML介绍

HTML（Hyper Text Markup Language）是超文本标记语言。所谓超文本，是指HTML可以加入图片、声音、动画、影视等内容，它可以从一个文件跳转到另一个文件。

HTML可以表现出丰富多彩的设计风格，具体如下。

* 图片调用：<img src="文件名">
* 文字格式：<font size="+5" color="00FFFF">文字</font>

HTML也可以实现页面之间的跳转，具体如下。

* 页面跳转：<a href="文件路径/文件名"></a>

HTML还可以展现多媒体的效果，具体如下。

* 音频：<embed src="音乐文件名"autostart=true>
* 视频：<embed src ="视频文件名"autostart=true>

通常用户在访问一个网页时，网页所在的服务器将用户请求的网页以HTML标签的形式发送到用户端，用户端的浏览器接收HTML代码后，会使用自带的解释器解释并执行HTML标签，然后将执行结果以网页的形式展示给用户。

HTML标签是被用户端的浏览器解读并显示的，所以是完全公开的。在IE浏览器中单击“查看”菜单，从中选择“源文件”命令，如图11-1所示，在打开的记事本中即可看到当前网页的HTML代码，如图11-2所示。

图11-1

图11-2

HTML文件可以用一个简单的文本编辑器来创建。在Windows操作系统下，创建一个HTML文件的步骤如下。

(1) 单击“开始”按钮，在“开始”菜单中执行“程序>附件>记事本”命令，打开“记事本”文件，如图11-3所示。

图11-3

（2）在“记事本”文件中输入以下HTML文档。

```
<html>
    <head>
        <title>网页标题</title>
    </head>
    <body>
        网页设计从这里起步
    </body>
</html>
```

（3）在“记事本”文件中执行“文件>另存为”菜单命令，打开“另存为”对话框，如图11-4所示。

（4）在“保存类型”下拉列表框中选择“所有文件”选项，然后在“文件名”下拉列表框中输入文件名及扩展名（如mypage.htm），最后设置保存路径，这样就建好了一个HTML文档，如图11-5所示。

图11-4

图11-5

（5）打开该文件所在的目录，可以看到文件的图标已经变成了一个HTML文件，如图11-6所示。

（6）使用鼠标左键双击该文件，浏览器将显示此页面。标题栏显示“网页标题”，文档中出现文字“网页设计从这里起步”，如图11-7所示。

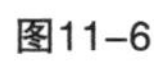
图11-6

图11-7

**Tips**

在前面的HTML文档中，第一个标签是<html>，这个标签告诉浏览器这是HTML文档的开始。HTML文档的最后一个标签是</html>，这个标签告诉浏览器这是HTML文档的终止。

在<head>和</head>标签之间的文本是头部信息。在浏览器窗口中，头部信息是不被显示的。在<title>和</title>标签之间的文本是文档标题，它被显示在浏览器窗口的标题栏中。在<body>和</body>标签之间的文本是正文，会被显示在浏览器中。

HTML的编写是使用成对的标签作为标签的开始和结束。可以看到<html>…</html>、<head>…</head>、<body>…</body>等标签之间都是标签对。因此，HTML中的文档标签必须成对使用，并且是用角括号<和>符号括起的标签符。一对标签的前面一个符号是开始标签，第二个符号是结束标签，在开始标签和结束标签之间的文本是元素内容。

使用Dreamweaver CC创建一个页面是很容易的，且不需要在纯文本中编写代码。打开Dreamweaver CC，切换到代码视图，即可看到Dreamweaver在新文档中已经自动创建了HTML文档，如图11-8所示。

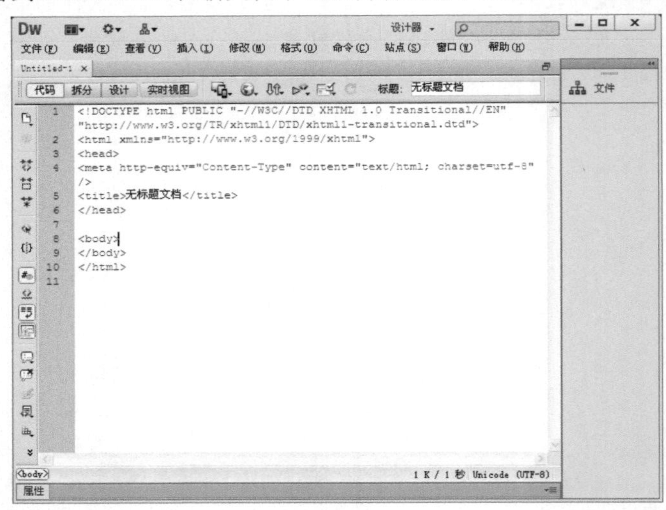


图11-8

# 11.2 HTML的结构

HTML文档是由HTML元素组成的文本文件。HTML元素是预定义正在使用的HTML标签，即HTML标签用来组成HTML元素。HTML标签两端有两个包括字符<和>，这两个包括字符被称为角括号。标签通常是成对出现的，比如<body>和</body>，前面一个是开始标签，第二个是结束标签，在开始和结束标签之间的文本是元素内容。HTML标签不区分字母的大小写，比如<title>与<TITLE>所表示的含义是一样的。

HTML主要由头部信息和主体信息两部分构成，如图11-9所示。头部信息是文档的开头部分，以<head>标签开始，</head>标签结束。在标签对之间可包含文档总标题<title>…</title>、脚本操作<script>…</script>等，如不需要也可以省略。<body>标签是文档主题部分的开始，以</body>标签结束，其标签对包含众多的标签。<html>…</html>标签在最外层，表示这对标签之间的内容是HTML文档，标签对之间包含所有HTML标签。

```
<html>
<head>头部信息</head>
<body>文档主体，正文部分</body>
</html>
```

图11-9

下面是一个最基本的HTML文档的源代码。

```
<html>
<head>
<title>基本HTML示例</title>
</head>
<body>
<center>
<h3>我的主页</h3>
<br>
<hr>
<font size=2>
这是我的第一个主页面，我都会努力做好的！
</font>
</center>
</body>
</html>
```

HTML中的标签丰富多样，通过它们可以表现出丰富多彩的设计风格，下面介绍标签的几种类型。

## 11.2.1 单标签

某些标签称为“单标签”，因为它只需单独使用就能完整地表达意思，这类标签的语法如下。

<标签名称>

最常用的单标签是<br>，它表示换行。

## 11.2.2 双标签

双标签由“始标签”和“尾标签”两部分构成，必须成对使用，其中，“始标签”使浏览器从此处开始执行该标签所表示的功能，而“尾标签”告知浏览器在这里结束该功能。“始标签”前加一个斜杠（/）即成为尾标签，双标签的语法如下。

<标签>内容</标签>

其中，“内容”部分就是这对标签要施加作用的部分，例如想突出某段文字的显示，就可以将该段文字放在<em>…</em>标签中，具体如下。

<em>第一:</em>

## 11.2.3 标签属性

在单标签和双标签的始标记内可以包含一些属性，其语法如下。

<标签名称 属性1 属性2 属性3 …>

各属性之间无先后次序，属性也可省略（即取默认值）。例如，单标签<hr>表示在文档当前位置绘制一条水平线，默认是从窗口中当前行的最左端一直到最右端，属性为<hr size=3 align=left width="75%">，其中各属性的含义如下。

* size：定义线的粗细，属性值取整数，默认值为1。
* align：定义对齐方式，可取值left（左对齐）、center（居中）、right（右对齐），默认值为“left（左对齐）”。
* width：定义线的长度，可取相对值（由一对“”括起来的百分数，表示相对于充满整个窗口的百分比），也可取绝对值（用整数表示的屏幕像素点的个数，如width=300），默认值为“100%”。

# 11.3 常用标签

下面介绍一下HTML中的常用标签。

## 11.3.1 <html>…</html>

学习HTML当然不能少了<html>标签。<html>标签用来标识HTML文档的开始，</html>则用来标识HTML文档的结束，两者成对出现，缺一不可。

<html>、</html>位于文档的最外层，文档中的所有文本和html标签都包含在其中，它表示该文档是以超文本标识语言（HTML）编写的。事实上，现在常用的Web浏览器都可以自动识别HTML文档，并不要求有<html>…</html>标签，也不对该标签进行任何操作。但为了使HTML文档能够适应不断变化的Web浏览器，用户还是应该养成不省略这对标签的良好习惯。

## 11.3.2 <head>…</head>

构成HTML文档的头部部分是用<head>…</head>标签实现的，头部部分可以包含文档的标题<title>…</title>、脚本代码<script>…</script>等标签，如图11-10所示。

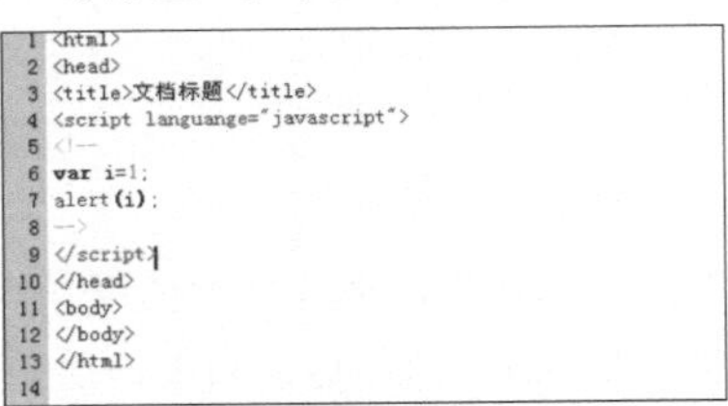

```
<html>
<head>
<title>文档标题</title>
<script languange="javascript">
<!--
var i=1;
alert(i);
-->
</script>
</head>
<body>
</body>
</html>
```

图11-10

## 11.3.3 <body>…</body>

<body>…</body>是HTML文档的主体部分，主体部分可以包含表格<table>…</table>、超级链接<a href>…</a>、换行<br>、水平线<hr>等标签，如图11-11所示。<body>…</body>中所定义的文本和图像将通过浏览器显示出来。

```
<html>
<head>
<title>关于body标签</title>
</head>
<body>
<table width="450" border="0" cellspacing="0" cellpadding="0">
  <tr>
    <td width="300"><img src="image/Sunset.jpg" width="300" height="300"></td>
    <td width="476"><p>关于body</p><p>标签对的文档</p></td>
  </tr>
  <tr>
    <td><div align="center"><a href="http://www.sian.com.cn">链接到新浪网</a></div></td>
    <td> </td>
  </tr>
</table>
</body>
</html>
```

图11-11

## 11.3.4 <title>…</title>

<title>…</title>标签对所包含的就是网页的标题，即浏览器顶部标题栏所显示的内容，如图11-12所示，将要显示的文字输入在<title>…</title>之间就可以了。

图11-12

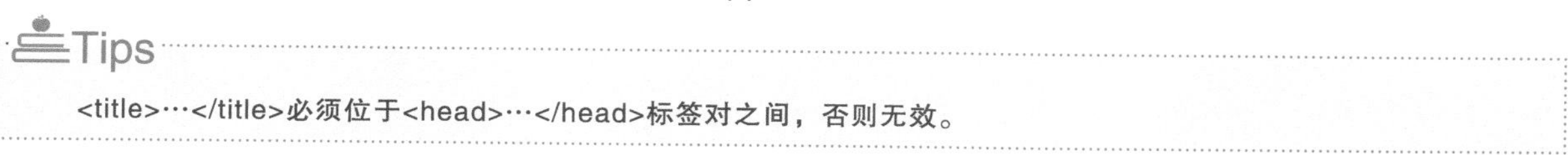

Tips

<title>…</title>必须位于<head>…</head>标签对之间，否则无效。

## 11.3.5 <hn>…</hn>

一般文章都有标题、副标题、章和节等结构，HTML中也提供了相应的标题标签<hn>，其中，n为标题的等级，HTML总共提供6个等级的标题，n越小，标题字号就越大，下面列出所有等级的标题格式。

<h1>…</h1>　第一级标题

<h2>…</h2>　第二级标题

<h3>…</h3>　第三级标题

<h4>…</h4>　第四级标题

<h5>…</h5>　第五级标题

<h6>…</h6>　第六级标题

请看如下的HTML代码。

```
<html>
<head>
<title>标题示例</title>
</head>
<body>
这是普通文字<p>
<h1>一级标题</h1>
<h2>二级标题</h2>
<h3>三级标题</h3>
<h4>四级标题</h4>
<h5>五级标题</h5>
<h6>六级标题</h6>
</body>
</html>
```

将以上代码保存为HTML文件，然后使用浏览器浏览，显示效果如图11-13所示。可以看出，每一个标题的字体都是加粗体，内容文字前后都插入了空行。

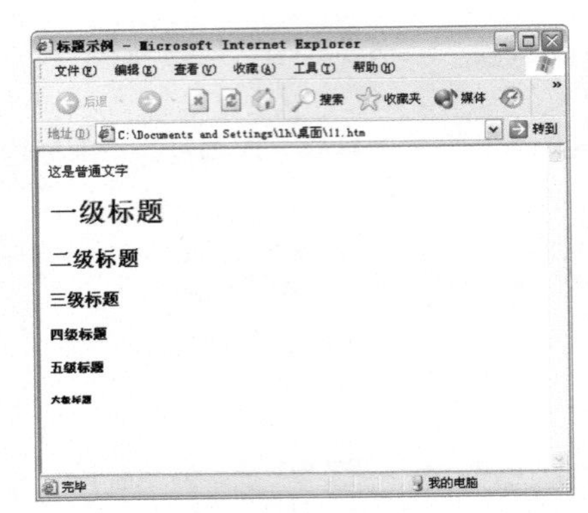


图11-13

## ↘11.3.6 <br>

在HTML语言规范里，每当浏览器窗口被缩小时，浏览器会自动将右边的文字转行。所以，用户在需要换行的地方应加上<br>换行标签。<br>为单标签。<br>标签不管放在什么位置，都能够强制换行，比如下面的HTML代码。

```
<html>
<head>
<title>未用换行示例<\title>
<\head>
<body>
静夜思　床前明月光，疑似地上霜，举头望明月，低头思故乡。
<\body>
<\html>
```

将以上代码保存为HTML文件，然后使用浏览器浏览，显示效果如图11-14所示。

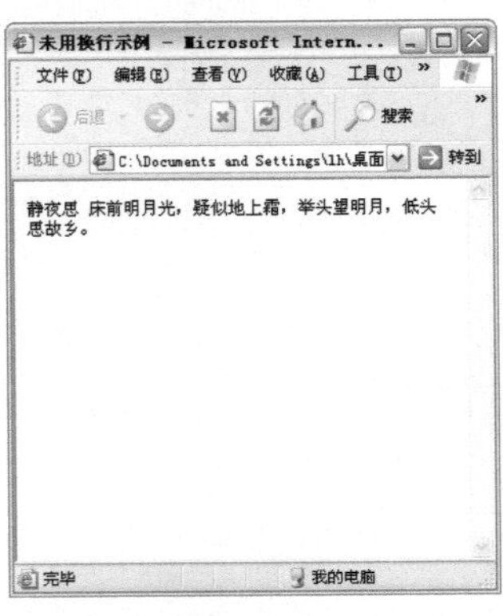


图11-14

以上代码如使用换行标签则表示如下。

```
<html>
<head>
<title>使用换行示例<\title>
```

```
<\head>
<body>
静夜思<br>床前明月光，<br>疑似地上霜，<br>举头望明月，<br>低头思故乡。
<\body>
<\html>
```

再次把以上代码保存为HTML文件，然后使用浏览器浏览，显示效果如图11-15所示，这就是强制换行效果。

图11-15

## 11.3.7 <p>…</p>

为了使文档在浏览器中显示时排列得整齐、清晰，在文字段落之间，通常可用<p>…</p>来标记。文件段落的开始由<p>来标记，段落的结束由</p>来标记。标签</p>是可以省略的，因为下一个<p>的开始就意味着上一个<p>的结束。

<p>标签还有一个属性align，它用来指明字符显示时的对齐方式，一般有center、left、right这3种对齐方式。center表示居中显示文档内容，left表示靠左对齐显示文档内容，right则表示靠右对齐显示文档内容。

下面举例说明<p>标签的用法。

```
<html>
<head>
<title>段落标签</title>
</head>
<body>
<p align=center>
虞美人
<p align=left>春花秋月何时了，
<p align=right>往事知多少。
<p align=left>小楼昨夜又东风，
<p align=right>故国不堪回首月明中。</p>
</body>
</html>
```

将这段代码保存为HTML文件（扩展名为.htm或.html），然后用IE浏览器打开它，显示效果如图11-16所示。

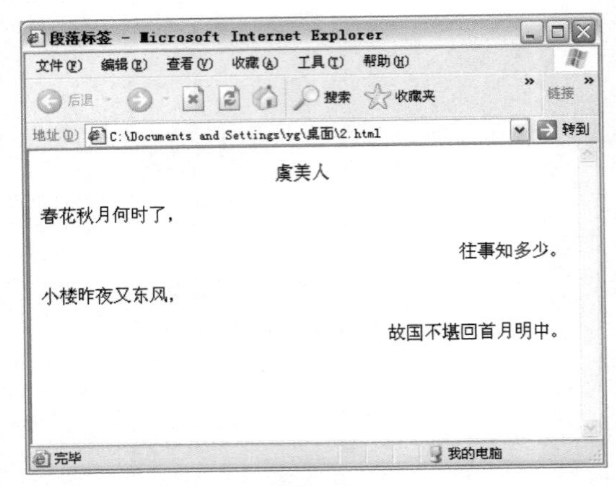


图11-16

## 11.3.8 <hr>

<hr>标签可以在屏幕上显示一条水平线，用以分割页面中的不同部分。<hr>也是单标签。<hr>有4个属性，分别是size、width、align和noshade，具体含义如下。

* size：水平线的宽度。
* width：水平线的长，用占屏幕宽度的百分比或像素值来表示。
* align：水平线的对齐方式，包括left、right、center这3种模式。
* noshade：线段无阴影属性，为实心线段。

下面用几个例子来说明<hr>标签的用法。

### 1. 使用标签<hr>设定线段粗细

HTML代码如下。

```
<html>
<head>
<title>标签<hr>线段粗细的设定</title>
</head>
<body>
<p>这是第一条线段，无size设定，取默认值size=1来显示<br>
<hr>
<p>这是第二条线段，size=5<br>
<hr SIZE=5>
<p>这是第三条线段，size=10<br>
<hr size=10>
</body>
</html>
```

把以上代码保存为HTML文件，然后使用浏览器浏览，显示效果如图11-17所示。

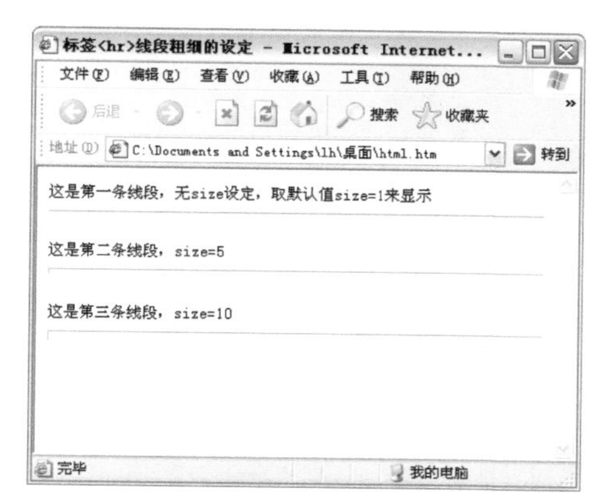


图11-17

## 2. 使用标签<hr>设定线段长度

HTML代码如下。

```
<html>
<head>
<title>标签<hr>线段长度的设定</title>
</head>
<body>
<p>这是第一条线段，无width设定，取width默认值100%来显示<br>
<hr size=3>
<p>这是第二条线段，width=50（点数方式）<br>
<hr width=50 size=5>
<p>这是第三条线段，width=50%（百分比方式）<br>
<hr width=50% size=7>
</body>
</html>
```

把以上代码保存为HTML文件，然后使用浏览器浏览，显示效果如图11-18所示。

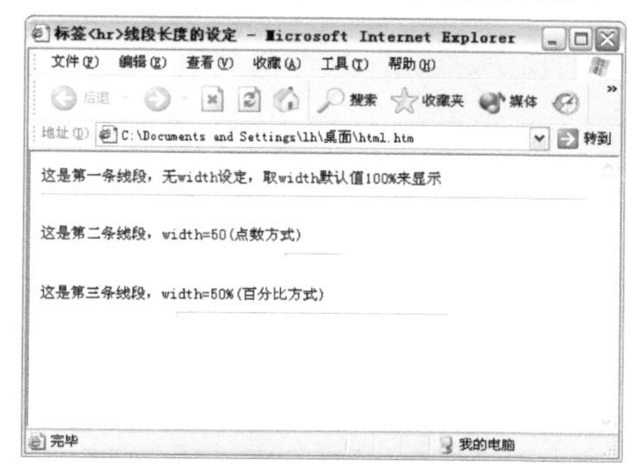


图11-18

## 3. 使用标签<hr>设定线段排列

HTML代码如下。

```
<html>
<head>
<title>标签<hr>线段排列的设定</title>
</head>
<body>
<p>这是第一条线段，无align设定，取默认值center（居中）显示<br>
<hr width=50% size=5>
<p>这是第二条线段，向左对齐<br>
<hr width=60% size=7 align=left>
<p>这是第三条线段，向右对齐<br>
<hr width=70% size=2 align=right>
</body>
</html>
```

把以上代码保存为HTML文件，然后使用浏览器浏览，显示效果如图11-19所示。

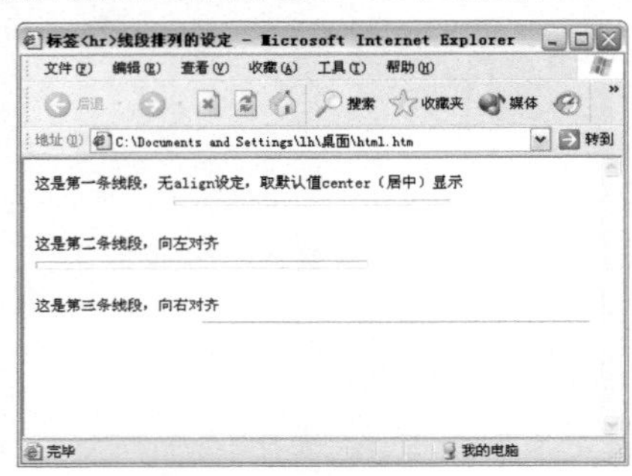


图11-19

## 11.3.9 <font>…</font>

<font>…</font>标签主要用于设置文字的属性，比如字号、字体、文字颜色等。

### 1. 设置文字字号

<font>标签有一个属性size，通过指定size属性就能设置字号大小，而size属性的有效值范围为1~7，其中，默认值为3。还可以在size属性值之前加上+、-字符，来指定相对于字号初始值的增量或减量。

请看以下示例代码。

```
<html>
<head>
<title>设置字号的font标签</title>
</head>
<body>
<font size=7>这是size=7的字体</font><p>
<font size=6>这是size=6的字体</font><p>
<font size=5>这是size=5的字体</font><p>
```

```
<font size=4>这是size=4的字体</font><p>
<font size=3>这是size=3的字体</font><p>
<font size=2>这是size=2的字体</font><p>
<font size=1>这是size=1的字体</font><p>
<font size=-1>这是size=-1的字体</font><p>
</body>
</html>
```

把以上代码保存为HTML文件，然后使用浏览器浏览，显示效果如图11-20所示。

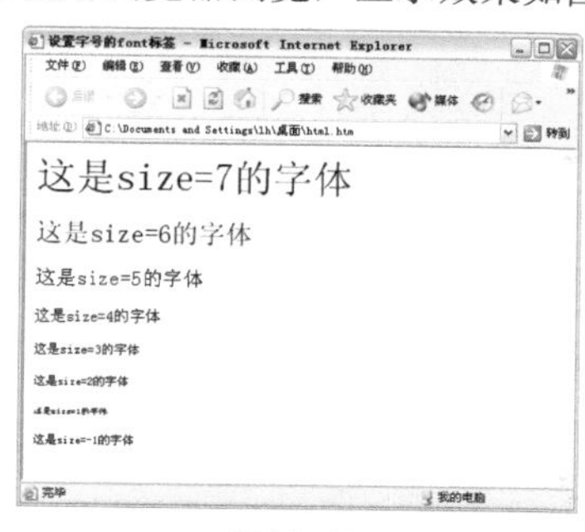


图11-20

## 2. 设置文字的字体与样式

<font>标签有一个属性face，用face属性可以设置文字的字体，其属性值可以是任意字体类型，但只有对方的计算机中装有相同的字体才可以在他的浏览器中出现预先设计的字体风格。

face属性的语法标签如下。

```
<font face="字体">
```

请看以下的示例代码。

```
<html>
<head>
<title>设置字体</title>
</head>
<body>
<center>
<font face="楷体_GB2312">欢迎光临</font><p>
<font face="宋体">欢迎光临</font><p>
<font face="仿宋_GB2312">欢迎光临</font><p>
<font face="黑体">欢迎光临</font><p>
<font face="Arial">Welcom my homepage.</font><p>
<font face="gautami">Welcom my homepage.</font><p>
</center>
</body>
</html>
```

把以上代码保存为HTML文件，然后使用浏览器浏览，显示效果如图11-21所示。

图11-21

为了让文字富有变化，或者为了强调某一部分，HTML提供了一些标签产生这些效果，现将常用的标签列举如下。

* <B>…</B>：将字体显示为粗体。
* <I>…</I>：将字体显示为斜体。
* <U>…</U>：将字体显示为加下画线。
* <BIG>…</BIG>：将字体显示为大型字体。
* <SMALL>…</SMALL>：将字体显示为小型字体。
* <BLINK>…</BLINK>：将字体显示为闪烁效果。
* <EM>…</EM>：强调，一般为斜体。
* <STRONG>…</STRONG>：特别强调，一般为粗体。
* <CITE>…</CITE>：用于引证、举例，一般为斜体。

请看以下示例代码。

```
<html>
<head>
<title>字体样式</title>
</head>
<body>
<B>黑体字</B>
<P> <I>斜体字</I>
<P> <U>加下画线</U>
<P> <BIG>大型字体</BIG>
<P> <SMALL>小型字体</SMALL>
<P> <BLINK>闪烁效果</BLINK>
<P><EM>Welcome</EM>
<P><STRONG>Welcome</STRONG>
<P><CITE>Welcom</CITE></P>
</body>
</html>
```

把以上代码保存为HTML文件，然后使用浏览器浏览，显示效果如图11-22所示。

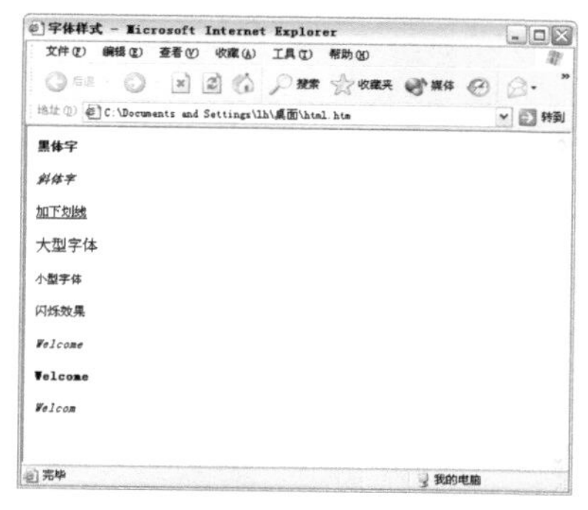


图11-22

### 3. 设置字体的颜色

<font>标签有一个属性color，通过color属性可以设置文字的颜色，color属性的语法标签如下。

```
<font color=value>…</font>
```

这里的颜色值可以是一个十六进制数（用#作为前缀）的色标值，也可以是下面16种颜色的名称。

```
Black=#000000
Green=#008000
Silver=#C0C0C0
Lime=#00FF00
Gray=#808080
Olive=#808000
White=#FFFFFF
Yellow=#FFFF00
Maroon=#800000
Navy=#000080
Red=#FF0000
Blue=#0000FF
Purple=#800080
Teal=#008080
Fuchsia=#FF00FF
Aqua=#00FFFF
```

请看以下示例代码。

```
<html>
<head>
<title>字体的颜色</title>
</head>
<body>
<center>
<font color=Black>各种颜色的字体</font><br>
```

```
<font color=Red>各种颜色的字体</font> <br>
<font color=#00FFFF>各种颜色的字体</font><br>
<font color=#FFFF00>各种颜色的字体</font><br>
<font color=#800000>各种颜色的字体</font> <br>
<font color=#00FF00>各种颜色的字体</font><br>
<font color=#C0C0C0>各种颜色的字体</font><br>
</center>
</body>
</html>
```

以上代码保存为HTML文件，然后使用浏览器浏览，显示效果如图11-23所示。

图11-23

## 11.3.10 <align=#>

通过align属性可以设置文字或图片的对齐方式，left表示靠左对齐，right表示靠右对齐，center表示居中对齐，它的基本语法如下。

```
<div align=#> (#=left/right/center)
```

请看以下示例代码。

```
<html>
<head>
<title>位置控制</title>
</head>
<body>
<div align=left>
靠左对齐！<br>
<div align=right>
靠右对齐！<br>
<div align=center>
居中对齐！<br>
</body>
</html>
```

把以上代码保存为HTML文件，然后使用浏览器浏览，显示效果如图11-24所示。

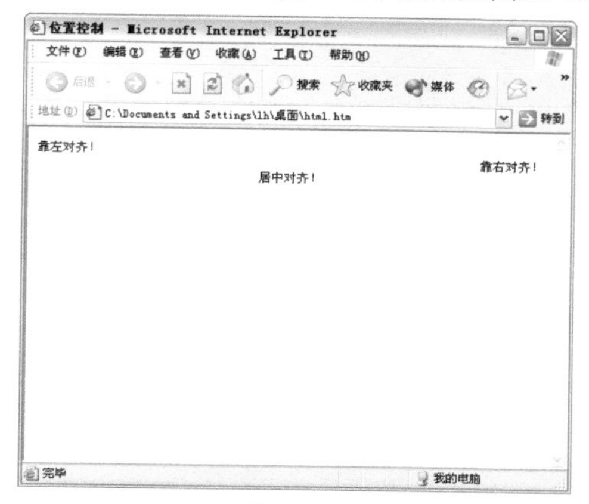


图11-24

## 11.3.11 <ul>…</ul>

无序号列表使用的一对标签是<ul>…</ul>，每一个列表项前使用<LI>，其基本语法如下。

```
<ul>
<LI>第一项
<LI>第二项
<LI>第三项
</ul>
```

请看以下示例代码。

```
<html>
<head>
<title>无序列表</title>
</head>
<body>
这是一个无序列表：<P>
<UL>
国际互联网提供的服务有：
<LI>WWW服务
<LI>文件传输服务
<LI>电子邮件服务
<LI>远程登录服务
<LI>其他服务
</UL>
</body>
</html>
```

把以上代码保存为HTML文件，然后使用浏览器浏览，显示效果如图11-25所示。

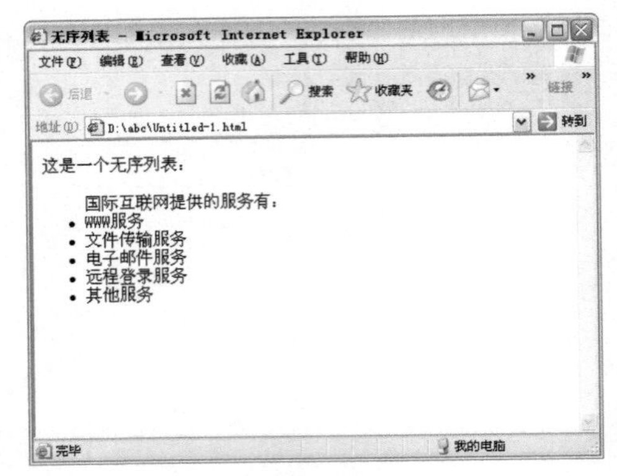


图11-25

## ↘11.3.12 <OL>…</OL>

序号列表和无序号列表的使用方法基本相同，其标签是<OL>…</OL>，每一个列表项前使用<LI>。每个项目都有前后顺序之分，多数用数字表示，其基本语法如下所示。

```
<OL>
<LI>第一项
<LI>第二项
<LI>第三项
</OL>
```

请看以下示例代码。

```
<html>
<head>
<title>有序列表</title>
</head>
<body>
这是一个有序列表：<P>
<OL>
国际互联网提供的服务有：
1.<LI>WWW服务
2.<LI>文件传输服务
3.<LI>电子邮件服务
4.<LI>远程登录服务
5.<LI>其他服务
</OL>
</body>
</html>
```

把以上代码保存为HTML文件，然后使用浏览器浏览，显示效果如图11-26所示。

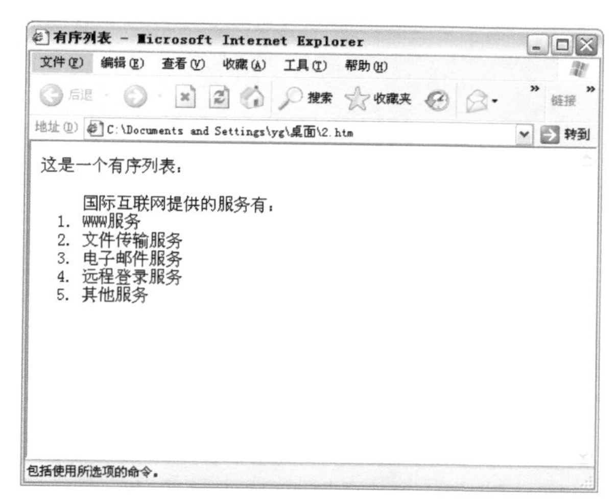


图11-26

## 11.3.13 <DL>…</DL>

在定义性列表中，标签<DL>…</DL>可以用来给每一个列表项加上一段说明性文字，说明独立于列表项另起一行显示。在应用中，列表项使用标签<DT>标明，说明性文字使用标签<DD>表示。定义性列表中还有一个属性是compact，使用这个属性后，说明文字和列表项将显示在同一行。其基本语法如下所示。

```
<DL>
<DT>第一项<DD>叙述第一项的定义
<DT>第二项<DD>叙述第二项的定义
<DT>第三项<DD>叙述第三项的定义
</DL>
```

请看以下示例代码。

```
<html>
<head>
<title>定义性列表</title>
</head>
<body>
这是一个定义性列表：<P>
<DL>
<DT>WWW<DD>WWW是全球信息网（World Wide Web）的缩写，也有人称之为3W、W3、Web。
<DT>Hyper Text<DD>Hyper Text是超文本。文件通过超文本，可链结到其他地方的数据文件，
取得分散在各地的数据。
</DL>
</body>
</html>
```

把以上代码保存为HTML文件，然后使用浏览器浏览，显示效果如图11-27所示。

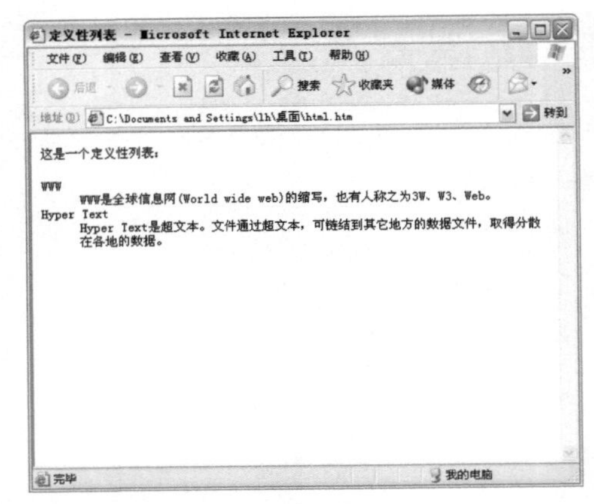


图11-27

# 11.4 表格

表格是用<table>标签定义的，是HTML中比较重要的标签。表格被划分为行（使用<tr>标签），每行又被划分为数据单元格（使用<td>标签）。td表示“表格数据”（Table Data），即数据单元格的内容。数据单元格可以包含文本、图像、列表、段落、表单、水平线、表格等。

## 11.4.1 表格的基本语法

在HTML中，表格的基本标签如下。

<table>...</table>表示定义表格。

<caption>...</caption>表示定义标题。

<tr>表示定义表行。

<th>表示定义表头。

<td>表示定义表元素，即表格的具体数据。

请看下面的表格实例。

```
<html>
<head>
<title>简单的表格</title>
</head>
<body>
<table border=1>
<tr><th>姓名</th><th>性别</th><th>年龄</th>
<tr><td>李霞</td><td>女</td><td>22</td>
</table>
</body>
</html>
```

将以上代码保存为HTML文件，然后使用浏览器浏览，显示效果如图11-28所示。

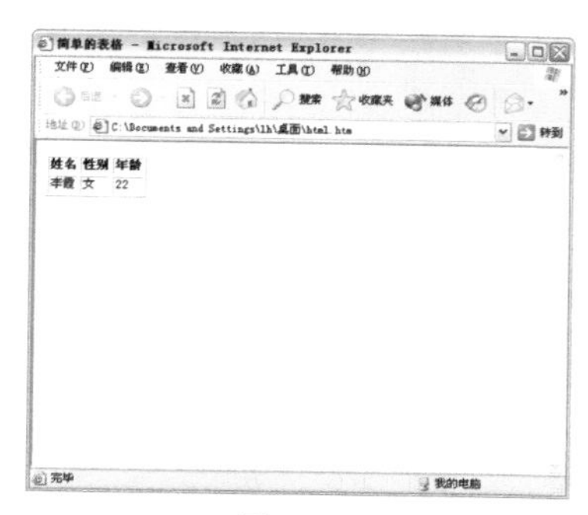

图11-28

## 11.4.2 表格的标题

表格标题的位置可由align属性来设置，其位置有表格上方和表格下方之分，下面就是表格标题位置的设置格式。

设置标题位于表格上方：<caption align=top>...</caption>

设置标题位于表格下方：<caption align=bottom>...</caption>

### 1. 设置标题位于表格上方

设置标题位于表格上方的代码如下。

```
<html>
<head>
<title>设置标题位于表格上方</title>
</head>
<body>
<table border>
<caption align=top>旅游日程</caption>
<tr>
<th>日期</th><td>9-11</td><td>11-13</td><td>13-14</td>
<tr>
<th>旅游地点</th><td>青岛</td><td>黄山</td><td>杭州</td>
</table>
</body>
</html>
```

将以上代码保存为HTML文件，然后使用浏览器浏览，显示效果如图11-29所示。

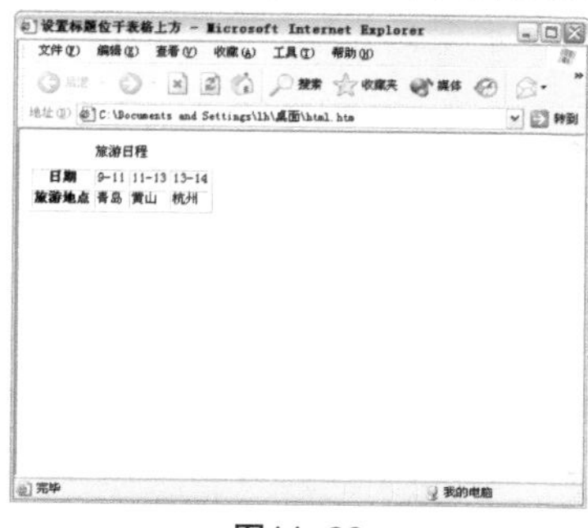

图11-29

### 2. 设置标题位于表格下方

设置标题位于表格下方的代码如下。

```
<html>
<head>
<title>设置标题位于表格下方</title>
</head>
<body>
<table border>
<caption align=bottom>旅游日程</caption>
<tr>
<th>日期</th><td>9-11</td><td>11-13</td><td>13-14</td>
<tr>
<th>旅游地点</th><td>青岛</td><td>黄山</td><td>杭州</td>
</table>
</body>
</html>
```

将以上代码保存为HTML文件，然后使用浏览器浏览，显示效果如图11-30所示。

图11-30

## ↘ 11.4.3 表格的尺寸

一般情况下，表格的总长度与总宽度是根据各行和各列的总和自动调整的，如果要直接固定表格的大小，可以使用下列基本语法。

```
<table width=n1 height=n2>
```

width和height属性分别用于指定表格的宽度和长度，n1和n2可以用像素来表示，也可以用百分比（与整个屏幕相比的大小比例）来表示。

例如，一个高为500像素、宽为450像素的表格用代码表示为<table width="450" height="500">；一个长为屏幕的20%、宽为屏幕的10%的表格用代码表示为<table width=20% height=10%>。

## 11.4.4 表格的边框尺寸

表格边框的设置是用border属性来体现的，它表示表格边框的边厚度和边框线。将border设为不同的值，会有不同的效果。

下面来看看如下所示的示例代码。

```
<html>
<head>
<title>表格的边框尺寸01</title>
</head>
<body>
<table border=10 width=250>
<caption>入库单</caption>
<tr><th>大米</th><th>面粉</th><th>食用油</th>
<tr><td>500公斤</td><td>400公斤</td><td>200公斤</td>
</table>
</body>
</html>
```

将以上代码保存为HTML文件，然后使用浏览器浏览，表格效果如图11-31所示。

图11-31

将代码做一些调整，如下所示。

```
<html>
<head>
<title>表格的边框尺寸01</title>
</head>
<body>
<table border=1 width=250>
<caption>入库单</caption>
<tr><th>大米</th><th>面粉</th><th>食用油</th>
```

```
<tr><td>500公斤</td><td>400公斤</td><td>200公斤</td>
</table>
</body>
</html>
```

将以上代码保存为HTML文件，然后使用浏览器浏览，表格效果如图11-32所示。

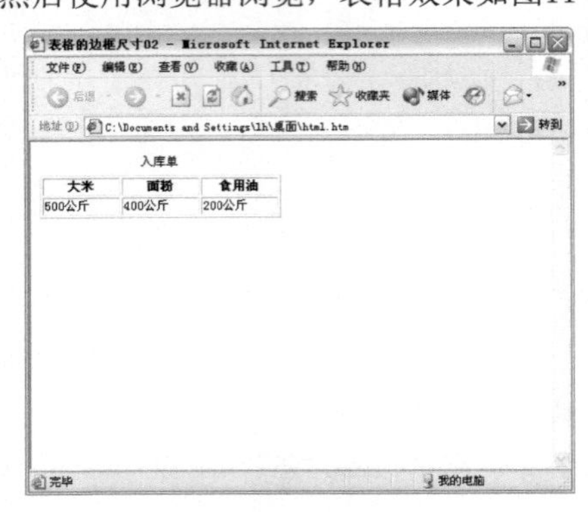

图11-32

再次对代码进行调整，具体如下。

```
<html>
<head>
<title>表格的边框尺寸03</title>
</head>
<body>
<table border=0 width=250>
<caption>入库单</caption>
<tr><th>大米</th><th>面粉</th><th>食用油</th>
<tr><td>500公斤</td><td>400公斤</td><td>200公斤</td>
</table>
</body>
</html>
```

将以上代码保存为HTML文件，然后使用浏览器浏览，表格效果如图11-33所示。

图11-33

## 11.4.5 表格的间距调整

格与格之间的线为格间线，又称表格的间距，它的宽度可以使用<table>中的cellspacing属性加以调节，其基本语法如下。

```
<table cellspacing=n>    （n表示像素值）
```

请看以下示例代码。

```
<html>
<head>
<title>表格的间距调整</title>
</head>
<body>
<table border=3 cellspacing=5>
<caption>入库单</caption>
<tr><th>大米</th><th>面粉</th><th>食用油</th>
<tr><td>500公斤</td><td>400公斤</td><td>200公斤</td>
</table>
</body>
</html>
```

将以上代码保存为HTML文件，使用浏览器浏览，显示效果如图11-34所示。

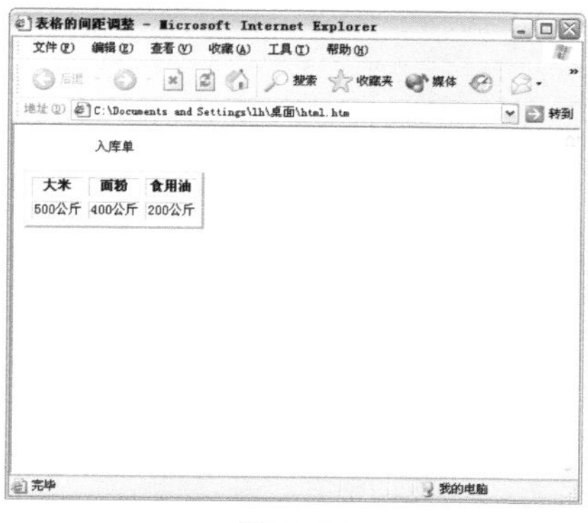


图11-34

## 11.4.6 表格内容与格线之间的宽度

Dreamweaver规定表格内容与格线之间的宽度称为“填充”，可以用<table>中的cellpadding属性进行设置，其语法格式如下。

```
<table cellpadding=n>    （n表示像素值）
```

请看以下示例代码。

```
<html>
<head>
<title>内容与格线之间宽度的设置</title>
```

```
</head>
<body>
<table border=3 cellpadding=5>
<caption>入库单</caption>
<tr><th>大米</th><th>面粉</th><th>食用油</th>
<tr><td>500公斤</td><td>400公斤</td><td>200公斤</td>
</table>
</body>
</html>
```

将以上代码保存为HTML文件，然后使用浏览器浏览，显示效果如图11-35所示。

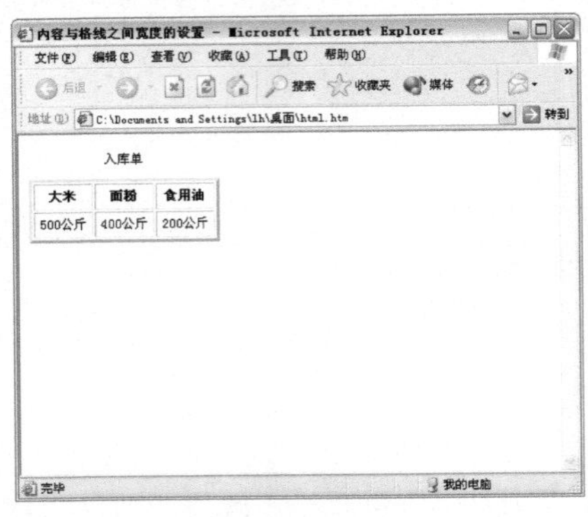


图11-35

## 11.4.7 表格内数据的对齐方式

表格中数据的排列方式有两种，分别是左右排列和上下排列。左右排列由align属性来设置，上下排列则由valign属性来设置。其中，左右排列的方式可分为3种，分别是居左（left）、居右（right）和居中（center）；而上下排列的方式比较常用的有4种，分别是上齐（top）、居中（middle）、下齐（bottom）和基线（baseline）。

### 1. 左右排列

左右排列的语法格式如下。

```
<tr align=#>
<th align=#>
<td align=#>
```

其中，#=left、center或right。

请看以下示例代码。

```
<html>
<head>
<title>表格中的左右排列</title>
</head>
<body>
```

```
<table border=1 width="200">
<tr>
<th>靠左</th><th>居中</th><th>靠右</th>
<tr>
<td align=left>A</td> <td align=center>B</td> <td align=right>C</td>
</table>
</body>
</html>
```

将以上代码保存为HTML文件，然后使用浏览器浏览，显示效果如图11-36所示。

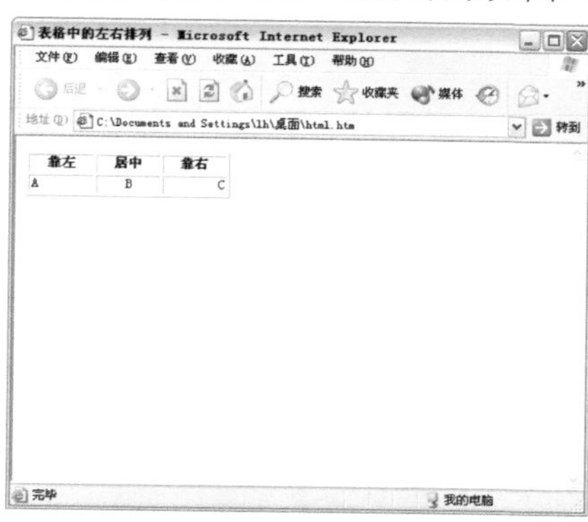

图11-36

## 2. 上下排列

上下排列的语法格式如下。

```
<tr valign=#>
<th valign=#>
<td valign=#>
```

其中，#=top、middle、bottom或baseline。

请看以下示例代码。

```
<html>
<head>
<title>表格中的上下排列</title>
</head>
<body>
<table border=1 width="300" height="300">
<tr>
<th>上对齐</th><th>居中对齐</th> <th>下对齐</th><th>基线对齐</th>
<tr>
<td valign=top>A</td>
<td valign=middle>B</td>
<td valign=bottom>C</td>
```

```
<td valign=baseline>D</td>
</table>
</body>
</html>
```

将以上代码保存为HTML文件，然后使用浏览器浏览，显示效果如图11-37所示。

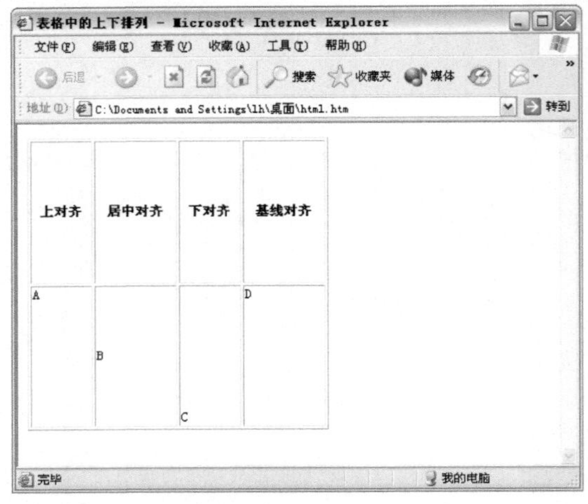


图11-37

## 11.4.8 跨多行、多列的单元格

要创建跨多行、多列的单元格，只需在<th>标签或<td>标签中加入rowspan或colspan属性即可，这两个属性值分别表明了单元格要跨越的行数或列数。

### 1. 跨多列的单元格

跨多列的单元格的语法格式如下。

```
<th colspan=#><td colspan=#>
```

其中，colspan表示跨越的列数，例如colspan=3表示这一格的宽度为3个列的宽度。

请看以下示例代码。

```
<html>
<head>
<title>跨多列的表元</title>
</head>
</html>
<table border>
<tr><th colspan=3>值勤人员 </th>
<tr><th>星期一</th>  <th>星期二</th>  <th>星期三</th>
<tr><td>李霞</td><td>张涛</td><td>刘平</td>
</table>
```

将以上代码保存为HTML文件，然后使用浏览器浏览，显示效果如图11-38所示。

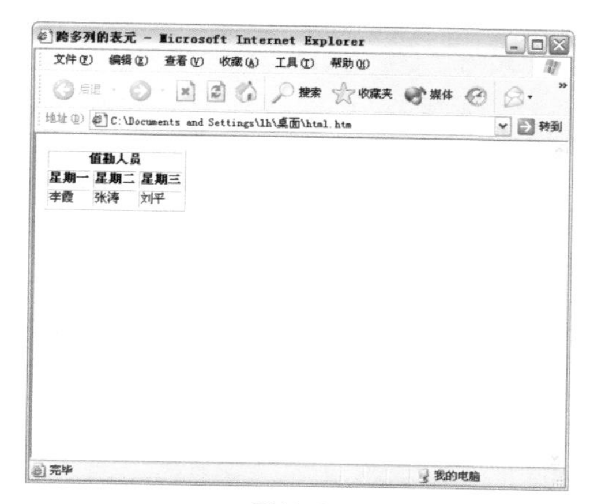


图11-38

## 2. 跨多行的单元格

跨多行的单元格的语法格式如下。

```
<th rowspan=#><td rowspan=#>
```

其中，rowspan就是指跨越的行数，例如rowspan=3就表示这一格跨越表格3个行的高度。请看以下示例代码。

```
<html>
<head>
<title>跨多行的表元</title>
</head>
</html>
<table border>
<tr><th rowspan=2>值班人员</th>
<th>星期一</th><th>星期二</th> <th>星期三</th></tr>
<tr><td>李霞</td><td>张涛</td><td>刘平</td>
</table>
```

将以上代码保存为HTML文件，然后使用浏览器浏览，显示效果如图11-39所示。

图11-39

## 11.4.9 表格的颜色设置

在表格中，既可以对整个表格填充底色，也可以对任何一行、任何一个单元格使用背景色，具体如下。

设置整个表格的背景颜色：<table bgcolor=#>。

设置某一行的背景颜色：<tr bgcolor=#>。

设置某单元格的背景颜色：<th bgcolor=#>或<td bgcolor=#>。

这里的颜色值同文本的颜色值设置相同，可以是一个十六进制数（用#作为前缀）的色标值，也可以是下面16种颜色的名称。

Black=#000000

Green=#008000

Silver=#C0C0C0

Lime=#00FF00

Gray=#808080

Olive=#808000

White=#FFFFFF

Yellow=#FFFF00

Maroon=#800000

Navy=#000080

Red=#FF0000

Blue=#0000FF

Purple=#800080

Teal=#008080

Fuchsia=#FF00FF

Aqua=#00FFFF

请看以下示例代码。

```
<html>
<head>
<title>表格的颜色设置</title>
</head>
<table border=2 bgcolor="Green">
<tr>
<th bgcolor="#FF00FF">洗衣机</th><th bgcolor="Lime">吸尘器</th><th rowspan=2>家用电器</th>
<tr bgcolor="yellow">
<td>A</td><td>B</td>
</table>
</body>
</html>
```

将以上代码保存为HTML文件，然后使用浏览器浏览，显示效果如图11-40所示。

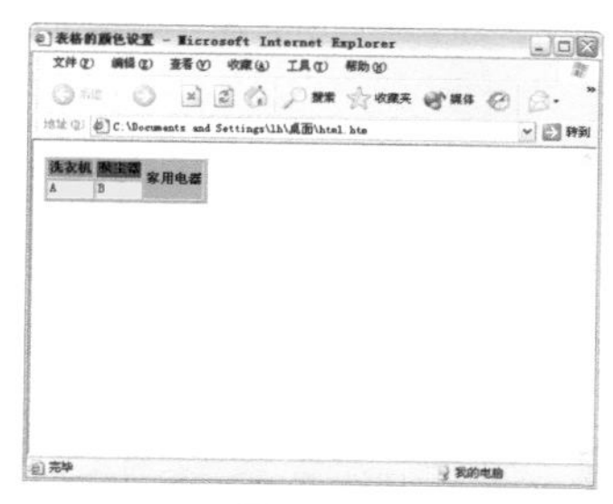

图11-40

# 11.5 超级链接

超级链接是HTML的重要特性之一，用户通过超级链接可以精确地从一个页面跳转到其他页面、图像或者服务器。超级链接使用的是<a>…</a>标签，其基本语法如下。

<a href="资源地址">链接文字或图像</a>

其中，标签<a>表示一个链接的开始，标签</a>表示链接的结束；属性href定义了这个链接所指的地方；通过单击“链接文字或图像”可以到达指定的文件。

超级链接分为本地链接、URL链接和目录链接。在各种链接的各个要素中，资源地址是最重要的，一旦路径上出现差错，该资源就无法从用户端取得。

## 11.5.1 本地链接

对同一台计算机上的不同文件进行的链接称为本地链接，它使用UNIX或DOS系统文件路径的表示方法，采用绝对路径或相对路径来指示一个文件。

绝对路径是指文件的完全、完整的路径；相对路径指的是相对于文件所在目录的路径。例如，在本地计算机的D盘下有一个名为html的文件夹，在此文件夹中有一个文件名为index.htm的文件，那么该文件的绝对路径应为D:/html/index.htm；而这个文件相对于html目录的路径则为index.htm；如果是浏览html目录之外的一页，则文件路径要用两个点..来表示上一层目录，比如“../../internet/IP地址”。

这几种路径的表示方法在超级链接中表示如下。

以绝对路径表示：<a href="file://D:/html/index.htm">文件的链接</a>。

以相对路径表示：<a href="index.htm">文件的链接</a>。

链接上一目录中的文件：<a href ="../../Internet/IP地址">IP地址</a>。

一般情况下，在链接时不采用绝对路径，因为网页的资源是放在网上供其他人浏览的，写成绝对路径，当把整个目录中的所有文件移植到服务器上时，带有D:/的资源地址用户将无法访问到。所以最好写成相对路径，以避免重新修改文件资源路径的麻烦。

## 11.5.2 URL链接

URL的意思是统一资源定位器，通过它可以使用多种通信协议与外界存取信息。更严格一点来说，URL就是在WWW上指明通信协议以及定位来享用网络上各式各样的服务功能。

URL链接的形式是“协议名://主机.域名/路径/文件名”，这里的协议包括以下几种类型。

* file：本地系统文件。

* http：WWW服务器。
* ftp：Ftp服务器。
* telnet：基于Telnet的协议。
* mailto：电子邮件。
* news：Usenet新闻组。
* gopher：Gopher服务器。
* wais：Wais服务器。

例如，可以这样来表达一个URL地址。

```
http://www.sjstc.edu.cn
ftp://ftp.sjstc.edu.cn
telnet://bbs.xanet.edu.cn
```

在HTML文件中，链接其他服务器上的文件时，其基本语法如下。

```
<a href="URL地址">文件的链接</a>
```

具体示例如下。

```
<a href="http://www.ciwchina.com">CIW认证中国主页</a>
<a href="telnet://bbs.xanet.edu.cn">西北网络中心兵马俑站</a>
```

### 11.5.3 目录链接

前面所讲到的链接地址，只是单纯地链接一个页面或文件。如果要直接链接到某文件上部、下部或是中间部分，就需要用目录链接。目录链接在Dreamweaver中称之为“锚链接”，制作目录链接需要先在页面或文件中相应的位置建立“锚记”，即把某段落设置为链接位置。

```
<a name="链接位置名称"></a>
```

再调用此链接部分的文件，定义链接。

```
<a href="文件名#链接位置名称">链接文字</a>
```

如果是在一个文件内跳转，文件名可以省略不写。

## 11.6 HTML中图像的设置

超文本之所以如此广泛地受到人们的青睐，很重要的一个原因是它能支持多媒体的特性，如图像、声音等。下面介绍在一个页面中如何设置图像。

### 11.6.1 插入图像的基本格式

超文本支持的图像格式有X Bitmap（XBM）、GIF、JPEG等，所以我们对图片处理后要保存为这几种格式中的任何一种，这样才可以在浏览器中看到。

插入图像的标签是<img>，其基本语法如下。

```
<img src="图形文件地址">
```

src属性指明了所要链接的图像文件地址，这个图形文件可以是本地计算机上的图形，也可以是位于远端服务器上的图形。地址的表示方法与超级链接中URL地址的表示方法相同，如<img src="images/123.jpg">。

img还有两个属性：height和width，分别表示图形的高和宽。通过这两个属性，可以改变图形的大小。如果没有设置图像大小，则图像按照原始大小显示，具体示例如下。

```
<html>
<head>
<title>设置图像</title>
</head>
<body>
<img src="dangao.jpg">
</body>
</html>
```

将以上代码保存为HTML文件，使用浏览器浏览，效果如图11-41所示。

图11-41

```
<html>
<head>
<title>设置图像</title>
</head>
<body>
<img src="dangao.jpg"width="470"height="150">
</body>
</html>
```

将以上代码保存为HTML文件，使用浏览器浏览，效果如图11-42所示。

图11-42

## ↘11.6.2 图像与文字的对齐方式

使用img中的align属性可以设置图文的对齐方式，有以下几种对齐方式。

* align=top：文本的顶部对齐。
* align=middle：文本的中央对齐。
* align=buttom：文本的底部对齐。
* align=texttop：图像的顶线对齐。
* align=baseline：图像的基线对齐。
* align=left：图像的靠左对齐。
* align=right：图像的靠右对齐。

下面将分别举例说明图像与文本的各种对齐方式。

### 1. 图像与文本的顶部对齐

请看以下示例代码。

```
<html>
<head>
<title>图像与文本的顶部对齐</title>
</head>
<body>
<img src="dangao.jpg"align=top>好吃的蛋糕
</body>
</html>
```

将以上代码保存为HTML文件，使用浏览器浏览，效果如图11-43所示。

图11-43

### 2. 图像与文本的中央对齐

请看以下示例代码。

```
<html>
<head>
<title>图像与文本的中央对齐</title>
</head>
```

```
<body>
<img src="dangao.jpg"align=middle>好吃的蛋糕
</body>
</html>
```

将以上代码保存为HTML文件，使用浏览器浏览，效果如图11-44所示。

图11-44

### 3. 图像与文本的底部对齐

请看以下示例代码。

```
<html>
<head>
<title>图像与文本的底部对齐</title>
</head>
<body>
<img src="dangao.jpg"align =buttom>好吃的蛋糕
</body>
</html>
```

将以上代码保存为HTML文件，使用浏览器浏览，效果如图11-45所示。

图11-45

### 4. 图像的顶线对齐

请看以下示例代码。

```
<html>
<head>
<title>图像顶线对齐</title>
</head>
<body>
<img src="dangao. jpg"align =texttop>好吃的蛋糕
</body>
</html>
```

将以上代码保存为HTML文件，使用浏览器浏览，效果如图11-46所示。

图11-46

### 5. 图像的基线对齐

请看以下示例代码。

```
<html>
<head>
<title>图像的基线对齐</title>
</head>
<body>
<img src="dangao. jpg"align=baseline>好吃的蛋糕
</body>
</html>
```

将以上代码保存为HTML文件，使用浏览器浏览，效果如图11-47所示。

图11-47

### 6. 图像的靠左对齐

请看以下示例代码。

```
<html>
<head>
<title>图像的靠左对齐</title>
</head>
<body>
<img src="dangao.jpg"align=left>早上要吃一块蛋糕，喝一杯牛奶。
</body>
</html>
```

将以上代码保存为HTML文件，使用浏览器浏览，效果如图11-48所示。

图11-48

### 7. 图像的靠右对齐

请看以下示例代码。

```
<html>
<head>
<title>图像的靠右对齐</title>
</head>
<body>
<img src="dangao.jpg"align=right>早上要吃一块蛋糕，喝一杯牛奶。
</body>
</html>
```

将以上代码保存为HTML文件，使用浏览器浏览，效果如图11-49所示。

图11-49

## ↘11.6.3 图像与文字之间的距离

在HTML文件里，图像水平位置的距离是通过设置hspace属性来完成，图像垂直位置的距离是通过设置vspace来实现的。

关于hspace属性的设置，请看以下示例代码。

```
<html>
<head>
<title>图像的水平距离设置</title>
</head>
<body>
<img src="dangao. jpg"hspace=50>好吃的蛋糕
</body>
</html>
```

将以上代码保存为HTML文件，使用浏览器浏览，效果如图11-50所示。

图11-50

关于vspace属性的设置，请看以下示例代码：

```
<html>
<head>
<title>图像的垂直距离设置</title>
</head>
<body>
<img src="dangao. jpg"vspace=50>好吃的蛋糕
</body>
</html>
```

将以上代码保存为HTML文件，使用浏览器浏览，效果如图11-51所示。

图11-51

## 11.6.4 图形按钮（图像链接）

图形按钮就是用户通过单击图像，从而链接到某个地址上去。这与超级链接相同，基本语法如下。

<a href="资源地址"><img src="图形文件地址"></a>

请看以下示例代码。

```
<html>
<head>
<title>图像的链接</title>
</head>
<body>
<a href=http://www.sina.com.cn/><img src="dangao.jpg"></a>
</body>
</html>
```

将以上代码保存为HTML文件，使用浏览器浏览，效果如图11-52所示。

图11-52

在图11-52中可以看到鼠标光标变为手型，浏览器下方显示了链接地址，说明图像的链接成功了。

# 11.7 在HTML中播放音乐

HTML除了可以插入图像，还可以播放音乐和视频等。浏览器一般能够支持播放的音乐格式有MIDI音乐、WAV音乐、AU格式。在通过网络下载的各种音乐格式中，MP3是压缩率最高、音质最好的文件格式。

## ↘ 11.7.1 点播音乐

将音乐做成一个链接，只须用鼠标在上面单击，就可以听到动听的音乐了，这样做的方法很简单，其基本语法如下。

```
<a href="音乐地址">乐曲名</a>
```

例如，播放一段MIDI音乐，其HTML代码如下。

```
<a href="midi.mid">MIDI</a>
```

或者播放一段AU格式音乐，其HTML代码如下。

```
<a href="you.au">荷塘</a>
```

把自己喜欢的音乐收集起来，做成一个音乐库，随时可以让自己和别人徜徉在音乐的海洋中。

## ↘ 11.7.2 自动载入音乐

前面讲述的是借助链接来实现网上播放音乐这一功能，另外还可以让音乐自动载入，可以让它出现控制面板或当背景音乐来使用，其基本语法如下。

```
<embed src="音乐文件地址">
```

自动载入音乐的相关属性如下。

* src=filename：设置音乐文件的路径。
* autostar=true/false：是否等音乐文件传送完毕立即自动播放，true是要自动播放，false是不要自动播放，默认为true。
* loop=true/false：设置播放重复次数，loop=6表示重复播放6次，true表示无限次播放，false表示播放一次即停止。
* startime=分:秒：设置乐曲的开始播放时间，如20秒后播放写为startime =00:20。
* volume=0-100：设置音量的大小。如果没设置，就用系统的音量。
* width/height：设置控制面板的大小。
* hidden=true：隐藏控制面板。
* controls=console/smallconsole：设置控制面板的样子。

请看以下示例代码。

```
<html>
<head>
<title>播放音乐</title>
</head>
<body>
<embed src="midi.mid"autostart=true hidden=true loop=true>
```

```
作为背景音乐来播放。
</body>
</html>
```

将以上代码保存为HTML文件，使用浏览器浏览，效果如图11-53所示。

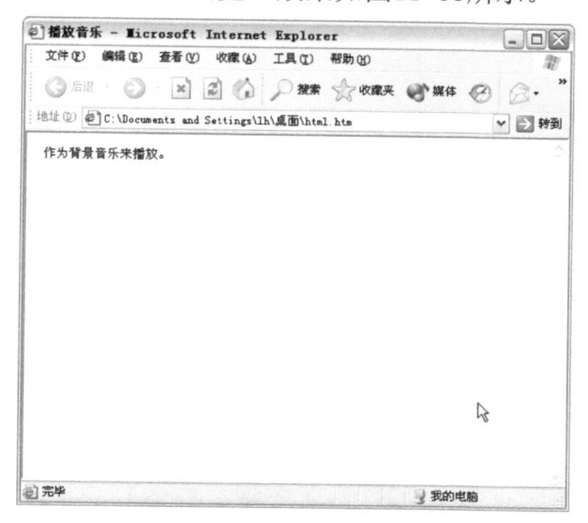


图11-53

请再看以下示例代码。

```
<html>
<head>
<title>播放音乐</title>
</head>
<body>
<embed src="midi.mid"loop=true width=145 height=60>
<p>出现控制面板了，你可以控制它的开与关，还可以调节音量的大小。</p>
</body>
</html>
```

将以上代码保存为HTML文件，使用浏览器浏览效果，如图11-54所示。

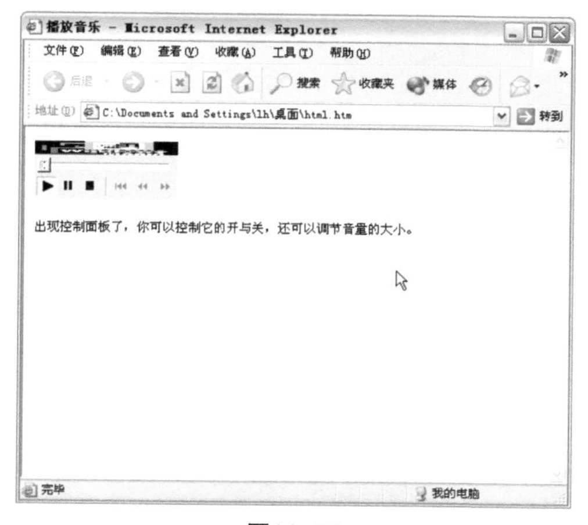


图11-54

### 11.7.3 IE中的背景音乐

另外还可以在网页中插入背景音乐，不过只有在IE浏览器中才可以听到，其语法格式如下。

<bgsound src="音乐文件地址"loop=#>

其中，#=循环数。例如，<bgsound src="sound.wav"loop=3>。

## 11.8 编辑HTML代码

### 11.8.1 使用快速标签编辑器

在Dreamweaver CC中，快速标签编辑器可以在不退出设计视图的情况下快速检查并编辑HTML标签，用户不必在代码视图与设计视图之间频繁转换。而且快速标签编辑器可以访问具体属性的提示菜单。

启动快速标签编辑器的方法有以下3种。

第1种：直接单击“属性”面板上的“快速标签编辑器”按钮，如图11-55所示。

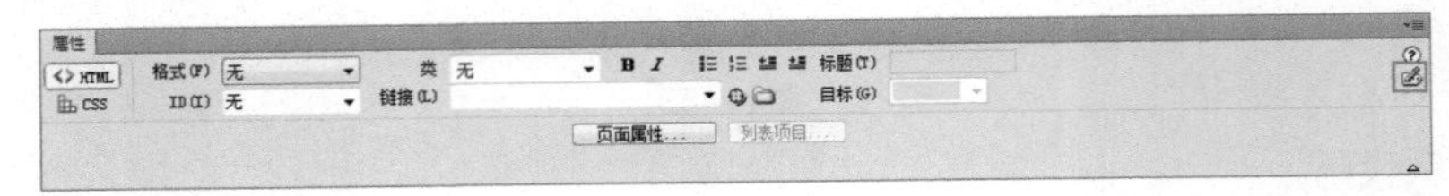

图11-55

第2种：按Ctrl+T组合键。

第3种：执行“修改>快速标签编辑器”命令，如图11-56所示。

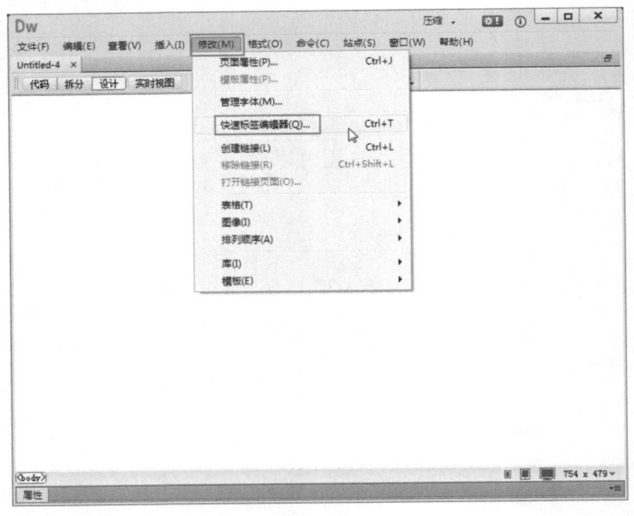


图11-56

快速标签编辑器分为3种编辑模式：插入HTML模式、编辑标签模式、封装标签模式。

#### 1. 插入HTML模式

如果直接启动快速标签编辑器而没有选中任何内容，那么快速标签编辑器就以插入HTML模式启动，如图11-57所示。光标位于<和>之间，可以在其中输入任何HTML代码，或者在提示菜单中直接选择代码输入。当关闭快速标签编辑器后，所输入的HTML代码就会被添加到文档光标所在的位置。

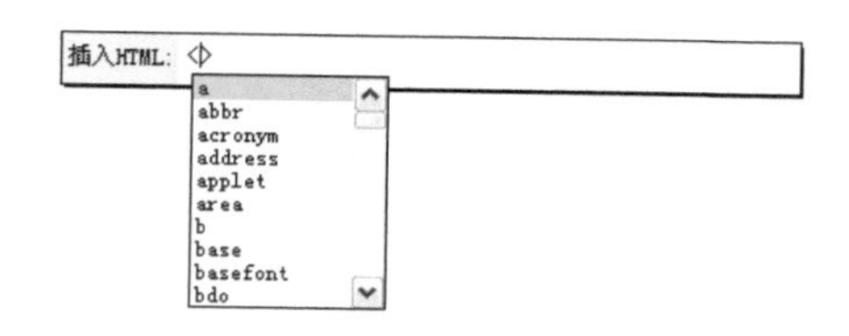


图11-57

### 2. 编辑标签模式

如果在文档窗口中选择了完整的标签，包含开放的标签、封闭的标签、标签之间包含的内容。那么快速标签编辑器就会进入编辑标签模式，如图11-58所示。

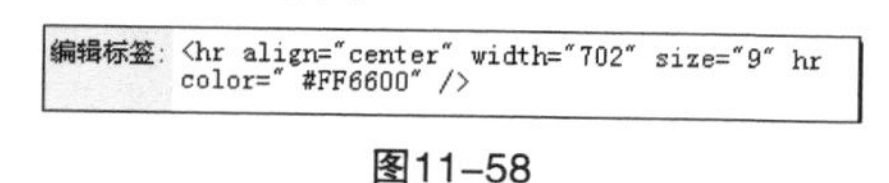


图11-58

在编辑标签模式中，一般会显示当前已有的标签、属性及属性值，并可以通过按Tab键或Shift+Tab键进行属性及属性值输入点的切换。

如果在文档中选中了非匹配的开放或封闭标签，启动快速标签编辑器时，也会进入编辑标签模式。在快速标签编辑器中会选中该标签的父标签及所包内容的全部。

### 3. 封装标签模式

如果在文档窗口中只选中了相应的内容，而没有选中完整的标签，则启动快速标签编辑器后，将自动进入封装标签模式，如图11-59所示。在文档中选中一组尚未设置格式的文本，就可以启动快速标签编辑器，为其添加格式化标签。

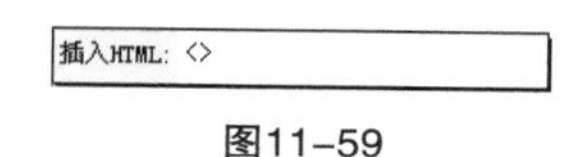


图11-59

封装标签模式只能输入单个的开放标签，如果输入多个标签，就会出现错误的信息，并被Dreamweaver忽略所有错误输入。

当输入完毕并关闭快速标签编辑器后，所输入的标签会被放置到文档窗口所选内容的前端，相匹配的封闭标签会被放置到所选内容的后端。

## 11.8.2 清理HTML代码

使用Dreamweaver编辑网页，难免会出现多余的HTML代码，那么可以在“清理HTML/XHTML”对话框中清理HTML代码。

执行“命令→清理HTML”命令，打开“清理HTML/XHTML”对话框，如图11-60所示。

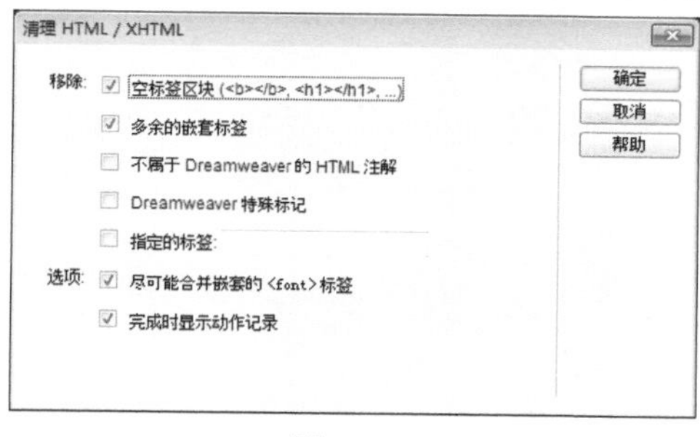


图11-60

- ★ 空标签区块：勾选该复选项，将会删除所有没有内容的标签。
- ★ 多余的嵌套标签：勾选该复选项，将删除所有多余的标签。
- ★ 不属于Dreamweaver的HTML注解：勾选该复选项，将删除不是由Dreamweaver插入的批注。
- ★ Dreamweaver特殊标记：勾选该复选项，将删除所有Dreamweaver的特殊标记。
- ★ 指定的标签：勾选该复选项，将删除从后面文本框中输入的标签。
- ★ 尽可能合并嵌套的<font>标签：勾选该复选项，将两个或更多控制相同文本区域的标签组合在一起。
- ★ 完成时显示动作记录：勾选该复选项，清理完成后将显示包含文档修改的详细资料。

## 即学即用 检测用户屏幕分辨率

实例位置 CH11＞检测用户屏幕分辨率＞检测用户屏幕分辨率.html
素材位置 CH11＞检测用户屏幕分辨率＞images
实用指数 ★★★★
技术掌握 学习添加代码来检测用户屏幕分辨率的方法

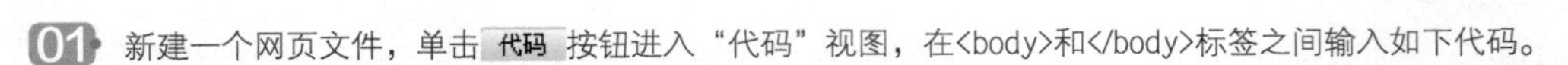

01 新建一个网页文件，单击 代码 按钮进入“代码”视图，在<body>和</body>标签之间输入如下代码。

```
<script language=JavaScript>
var correctwidth=1024
var correctheight=768
if (screen.width!=correctwidth||screen.height!=correctheight)
document.write("浏览本站的最佳分辨率是: "+correctwidth+"×"+correctheight+"， 你当前的
  分辨率是:"+screen.width+"×"+screen.height+"，请修改屏幕分辨率以取得最佳浏览效果！")
</script>
```

代码在代码视图中的显示效果如图11-61所示。

图11-61

**Tips**

**var correctwidth=1024和var correctheight=768，这两行代码表示是最佳的分辨率，读者可以根据自己制作的网站的实际分辨率进行更改。**

02 在刚添加的代码下方继续输入如下代码，表示在网页中插入一幅名称为f-01的JPG格式的图像，如图11-62所示。

```
<img src="images/f-01.jpg" width="881" height="486" />
```

图11-62

03 执行“修改>页面属性”菜单命令，打开“页面属性”对话框，在对话框中将网页背景颜色设置为灰色（#eeeeee），如图11-63所示。

04 保存文件，然后按F12键预览网页。若检测到当前采用的屏幕分辨率不是1024×768像素时，则会看到如图11-64所示的提示。

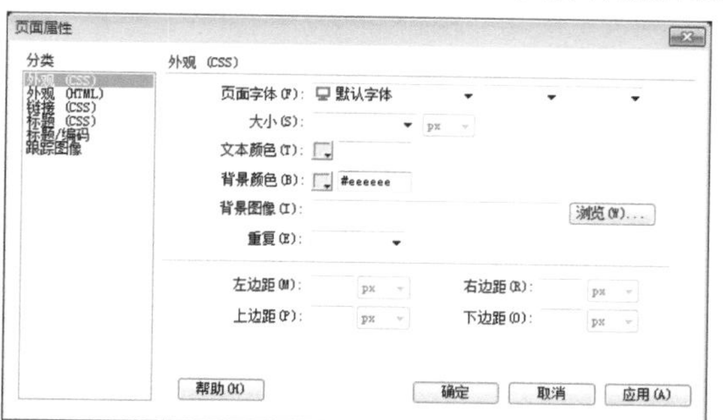

图11-63

图11-64

## 即学即用 制作3D导航效果

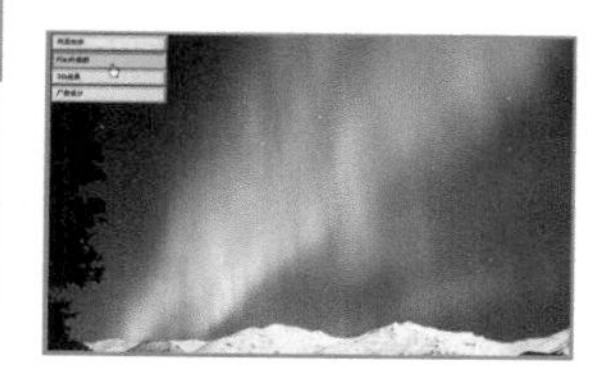

实例位置 CH11>制作3D导航效果>制作3D导航效果.html

素材位置 CH11>制作3D导航效果>images

实用指数 ★★★

技术掌握 学习添加代码来制作3D导航效果的方法

01 新建一个网页文件，打开“页面属性”对话框，在对话框中为网页设置一幅背景图像，如图11-65所示。

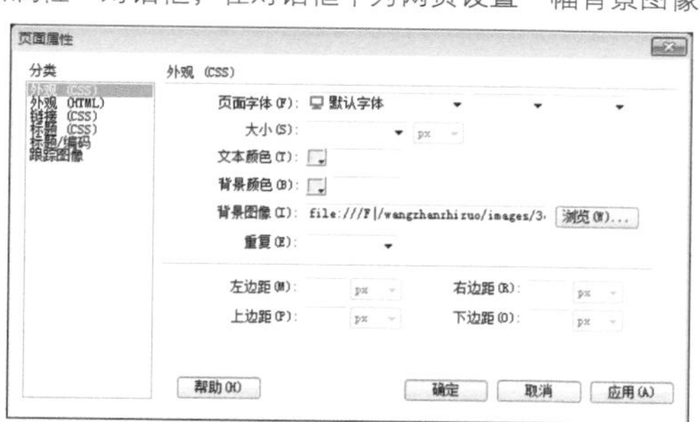

图11-65

02 单击 代码 按钮显示“代码”视图，在<body>和</body>标签之间输入如下代码。

```
<style type="text/css">
#elButton a  {
    color: #000000;
    font-size:10px;
    font-family:verdana;
    font-weight:bold;
    text-decoration: none;
    border:4px outset aqua;
    background-color:#00ffff;
    display: block;
    width: 160px;
```

```
    padding: 3px 5px;
    margin: 1px;
}
#elButton a:hover {
    background-color: #00c0c0;
    color:#000000;
    padding-left:4px;
    border:4px inset aqua;
}
#elButton a  {
    color: #000;
    font-size:10px;
    font-family:verdana;
    font-weight:bold;
    text-decoration: none;
    border:4px outset aqua;
    background-color:#00ffff;
    display: block;
    width: 160px;
    padding: 3px 5px;
    margin: 1px;
}
#elButton a:hover {
    background: #00c0c0;
    color:#000000;
    padding-left:4px;
    border:4px inset aqua;
}
</style>
</head>
<body>
<div id="elButton">
    <div>
        <a href="#">网页制作</a>
    </div>
    <div>
        <a href="#">Flash动画</a>
    </div>
    <div>
```

```
        <a href="#">3D效果</a>
    </div>
    <div>
        <a href="#">广告设计</a>
    </div>
</div>
```

代码在代码视图中的显示效果如图11-66所示。

```
13  <body>
14  <style type="text/css">
15  #elButton a  {
16      color: #000000;
17      font-size:10px;
18      font-family:verdana;
19      font-weight:bold;
20      text-decoration: none;
21      border:4px outset aqua;
22      background-color:#00ffff;
23      display: block;
24      width: 160px;
25      padding: 3px 5px;
26      margin: 1px;
27  }
28  #elButton a:hover {
29      background-color: #00c0c0;
30      color:#000000;
31      padding-left:4px;
32      border:4px inset aqua;
33  }
34  #elButton a  {
35      color: #000;
36      font-size:10px;
37      font-family:verdana;
38      font-weight:bold;
39      text-decoration: none;
40      border:4px outset aqua;
41      background-color:#00ffff;
42      display: block;
43      width: 160px;
44      padding: 3px 5px;
45      margin: 1px;
46  }
47  #elButton a:hover {
48      background: #00c0c0;
49      color:#000000;
50      padding-left:4px;
51      border:4px inset aqua;
52  }
53  </style>
54  </head>
55  <body>
56  <div id="elButton">
57      <div>
58          <a href="#">网页制作</a>
59      </div>
60      <div>
61          <a href="#">Flash动画</a>
62      </div>
63      <div>
64          <a href="#">3D效果</a>
65      </div>
66      <div>
67          <a href="#">广告设计</a>
68      </div>
69  </div>
70
71  </body>
72  </html>
73
```

图11-66

在<a href="#">***</a>中，***代表的是要在页面中显示的文本，读者可以根据需要自行替换。

03 保存文件，然后按F12键预览网页，效果如图11-67所示。

图11-67

## 11.9 章节小结

本章主要向读者介绍了HTML的知识，希望读者通过本章内容的学习，能了解HTML的基本结构、熟悉常用的基本标签、掌握HTML代码的编辑方法。

# 11.10 课后习题

## 课后练习 制作光柱效果

实例位置 CH11>制作光柱效果>制作光柱效果.html
素材位置 CH11>制作光柱效果>images
实用指数 ★★★★
技术掌握 学习制作光柱效果的方法

本例通过添加代码制作光柱效果，制作完成后的效果如图11-68所示。

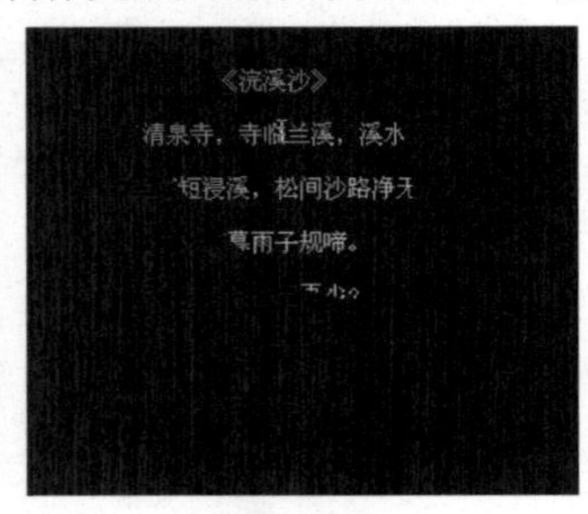


图11-68

**主要步骤：**

（1）新建一个网页文件，单击代码按钮切换到“代码”视图，在<title>与</title>中间输入文字“制作光柱效果”。

（2）单击代码按钮进入“代码”视图，在<body>和</body>标签之间输入代码，然后在“页面属性”对话框中为网页设置一幅背景图像。

（3）执行“文件>保存”菜单命令，将文件保存，然后按F12键浏览网页即可。

## 课后练习 制作弹性运动图像效果

实例位置 CH11>制作弹性运动图像效果>制作弹性运动图像效果.html
素材位置 CH11>制作弹性运动图像效果>images
实用指数 ★★★★
技术掌握 学习制作弹性运动图像效果的方法

本例通过添加代码制作弹性运动图像效果，制作完成后的最终效果如图11-69所示。

图11-69

**主要步骤：**

（1）新建一个网页文件，打开“页面属性”对话框，将网页的背景颜色设置为灰色（#EDEFEC）。

（2）单击代码按钮进入“代码”视图，在<body>和</body>标签之间输入代码。

（3）执行“文件>保存”菜单命令，将文件保存，然后按F12键浏览网页即可。

CHAPTER

# 12 CSS样式表在网页中的应用

CSS样式表(Cascading Style Sheets)是一种用来表现HTML文件样式的计算机语言。CSS不仅可以静态地修饰网页，还可以配合各种脚本语言动态地对网页各元素进行格式化。CSS能够对网页中元素位置的排版进行像素级精确控制，它支持几乎所有的字体字号样式，拥有对网页对象和模型样式编辑的能力。

* CSS样式表简介
* CSS的基本语法
* CSS中字体以及文本控制
* CSS中颜色以及背景控制
* CSS中的方框的控制属性
* CSS中的分类属性

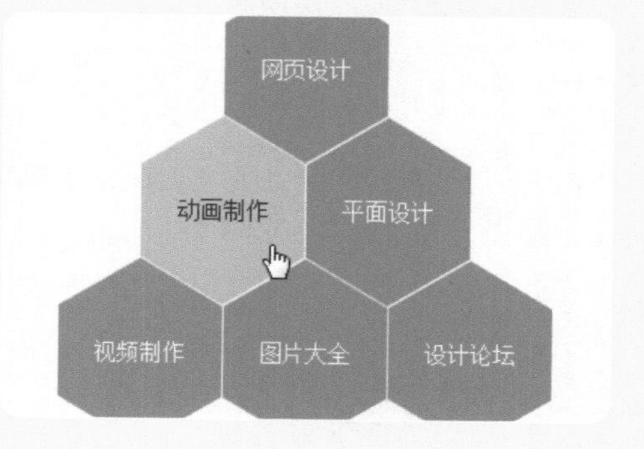

# 12.1 CSS概述

运用CSS样式表可以依次对若干个网页所有的样式进行控制。同HTML样式相比，使用CSS样式表的好处除了在于它可以同时链接多个网页文件，还在于当CSS样式表被修改后，所有应用的样式都会自动更新。

## 12.1.1 什么是CSS

CSS（Cascading Style Sheets）也称“层叠样式表”。CSS是一组样式，样式中的属性在HTML元素中依次出现并显示在浏览器中。样式可以定义在HTML文件的标志（Tag）里，也可以在外部附件文件中。如果是附件文件，一个样式表可以用于多个页面，甚至整个站点，因此具有更好的易用性和扩展性。

CSS的每一个样式表均由相对应的样式规则组成，使用HTML中的style组件就可以把样式规则加入到HTML中。style组件位于HTML的head部分，其中也包含网页的样式规则，由此可以看出CSS的语句是内嵌在HTML文档内的，所以编写CSS的方法和编写HTML文档的方法是一样的，如以下代码。

```
<html>
<style type="text/css">
<!--
body {font:11pt "Arial"}
h1 {font:15pt/17pt "Arial"; font-weight:bold; color:maroon}
h2 {font:13pt/15pt "Arial"; font-weight:bold; color:blue}
p {font:10pt/12pt "Arial"; color:black}
-->
</style>
<body>
```

创建的CSS样式表可以应用到多个页面中，从而使不同的页面获得相同的布局和外观，因此CSS具有更好的易用性与扩展性。Dreamweaver CC对样式表的支持达到了一个比较高的程度。通过“样式”面板可以对网页中的样式表进行管理，其中建立样式表的几种方式将样式表的应用优点体现得淋漓尽致，而且通过扩展可以用样式表制作比较复杂的样式。

## 12.1.2 CSS的基本语法

CSS语句是内嵌在HTML文档内的，所以编写CSS的方法和编写HTML文档的方法是一样的，可以用任何一种文本编辑工具来编写，比如Windows下的记事本和写字板，以及专门的HTML文本编辑工具（Frontpage、Ultraedit等）。

CSS的代码都是由一些最基本的语句构成，它的基本语句的语法如下。

```
Selector {property:value}
```

在以上语法中，property:value指的是样式表定义，property表示属性，value表示属性值，属性与属性值之间用冒号（:）隔开，属性值与属性值之间用分号（;）隔开，因此以上语法也可以表示为。

```
选择符{属性1:属性值1;属性2:属性值2}
```

Selector是选择符，一般都是定义样式HTML的标记，如table、body、p等，请看以下代码示例。

```
p { font-size:48;font-style:bold ;color:red}
```

其中，P是来定义该段落内的格式，font-size、font-style和color是属性，分别定义P中字体的大小（size）、样式（style）和颜色（color），而48、bold、red是属性值，意思是以48pt、粗体、红色的样式显示该段落。

# 12.2 伪类、伪元素以及样式表的层叠顺序

下面介绍CSS中的伪类和伪元素，以及样式表的层叠顺序。

## 12.2.1 伪类和伪元素

一般来说，选择符可以和多个类采用捆绑的形式来设定，这样虽然能够为同一个选择符创建多种不同的样式，但捆绑形式同时也限制了所设定的类不能被其他的选择符使用。伪类的产生就是为了解决这个问题，每个预声明的伪类都可以被所有的HTML标识符引用，当然有些块级内容的设置除外。

伪类和伪元素是CSS中特殊的类和元素，它们能够自动被支持CSS的浏览器所识别。伪类可以用于文档状态的改变、动态的事件等，例如，Visited Links和Active Links描述了两个定位锚（Anchors）的类型。伪元素指元素的一部分，如段落的第一个字母。

伪类或伪元素规则的形式有两种，分别如下。

```
选择符:伪类    {属性:属性值}
选择符:伪元素 {属性:属性值}
```

CSS类也可以与伪类、伪元素一起使用，有两种表示方式，分别如下。

```
选择符.类:伪类    {属性:属性值}
选择符.类:伪元素 {属性:属性值}
```

### 1. 定位锚伪类

伪类可以指定以不同的方式显示链接（Links）、已访问链接（Visited Links）和可激活链接（Active Links）。

一个有趣的效果是使当前链接以不同颜色、更大的字体显示，然后当网页的已访问链接被重选时，又以不同颜色、更小字体显示，这个样式表的示例如下。

```
A:link     { color:red }
A:active   { color:blue; font-size:125% }
A:visited { color:green; font-size:85% }
```

### 2. 首行伪元素

通常报纸上的文章的文本首行都会以粗印体且全部大写展示，CSS也具有这个功能，将其作为一个伪元素。首行伪元素可用于任何块级元素，如P、H1等，以下是一个首行伪元素的例子。

```
P:first-line {font-variant:small-caps;font-weight:bold}
```

### 3. 首字母伪元素

首字母伪元素用于Drop Caps（下沉行首大写字母）和其他效果。首字母伪元素可用于任何块级元素，如以下代码。

```
P:first-letter { font-size:500%; float:left }
```

以上代码表示首字母的显示效果比普通字体大5倍。

## 12.2.2 样式表的层叠顺序

当使用了多个样式表，样式表需要指定选择符的控制权。在这种情况下，总会有样式表的规则能获得控制权，以下的特性将决定互相对立的样式表的结果。

### 1. !important

可以用!important把样式特指为重要的样式，一个重要的样式会大于其他相同权重的样式。当网页设计者和浏览者都指定了样式规则时，网页设计者的所指定的规则是高于浏览者的，以下是!important声明的例子。

```
BODY { background:url(bar.gif) white;background-repeat:repeat-x !important }
```

### 2. Origin of Rules

网页设计者和浏览者都有能力去指定样式表，当两者的规则发生冲突时，在相同权重的情况下，网页设计者的规则会高于浏览者的规则。但网页设计者和浏览者的样式表都高于浏览器的内置样式表。

网页制作者应该谨慎使用!important规则，例如用户可能会要求以大字体显示或指定颜色，因为这些样式对于用户阅读网页是极为重要的。任何的!important规则都会超越一般的规则，所以建议网页制作者使用一般的规则以确保有特殊样式需要的用户能阅读网页。

### 3. 特性的顺序

为了方便使用，当两个规则具有同样的权重时，取后面的那个规则。

# 12.3 CSS中的属性

从CSS的基本语句中可以看出，属性是CSS非常重要的部分。熟练掌握CSS的各种属性会使编辑页面更加方便，下面就介绍CSS中的几种重要属性。

## 12.3.1 CSS中的字体以及文本控制

下面介绍CSS中的字体以及文本控制技术。

### 1. 字体属性

字体属性是最基本的属性，网页制作中经常都会使用到，它主要包括以下这些属性。

#### （1）font-family

font-family是指使用的字体名称，其属性值可以选择在本机上所有的字体，基本语法如下。

```
font-family:字体名称
```

请看以下代码示例。

```
<p style="font-family:Verdana">SPRING</p>
```

这行代码定义了SPRING将以Verdana的字体显示，如图12-1所示。

SPRING

图12-1

如果在font-family后加上多种字体的名称，浏览器会按字体名称的顺序逐一在用户的计算机里寻找已经安装的字体，一旦遇到与要求相匹配的字体，就按这种字体显示网页内容并停止搜索。如果不匹配就继续搜索直到找到为止。如果样式表里的所有字体都没有安装的话，浏览器就会用自己默认的字体来替代显示网页内容。

**（2）font-style**

font-style是指字体是否使用特殊样式，属性值为italic（斜体）、bold（粗体）、oblique（倾斜），其基本语法如下。

```
font-style:特殊样式属性值
```

请看以下代码示例。

```
<p style="font-style:italic"> SPRING </p>
```

这行代码定义了font-style属性为斜体，如图12-2所示。

*SPRING*

图12-2

**（3）text-transform**

text-transform用于控制文字的大小写。该属性可以使网页的设计者不用在输入文字时就确定文字的大小写，而可以在输入完毕，根据需要对局部的文字设置大小写，其基本语法如下。

```
text-transform:大小写属性值
```

控制文字大小写的属性值如下。

* uppercase：表示所有文字大写显示。
* lowercase：表示所有文字小写显示。
* capitalize：表示每个单词的首字母大写显示。
* none：不继承母体的文字变形参数。

**（4）font-size**

font-size定义字体的大小，其基本语法如下。

```
font-size:字号属性值
```

Tips

point（点）：该单位在所有的浏览器和操作平台上都适用。

em：em是相对长度单位，相对于当前对象内文本的字体尺寸。如果当前对象内的文本的字体尺寸未被人为设置，则相对于浏览器的默认字体尺寸。

pixels（像素）：该单位适用于所有的操作平台，但可能会因为浏览者的屏幕分辨率不同，而造成显示效果的差异。

in（英寸）：该单位是绝对长度单位，1 in = 2.54 cm = 25.4 mm = 72 pt = 6 pc。

cm（厘米）：该单位是绝对长度单位。

Tips

mm（毫米）：该单位是绝对长度单位。

pc（打印机的字体大小）：该单位是绝对长度单位，相当于新四号铅字的尺寸。

ex（x-height）：该单位是相对长度单位，相对于字符x的高度，此高度通常为字体尺寸的一半。如果当前对象内的文本的字体尺寸未被人为设置，则相对于浏览器的默认字体尺寸。

**（5）text-decoration**

text-decoration表示文字的修饰，文字修饰的主要用途是改变浏览器显示文字链接时的下画线，基本语法如下。

text-decoration:下画线属性值

下画线属性值的相关介绍如下。

* Underline：为文字加下画线。
* Overline：为文字加上画线。
* line-through：为文字加删除线。
* blink：使文字闪烁。
* none：不显示上述任何效果。

## 2. 文本属性

**（1）word-spacing**

word-spacing表示单词间距。单词间距指的是英文单词之间的距离，不包括中文文字，其基本语法如下。

word-spacing:间隔距离属性值

间隔距离的属性值包括points、em、pixels、in、cm、mm、pc、ex、normal等。

**（2）letter-spacing**

letter-spacing表示字母间距，字母间距是指英文字母之间的距离。该属性的功能、用法及参数设置和word-spacing相似，其基本语法如下。

letter-spacing:字母间距属性值

字母间距的属性值与单词间距相同，具体包括points、em、pixels、in、cm、mm、pc、ex、normal等。

**（3）line-height**

line-height表示行距，行距是指上下两行基准线之间的垂直距离。一般来说，英文五线格练习本从上往下数的第3条横线就是计算机所认为的该行的基准线，其基本语法如下。

line-height:行间距离属性值

关于行距的取值，不带单位的数字是以1为基数，相当于比例关系的100%；带长度单位的数字是以具体的单位为准。

如果文字字体很大，而行距相对较小的话，可能会发生上下两行文字互相重叠的现象。

**（4）text-align**

text-align表示文本水平对齐，该属性可以控制文本的水平对齐，而且并不仅仅指文字内容，也包括设置图片、影像资料的对齐方式，其基本语法如下。

text-align:属性值

text-align的属性值分别如下。

* left：左对齐。
* right：右对齐。
* center：居中对齐。
* justify：相对左右对齐。

需要注意的是，text-alight是块级属性，只能用于<p>、<blockqugte>、<ul>、<h1>~<h6>等标识符里。

**（5）vertical-align**

vertical-align表示文本垂直对齐。文本的垂直对齐应当是相对于文本母体的位置而言，不是指文本在网页里垂直对齐。例如，表格的单元格里有一段文本，那么对这段文本设置垂直居中就是针对单元格来衡量的，也就是说文本将在单元格的正中显示，而不是整个网页的正中。其基本语法如下。

vertical-align:属性值

vertical-align的属性值分别如下。

* top：顶对齐。
* bottom：底对齐。
* text-top：相对文本顶对齐。
* text-bottom：相对文本底对齐。
* baseline：基准线对齐。
* middle：中心对齐。
* sub：以下标的形式显示。
* super：以上标的形式显示。

**（6）text-indent**

text-indent是表示文本的缩进，主要用于中文版式的首行缩进，或是为大段的引用文本和备注做成缩进的格式，其基本语法如下。

text-indent:缩进距离属性值

缩进距离属性值主要是带长度单位的数字或比例关系。

需要注意的是，在使用比例关系的时候，有人会认为浏览器默认的比例是相对段落的宽度而言的，其实并非如此，整个浏览器的窗口才是浏览器所默认的参照物。

另外，text-indent是块级属性，只能用于<p>、<blockqugte>、<ul>、<h1>~<h6>等标识符里。

## 12.3.2 CSS中的颜色及背景控制

CSS中的颜色及背景控制主要是对颜色属性、背景颜色、背景图像、背景图像的重复、背景图像的固定和背景定位这6个部分的控制。

### 1. 对颜色属性的控制

颜色属性允许网页制作者指定一个元素的颜色，在查看单位时可以知道颜色值的描述，基本语法如下。

color:颜色参数值

颜色取值范围可以用RGB值表示，也可以使用十六进制数字色标值表示或者以默认颜色的英文名称表示。以默认颜色的英文名称表示无疑是最为方便的，但由于预定义的颜色种类太少，所以更多的网页设计者会用

RGB方式或十六进制的数字色标值。RGB方式可以用数字的形式精确地表示颜色，这也是很多图像制作软件（如Photoshop）默认使用的规范。

### 2. 对背景颜色的控制

在HTML中，要为某个对象加上背景色只有一种方式，即先做一个表格，在表格中设置完背景色，再把对象放进单元格中。这样做比较麻烦，不但代码较多，而且表格的大小和定位也有些麻烦。而用CSS则可以轻松地解决这些问题，且对象的范围广，可以是一段文字，也可以只是一个单词或一个字母。其基本语法如下。

```
background-color:参数值
```

属性值同颜色属性取值相同，可以用RGB值表示，也可以用十六进制数字色标值表示，或者以默认颜色的英文名称表示，其默认值为transparent（透明）。

### 3. 对背景图像的控制

对背景图像的控制的基本语法如下。

```
background-image:url（URL）
```

URL是背景图像的存放路径。如果用none来代替背景图像的存放路径，则不显示图像。用该属性来设置一个元素的背景图像的代码如下。

```
body { background-image:url(/images/foo.gif) }
p { background-image:url(http://www.htmlhelp.com/bg.png) }
```

### 4. 对于背景图像重复的控制

背景图像重复控制的是背景图像是否平铺。当属性值为no-repeat时，不重复平铺背景图像；当属性值为repeat-x时，使图像只在水平方向上平铺；当属性值为repeat-y时，使图像只在垂直方向上平铺。也就是说，结合背景定位的控制，可以在网页上的某处单独显示一幅背景图像，基本语法如下。

```
background-repeat:属性值
```

如果不指定背景图像重复的属性值，浏览器默认的是背景图像向水平、垂直两个方向同时平铺。

### 5. 背景图像固定控制

背景图像固定控制背景图像是否随网页的滚动而滚动。如果不设置背景图像固定属性，浏览器默认背景图像随网页的滚动而滚动，基本语法如下。

```
background-attachment:属性值
```

当属性值为fixed时，网页滚动时背景图片相对于浏览器的窗口固定不动；当属性值为scroll时，网页滚动时背景图片相对于浏览器的窗口一起滚动。

### 6. 背景定位

背景定位用于控制背景图片在网页中的显示位置，基本语法如下。

```
background-position:属性值
```

* top：相对前景对象顶对齐；
* bottom：相对前景对象底对齐；
* left：相对前景对象左对齐；
* right：相对前景对象右对齐；
* center：相对前景对象中心对齐。

**Tips**

**属性值中的center，如果用在另外1个属性值的前面，表示水平居中；如果用在另外1个属性值的后面，表示垂直居中。**

## 12.3.3 CSS中的方框的控制属性

CSS样式表规定了一个容器（Box），它将要储存一个对象的所有可操作的样式，包括了对象边框、对象间隙、对象本身、边框空白4个方面，它们之间的关系如图12-3所示。

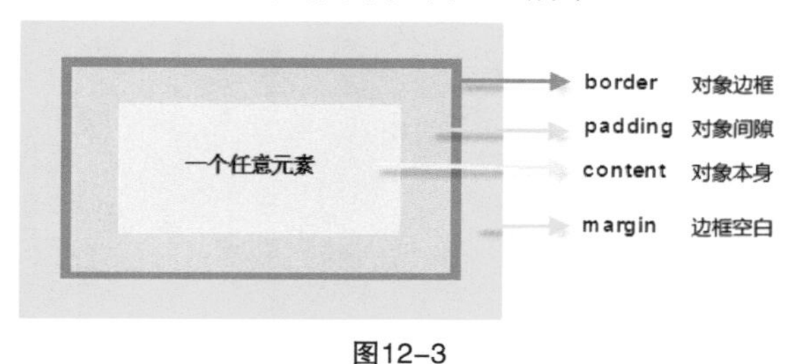


图12-3

### 1. 边框空白

如图12-3所示，边框空白位于Box模型的最外层，包括4项属性，格式分别如下。

* margin-top：顶部空白距离。
* margin-right：右边空白距离。
* margin-bottom：底部空白距离。
* margin-left：左边空白距离。

空白的距离可以用带长度单位的数字表示。如果使用上述属性的简化方式margin，可以在其后连续加上4个带长度单位的数字，设置元素相应边与框边缘之间的相对或绝对距离，有效单位为mm、cm、in、pixels、pt、pica、ex和em。

以父元素宽度的百分比设置边界尺寸或是auto（自动），这个设置取浏览器的默认边界，分别表示margin-top、margin-right、margin-bottom、margin-left，每个数字之间要用空格分隔，如以下代码。

```
<html>
<head>
<title>CSS示例</title>
<meta http-equiv="Content-Type" content="text/html; charset=gb2312">
</head>
<body bgcolor="#FFFFFF">
<pstyle="BACKGROUND:gray;FONT-SIZE:20pt;MARGIN-TOP:1em"title="margin-top:1em;font-size:20pt;background:gray">MARGIN-TOP</p>
<pstyle="BACKGROUND:lightgreen;FONT-SIZE:16pt;MARGIN-LEFT:70px;MARGIN-RIGHT:50px"title="margin-left:70px;margin-right:50px;font-size:16pt;background:lightgreen">MARGIN-LEFT,RIGHT</p>
</body>
</html>
```

将以上代码保存，使用浏览器打开，效果如图12-4所示。

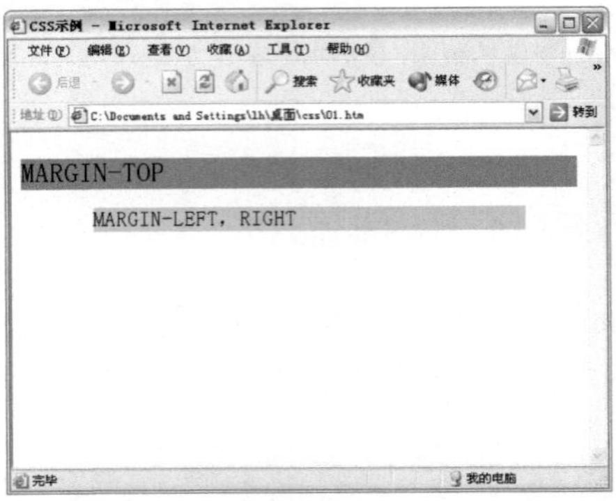

图12-4

再看以下代码。

```
<html>
<head>
<title>CSS示例</title>
<meta http-equiv="Content-Type" content="text/html; charset=gb2312">
</head>
<body bgcolor="#FFFFFF">
<pstyle="background:lightgreen;margin:2em 10% 5% 20%" title="margin:2em 10% 5% 20%;background:lightgreen">段落边界设置</p>
</body>
</html>
```

将以上代码保存，使用浏览器打开，效果如图12-5所示。

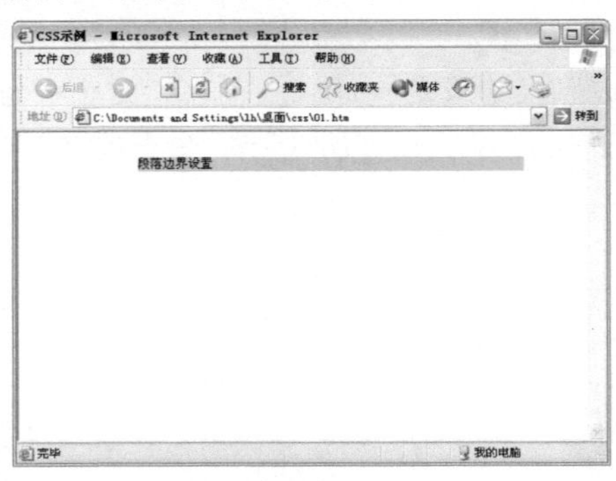


图12-5

## 2. 对象边框

位于边框空白和对象间隙之间，包括7项属性，格式分别如下。

＊ border-top：顶边框宽度。

＊ border-right：右边框宽度。

＊ border-bottom：底边框宽度。

＊ border-left：左边框宽度。

* border-width：所有边框宽度。
* border-color：边框颜色。
* border-style：边框样式参数。

其中，border-width可以一次性设置所有的边框宽度。用border-color同时设置4条边框的颜色时，可以连续写上4种颜色并用空格分隔，连续设置的边框都是按border-top、border-right、border-bottom、border-left的顺序。Border-style相对别的属性而言稍稍复杂些，因为它还包括了多个边框样式的参数。

* none：无边框。
* dotted：边框为点线。
* dashed：边框为长短线。
* solid：边框为实线。
* double：边框为双线。
* groove：根据color属性显示不同效果的3D边框。
* ridge：根据color属性显示不同效果的3D边框。
* inset：根据color属性显示不同效果的3D边框。
* outset：根据color属性显示不同效果的3D边框。

### 3. 对象间隙

对象间隙即填充距，填充距指的是文本边框与文本之间的距离，位于对象边框和对象之间，包括了4项属性，其基本语法如下。

* padding-top：顶部间隙。
* padding-right：右边间隙。
* padding-bottom：底部间隙。
* padding-left：左边间隙。

和margin类似，也可以用padding一次性设置所有的对象间隙，其格式和margin相似，这里就不再一一列举。

## 12.3.4 CSS中的分类属性

在HTML中，用户无须使用前面提到的一些字体、颜色、容器属性来对字体、颜色和边距、填充距等进行初始化，因为在CSS中已经提供了进行分级的专用分类属性。

### 1. 显示控制样式

显示控制样式的基本语法如下。

```
display:属性值
```

属性值为block（默认）时，是在对象前后都换行；为inline时，是在对象前后都不换行；为list-item时，是在对象前后都换行且增加了项目符号；none表示无显示。

### 2. 空白控制样式

空白属性决定如何处理元素内的空格，空白控制样式的基本语法如下。

```
white-space:属性值
```

属性值为normal时，把多个空格替换为1个来显示；属性值为pre时，按输入显示空格；属性值为nowrap时，禁止换行。但要注意的是，write-space也是一个块级属性。

### 3. 列表项前的项目编号控制

在列表项前面的项目编号的基本语法如下。

list-style-type:属性值

其属性值如下。

* none：无强调符。
* disc：碟形强调符（实心圆）。
* circle：圆形强调符（空心圆）。
* square：方形强调符（实心）。
* decimal：十进制数强调符。
* lower-roman：小写罗马字强调符。
* upper-roman：大写罗马字强调符。
* lower-alpha：小写字母强调符。
* upper-alpha：大写字母强调符。

例如，以下代码。

```
LI.square   { list-style-type:square }
UL.plain   { list-style-type:none }
OL         { list-style-type:upper-alpha }  /* A B C D E etc. */
OL OL      { list-style-type:decimal }      /* 1 2 3 4 5 etc. */
OL OL OL   { list-style-type:lower-roman }  /* i ii iii iv v etc. */
```

### 4. 在列表项前加入图像

在列表项前加入图像的基本语法如下。

list-style-image:属性值

其属性值为url时，加入图像的url地址；属性值为none时，不加入图像。例如，以下代码。

```
UL.check { list-style-image:url (/LI-markers/checkmark.gif) }
UL LI.x  { list-style-image:url (x.png) }
```

### 5. 目录样式位置

目录样式位置的基本语法如下。

list-style-position:属性值

用于设置强调符的缩排或伸排，这个属性可以让强调符突出于清单以外或与清单项目对齐。目录样式位置属性可以取值inside（内部）缩排，将强调符与清单项目内容左边界对齐；或者取值outside（外部）伸排，强调符突出到清单项目内容左边界以外。其中，outside是默认值。整个属性决定关于目录项的标记应放在哪里。如果使用inside值，换行会移到标记下，而不是缩进。其应用实例如下。

```
Outside rendering:
* List item 1
second line of list item
Inside rendering:
```

```
* List item 1
second line of list item
```

### 6. 目录样式

目录样式属性是目录样式类型、目录样式位置和目录样式图像属性的缩写，将所有目录样式属性放在一条语句中，其基本语法如下。

```
list-style:属性值
```

其属性值为“目录样式类型”“目录样式位置”或url。

例如，以下代码。

```
LI.square  { list-style:square inside }
UL.plain   { list-style:none }
UL.check   { list-style:url(/LI-markers/checkmark.gif) circle }
OL         { list-style:upper-alpha }
OL OL      { list-style:lower-roman inside }
```

下面来看一个关于分类属性的例子。

```
<html>
<head>
<title> fenji css </title>
<style type="text/css"> //*定义CSS*//
<!--
p{display:block;white-space:normal}
em{display:inline}
li{display:list-item;list-style:square}
img{display:block}
-->
</style>
</head>
<body>
<p><em>sample</em>text<em>sample</em>text<em>sample</em>
text<em>sample</em> text<em>sample</em></p>
<ul><li>list-item 1</li>
<li>list-item 2</li> <li>list-item 3</li> </ul>
<p><img src="ss01068.jpg" width="280" height="185"
alt="invisible"></p>
</body>
</html>
```

上段代码的显示效果如图12-6所示。

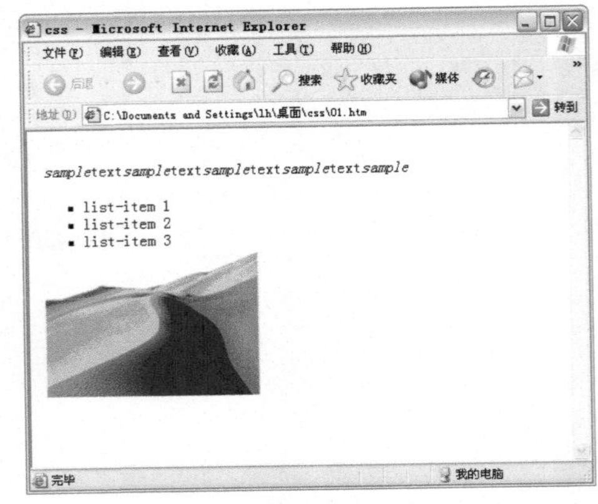


图12-6

### 7. 控制鼠标光标属性

当把鼠标光标移动到不同的地方，或当鼠标光标需要执行不同的功能，或当系统处于不同的状态时，都会使光标的形状发生改变。我们也可以用CSS来改变鼠标的属性，就是当鼠标移动到不同的元素对象上面时，让光标以不同的形状、图案显示。在CSS中，这种样式是通过cursor属性来实现的，基本语法如下。

cursor:属性值

其属性值为auto、crosshair、default、hand、move、help、wait、text、w-resize、s-resize、n-resize、e-resize、ne-resize、sw-resize、se-resize、nw-resize、pointer和url，它们所代表的含义如下。

- style="cursor:hand"：手形。
- style="cursor:crosshair"：十字形。
- style="cursor:text"：文本形。
- style="cursor:wait"：沙漏形。
- style="cursor:move"：十字箭头形。
- style="cursor:help"：问号形。
- style="cursor:e-resize"：右箭头形。
- style="cursor:n-resize"：上箭头形。
- style="cursor:nw-resize"：左上箭头形。
- style="cursor:w-resize"：左箭头形。
- style="cursor:s-resize"：下箭头形。
- style="cursor:se-resize"：右下箭头形。
- style="cursor:sw-resize"：左下箭头形。

请看如下的代码。

```
<html>
    <head>
    <title>changemouse</title>
    </head>
    <body>
    <h1 style="font-family:宋体">鼠标效果</h1>
```

```
    <p style="font-family:黑体;font-size:16pt;color:red">
    请把鼠标移到相应的位置观看效果。</p>
    <div style="font-family:行书体;font-size:24pt;color:green;">
     <p><span style="cursor:hand">手的形状</span><br><br>
     <span style="cursor:move">移动</span><br><br>
     <span style="cursor:ne-resize">反方向</span><br><br>
     <span style="cursor:wait">等待</span><br><br>
     <span style="cursor:help">求助</span>
     </p>
     </div>
     </body>
</html>
```

将代码保存并用浏览器打开，效果如图12-7所示。

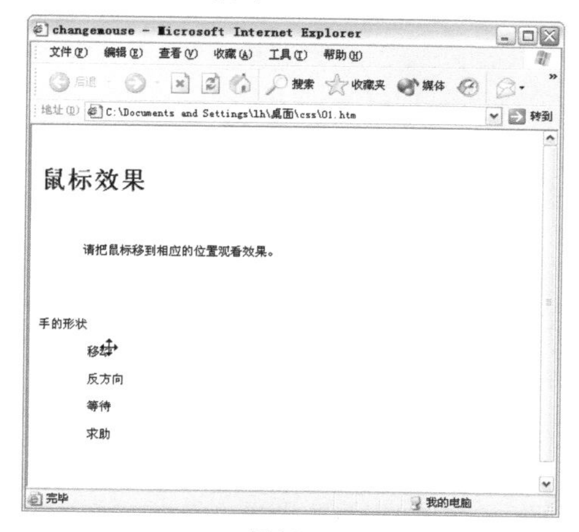


图12-7

从图12-7中可以看到，当鼠标光标移动到相应的位置时，光标就会发生相应的变化。

## 12.4 添加CSS样式表

有几种方法可以将样式表加入到HTML中，每种方法都有自己的优点和缺点。新的HTML元素和属性已被加入，以允许样式表与HTML文档更简易地组合起来。

### 12.4.1 链接一个外部的样式表

一个外部的样式表可以通过HTML的link元素链接到HTML文档中，link标记是放置在文档的head部分。可选的type属性用于指定媒体类型，允许浏览器忽略它们不支持的样式表类型，基本语法如下。

```
< head><link rel="stylesheet" href="*.css" type="text/css" media="screen"></head>
```

外部样式表不能含有任何像<head>或<style>这样的HTML的标签，样式表仅仅由样式规则或声明组成，一个单独由P { margin:2em }组成的文件就可以用作外部样式表。

*.css是单独保存的样式表文件，其中不能包含<style>标识符，并且只能以.css为扩展名。<link>标记也有一个可选的media属性，用于指定样式表被接受的介质或媒体。media表示使用样式表的网页将用什么媒体输出，其选项设置如下。

* Screen（默认）：提交到计算机屏幕。
* Print：输出到打印机。
* TV：输出到电视机。
* Projection：输出到投影仪。
* Aural：输出到扬声器。
* Braille：输出到凸字触觉感知设备。
* Tty：输出到电传打字机。
* All：输出到以上所有设备。

如果要输出到多种媒体，可以用逗号分隔取值。

rel属性用于定义链接的文件和HTML文档之间的关系。rel=stylesheet指定一个固定或首选的外部样式表，而rel=“alternate stylesheet”定义一个交互样式，固定样式在样式表激活时总被应用。

使用外部样式表可以改变整个网站的外观，而不是通过样式表改变一个文件。大多数浏览器会将外部样式表保存在缓冲区，从而避免在载入网页时的重新载入样式表。

## 12.4.2 嵌入一个样式表

一个样式表可以使用style元素在文档中嵌入，基本语法如下。

```
<head><style type="text/css">< !--样式表的具体内容--></style></head>
```

比如以下代码示例。

```
<style type="text/css" media=screen>
<!--
   BODY  { background:url(foo.gif) red; color:black }
   PEM   { background:yellow; color:black }
   .note { margin-left:5em; margin-right:5em }
-->
</STYLE>
```

style元素放在文档的head部分，其type属性用于指定媒体类型，link元素也一样。同样地，title和media属性也可以用style指定。type=“text/css”表示样式表采用mime类型，帮助不支持CSS的浏览器过滤掉CSS代码，避免在浏览器前面直接以源代码的方式显示设置的样式表，但为了保证上述情况不发生，还是有必要在样式表里加上注释标识符< !--注释内容-->。

## 12.4.3 联合使用样式表

以@import开头的联合样式表的输入方法和链接样式表的方法很相似，但联合样式表输入方式更有优势，因为联合法可以在链接外部样式表的同时，针对该网页的具体情况做出别的网页不需要的样式规则，其格式如下。

```
< head>< style type="text/css">< !--@import "*.css"
其他样式表的声明-->< /style>< /head>
```

例如，以下代码示例。

```
<STYLE TYPE="text/CSS" MEDIA="screen, projection">
<!--
  @import url(http://www.htmlhelp.com/style.CSS);
  @import url(/stylesheets/punk.CSS);
  DT { background:yellow; color:black }
-->
</STYLE>
```

@import可以在CSS中再次引入其他样式表，比如可以创建一个主样式表，在主样式表中再引入其他的样式表。当一个页面被加载的时候（即被浏览者浏览的时候），link引用的CSS会同时被加载，而@import引用的CSS会等到页面全部下载完再被加载。

## 12.4.4 id属性

id是根据文档对象模型原理所出现的选择符类型。对于一个网页而言，其中的每一个标签（或其他对象），均可以使用一个id=""的形式对id属性进行一个名称的指定，id可以理解为一个标识，在网页中每个id名称只能使用一次。

```
<div id="main"></div>
```

在这段代码中，HTML中的一个div标签被指定了id名为main。

在CSS样式中，id选择符使用#符号进行标识，如果需要对id为main的标签设置样式，应当使用如下格式。

```
#main {
font-size:14px; line-height: 16px;
}
```

id的基本作用是对每一个页面中唯一出现的元素进行定义。例如，可以将导航条命名为nav，将网页头部和底部分别命名为header和footer。对于类似的元素在页面中均出现一次，使用id进行命名具有唯一性的指派含义，有助于代码阅读及使用。

## 12.4.5 class属性

如果说id是对于HTML标签的扩展，那么class应该是对HTML多个标签的一种组合，class直译为类或类别。对于网页设计而言，可以对HTML标签使用一个class=""的形式对class属性进行名称指定。与id不同的是class允许重复使用，如页面中的多个元素，都可以使用同一个class定义，例如。

```
<div class="p1"></div>
<h1 class="p1"</h1>
<h3 class="p1"></h3>
```

使用class的好处是，对于不同的HTML标签，CSS可以直接根据class名称来进行样式指定。

```
.P1 {
 Margin:10px;
 background-color: blue;
}
```

class在CSS中使用点符号（.）加上class名称的形式，如上例所示，对p1的对象进行了样式指定，无论是什么HTML标签，页面中所有使用了class="p1"的标签均使用此样式进行设置。class选择符也是对CSS代码重用性的良好体现，众多标签均可以使用同一个来进行样式指定，不再需要每一个编写样式代码。

## ↘12.4.6 span元素

span允许网页制作者给出一个样式表，但无须加在HTML元素之上，也就是说span是独立于HTML元素的。

span在样式表中是作为一个标识符使用，而且也接受style class 和id属性，比如<span class="xx">..</span>。

span是一个内联元素，它纯粹是为了应用样式表而成立的，所以当样式表无效时，它的存在也就没有意义了。

## ↘12.4.7 div元素

div与span基本相似，或者说具有span的所有功能，此外还具有span没有的特色。div是一个块，也就是所谓的"容器"，它具有自己独立的段落、独立的标题和独立的表格，就如<html>...</html>一样包括了一切。

请看如下代码。

```
<div class="mydiv">
<h1>独立的标题</h1>
<p>独立的段落</p>
<table>...</table>
...
</div>
```

而这些span是没有的。span和div的区别在于，div是一个块级元素，可以包含段落、标题和表格，乃至诸如章节、摘要和备注等，而span是内联元素，span的前后是不会换行的，它没有结构的意义，纯粹是应用样式。

## 即学即用 制作图像特效

实例位置 CH11> 制作图像特效 > 制作图像特效.html

素材位置 CH11> 制作图像特效 >images

实用指数 ★★★

技术掌握 学习使用 CSS 制作图像特效的方法。

**01** 新建一个网页文件，单击 代码 按钮切换到"代码"视图，在<title>和</title>标签之间输入"使用CSS制作边框阴影与折角效果"，如图12-8所示。

```
4  <meta http-equiv="Content-Type" content="text/html; charset=utf-8" />
5  <title>使用CSS制作边框阴影与折角效果</title>
6  </head>
7
8  <body>
9  </body>
10 </html>
11
```

图12-8

02 将光标放置于</title>标签之后，按Enter键换行，然后输入如下代码。

```
*{margin: 0;padding:0;}
        body {margin: 0; padding: 20px 100px;background-color: #f4f4f4;}
        pre{max-height:200px;overflow:auto;}
        div.demo {overflow:auto;}
        .box {
            width: 300px;
            min-height: 300px;
            margin: 30px;
            display: inline-block;
            background: #fff;
            border: 1px solid #ccc;
            position:relative;
        }
        .box p {
            margin: 30px;
            color: #aaa;
            outline: none;
        }
        /*=========Box1===========*/
        .box1{
          background: -webkit-gradient(linear, 0% 20%, 0% 100%, from(#fff), to(#fff), color-stop(.1,#f3f3f3));
            background: -webkit-linear-gradient(0% 0%, #fff, #f3f3f3 10%, #fff);
            background: -moz-linear-gradient(0% 0%, #fff, #f3f3f3 10%, #fff);
            background: -o-linear-gradient(0% 0%, #fff, #f3f3f3 10%, #fff);
            -webkit-box-shadow: 0px 3px 30px rgba(0, 0, 0, 0.1) inset;
            -moz-box-shadow: 0px 3px 30px rgba(0, 0, 0, 0.1) inset;
            box-shadow: 0px 3px 30px rgba(0, 0, 0, 0.1) inset;
            -moz-border-radius: 0 0 6px 0 / 0 0 50px 0;
            -webkit-border-radius: 0 0 6px 0 / 0 0 50px 0;
            border-radius: 0 0 6px 0 / 0 0 50px 0;
        }
            .box1:before{
            content: '';
            width: 50px;
            height: 100px;
            position:absolute;
```

```
            bottom:0; right:0;
            -webkit-box-shadow: 20px 20px 10px rgba(0, 0, 0, 0.1);
            -moz-box-shadow: 20px 20px 15px rgba(0, 0, 0, 0.1);
            box-shadow: 20px 20px 15px rgba(0, 0, 0, 0.1);
            z-index:-1;
            -webkit-transform: translate(-35px,-40px) skew(0deg,30deg) rotate(-25deg);
            -moz-transform: translate(-35px,-40px) skew(0deg,32deg) rotate(-25deg);
            -o-transform: translate(-35px,-40px) skew(0deg,32deg) rotate(-25deg);
                transform: translate(-35px,-40px) skew(0deg,32deg) rotate(-25deg);
        }
            .box1:after{
            content: ";
            width: 100px;
            height: 100px;
            top:0; left:0;
            position:absolute;
            display: inline-block;
            z-index:-1;
            -webkit-box-shadow: -10px -10px 10px rgba(0, 0, 0, 0.2);
            -moz-box-shadow: -10px -10px 15px rgba(0, 0, 0, 0.2);
            box-shadow: -10px -10px 15px rgba(0, 0, 0, 0.2);
            -webkit-transform: rotate(2deg) translate(20px,25px) skew(20deg);
            -moz-transform: rotate(7deg) translate(20px,25px) skew(20deg);
            -o-transform: rotate(7deg) translate(20px,25px) skew(20deg);
                transform: rotate(7deg) translate(20px,25px) skew(20deg);
        }
    </style>
    </head>
    <body>
    <div class="demo">
    <div class="box box1">
      <p><img src="images/v5.jpg" width="242" height="327" /><span style="text-align: center">
</span>FLOWER商店</p>
    </div>
    </div>
```

代码在代码视图中的显示效果如图12-9所示。

03 保存网页后按F12键浏览，网页效果如图12-10所示。

图12-9

图12-10

## 即学即用 制作热卖商品页面

实例位置 CH11> 制作热卖商品页面 > 制作热卖商品页面 .html

素材位置 CH11> 制作热卖商品页面 >images

实用指数 ★★★

技术掌握 学习使用 CSS 制作热卖商品页面的方法

01 新建一个网页文件，单击 代码 按钮切换到“代码”视图，在<title>无标题文档</title>标签下方输入如下代码。

```
<style>
body,button,input,select,textarea{font:12px/1.125 Arial,Helvetica,sans-serif;_font-family:"SimSun";}
body,h1,h2,h3,h4,h5,h6,dl,dt,dd,ul,ol,li,th,td,p,blockquote,pre,form,fieldset,legend,input,button,
extarea,hr{margin:0;padding:0;}
body{background:#f4f4f4;}
table{border-collapse:collapse;border-spacing:0;}
li{list-style:none;}
fieldset,img{border:0;}
q:before,q:after{content:"";}
a:focus,input,textarea{outline-style:none;}
input[type="text"], input[type="password"], textarea{outline-style:none;-webkit-appearance:none;}
textarea{resize:none;}
```

```
address,caption,cite,code,dfn,em,i,th,var,b{font-style:normal;font-weight:normal;}
abbr,acronym{border:0;font-variant:normal;}
a{text-decoration:none;}
a:hover{text-decoration:underline;}
a{color:#0a8cd2;text-decoration:none;}
a:hover{text-decoration:underline;}
.clearfix:after{content:".";display:block;height:0;clear:both;visibility:hidden;}
.clearfix{display:inline-block;}
.clearfix{display:block;}
.clear{clear:both;height:0;font:0/0Arial;visibility:hidden;}
.left{float:left;}
.right{float:right;}
.buybtn{border-width:1px;border-style:solid;border-color:#FF9B01;background-color:#FFA00A;color:
white;border-radius:2px;display:inline-block;overflow:hidden;vertical-align:middle;cursor:pointer;}
.buybtn:hover{text-decoration:none;background:#FFB847;background:-webkit-gradient(linear,left
top,left bottom,color-stop(0%,rgba(255,184,71,1)),color-stop(100%,rgba(255,162,16,1)));}
.buybtn span{border-color:#FFB33B;padding:0 9px 0 10px;white-space:nowrap;display:inline-block;border-
style:solid;border-width:1px;border-radius:2px;height:18px;line-height:17px;vertical-align:middle;}
.zzsc-list{width:700px;margin:100px auto;}
.zzsc-list.dressing{float:left;_display:inline;margin:8px;margin-top:15px;}
.zzsc-list.dressing_wrap,.zzsc-list.dressing_wrapB{position:relative;_zoom:1;border-radius:
2px;background:#F1F1F1;border-style:solid;border-width:1px;}
.zzsc-list.skinimg{z-index:2;border-style:solid;border-width:2px;border-color:#fff;}
.zzsc-list.skinimg a{display:block;overflow:hidden;}
.zzsc-list.skinimg img{display:inline-block;}
.zzsc-list.skinimg.loading{border-radius:0;width:31px;height:31px;padding-left:97px;padding-top:59px;}
.zzsc-list.dressing_wrap{border-color:#d8d8d8;-webkit-box-shadow:0 3px 6px -4px rgba(0,0,0,1);box-
shadow:0 3px 6px -4px rgba(0,0,0,1);background:#FFF;border:1px solid #c4c4c4;border-radius:2px;-webkit-
box-shadow:0 0 5px 0 rgba(0,0,0,.21);box-shadow:0 0 5px 0 rgba(0,0,0,.21);}
.zzsc-list.information_area{margin-bottom:11px;}
.zzsc-list.information_area_wrap{margin:auto;position:relative;}
.zzsc-list.item,.zzsc-list.tipinfo{padding:3px 10px 0 10px;}
.zzsc-list.information_area h4,.zzsc-list.W_vline,.zzsc-list.price{margin-top:6px;}
.zzsc-list.information_area h4 a{cursor:default;}
.zzsc-list.price{color:#333;}
.zzsc-list.price a:hover{text-decoration:underline;}
.zzsc-list.op a{color:#0989d1;}
.zzsc-list.W_vline{color:#999;margin-right:8px;margin-left:10px;}
.zzsc-list.t_open{margin-top:5px;}
```

```
.zzsc-list.price{color:#f80;font:normal 12px/normal 'microsoft yahei';}
.zzsc-list.skinimg img:hover{-webkit-animation:tada 1s.2s ease both;-moz-animation:tada 1s.2s ease both;}
@-webkit-keyframes tada{0%{-webkit-transform:scale(1);}
10%,20%{-webkit-transform:scale(0.9) rotate(-3deg);}
30%,50%,70%,90%{-webkit-transform:scale(1.1) rotate(3deg);}
40%,60%,80%{-webkit-transform:scale(1.1) rotate(-3deg);}
100%{-webkit-transform:scale(1) rotate(0);}}
@-moz-keyframes tada{0%{-moz-transform:scale(1);}
10%,20%{-moz-transform:scale(0.9) rotate(-3deg);}
30%,50%,70%,90%{-moz-transform:scale(1.1) rotate(3deg);}
40%,60%,80%{-moz-transform:scale(1.1) rotate(-3deg);}
100%{-moz-transform:scale(1) rotate(0);}}
.zzsc-list.dressing_hover.information_area{-webkit-animation:flipInY 300ms.1s ease both;-
moz-animation:flipInY 300ms.1s ease both;}
@-webkit-keyframes flipInY{0%{-webkit-transform:perspective(400px) rotateY(90deg);
opacity:0;}
40%{-webkit-transform:perspective(400px) rotateY(-10deg);}
70%{-webkit-transform:perspective(400px) rotateY(10deg);}
100%{-webkit-transform:perspective(400px) rotateY(0deg);
opacity:1;}}
@-moz-keyframes flipInY{0%{-moz-transform:perspective(400px) rotateY(90deg);
opacity:0;}
40%{-moz-transform:perspective(400px) rotateY(-10deg);}
70%{-moz-transform:perspective(400px) rotateY(10deg);}
100%{-moz-transform:perspective(400px) rotateY(0deg);
opacity:1;}}
</style>
</head>
```

代码在代码视图中的显示效果如图12-11所示。

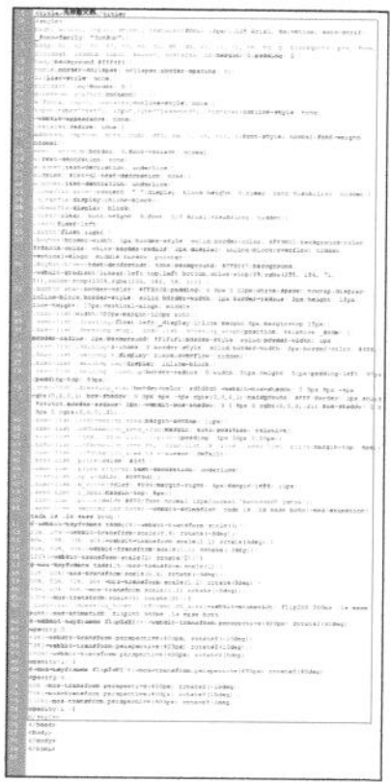

图12-11

02 在<body>和</body>标签之间输入如下代码。

```
<div class="zzsc-list">
    <div class="dressing">
      <div class="dressing_wrap">
        <div class="skinimg"><img src="images/s-01.jpg" width="171" height="184" /></div>
        <div class="information_area">
          <div class="information_area_wrap">
            <div class="item clearfix">
              <h4 class="left">北欧沙发</h4>
              <i class="W_vline left">|</i>
              <div class="price left"><span> ￥1995.00 </span></div>
            </div>
            <div class="tipinfo clearfix">
                <div class="t_open left"><a href="/" target="_blank"><span>开通会员
</span></a>  <span class="W_textb">免费试用</span></div>
              <div class="right"><a href="/" class="buybtn"><span>购买</span></a></div>
            </div>
          </div>
        </div>
      </div>
    </div>
    <div class="dressing">
      <div class="dressing_wrap">
          <div class="skinimg"><a href="/" target="_blank"><img src="images/ s-02.jpg
width="171" height="184"></a></div>
        <div class="information_area">
          <div class="information_area_wrap">
            <div class="item clearfix">
              <h4 class="left">懒人沙发</h4>
              <i class="W_vline left">|</i>
              <div class="price left"><span> ￥866.00 </span></div>
            </div>
            <div class="tipinfo clearfix">
                  <div class="t_open left"><a href="/" target="_blank"><span>开通会员</span
</a>  <span class="W_textb">免费试用</span></div>
              <div class="right"><a href="/" class="buybtn"><span>购买</span></a></div>
            </div>
          </div>
        </div>
```

```
            </div>
          </div>
          <div class="dressing">
            <div class="dressing_wrap">
                  <div  class="skinimg"><a  href="/"  target="_blank"><img  src="images/  s-03.jpg"
width="171" height="184"></a></div>
              <div class="information_area">
                <div class="information_area_wrap">
                  <div class="item clearfix">
                    <h4 class="left">实木茶几</h4>
                    <i class="W_vline left">|</i>
                    <div class="price left"><span> ￥1980.00 </span></div>
                  </div>
                  <div class="tipinfo clearfix">
                        <div  class="t_open  left"><a  href="/"  target="_blank"><span>开通会员</span>
</a>  <span class="W_textb">免费试用</span></div>
                    <div class="right"><a href="/" class="buybtn"><span>购买</span></a></div>
                  </div>
                </div>
              </div>
            </div>
          </div>
          <div style="clear:both"></div>
    </div>
    <div style="text-align:center;margin:50px 0; font:normal 14px/24px 'MicroSoft YaHei';">
    </div>
```

代码在代码视图中的显示效果如图12-12所示。

**03** 保存网页后按F12键浏览，其效果如图12-13所示。

图12-12

图12-13

# 12.5 章节小结

CSS样式表是一系列格式规则，使用CSS样式可以灵活控制网页外观，从精确的布局定位到特定的字体样式，都可以使用CSS样式来完成。本章主要向读者介绍了Dreamweaver中的CSS样式表，希望读者通过本章内容的学习，能掌握CSS的语法、属性等知识。

# 12.6 课后习题

## 课后练习 制作数字放大特效

实例位置 CH12>制作数字放大特效>制作数字放大特效.html
素材位置 CH12>制作数字放大特效>images
实用指数 ★★★★
技术掌握 学习制作数字放大特效的方法

本例使用CSS样式制作数字放大特效，制作完成后的效果如图12-14所示。

**主要步骤：**

（1）新建一个网页文件，单击代码按钮切换到“代码”视图，在<body>和</body>标签之间输入代码。

（2）执行“修改>页面属性”菜单命令，打开“页面属性”对话框，在对话框中为网页设置一幅背景图像，并在“重复”下拉列表中选择norepeat选项。

（3）执行“文件>保存”菜单命令，将文件保存，然后按F12键浏览网页即可。

图12-14

## 课后练习 制作导航特效

实例位置 CH12>制作导航特效>制作导航特效.html
素材位置 CH12>制作导航特效>images
实用指数 ★★★★
技术掌握 学习制作导航特效的方法

本例使用CSS样式制作导航特效，制作完成后的效果如图12-15所示。

**主要步骤：**

（1）新建一个网页文件，单击代码按钮切换到“代码”视图，在<title>和</title>标签之后添加代码。

（2）在<body>和</body>标签之间添加代码。

（3）打开“页面属性”对话框，在对话框中为将网页的背景颜色设置为灰色。

（4）执行“文件>保存”菜单命令，将文件保存，然后按F12键浏览网页即可。

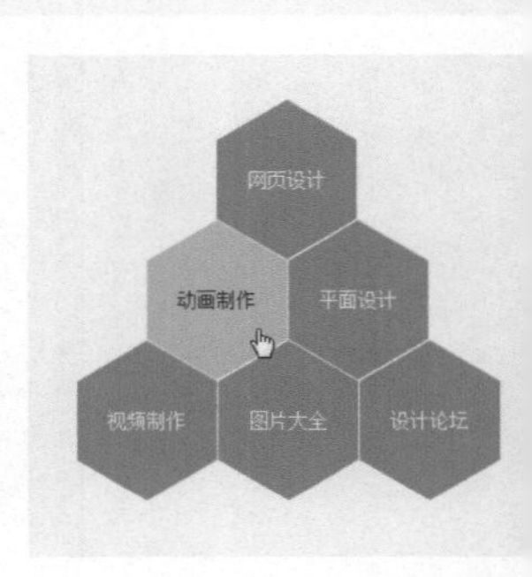


图12-15

CHAPTER

# 13 使用DIV+CSS布局网页

DIV+CSS是网站标准（又称“Web标准”）中常用的术语之一，即采用DIV+CSS的方式实现各种定位。用DIV盒模型结构将各部分内容划分到不同的区块，然后用CSS来定义盒模型的位置、大小、边框、内外边距和排列方式等。

* DIV与CSS布局基础
* 使用DIV
* DIV+CSS盒模型
* DIV+CSS布局定位
* DIV+CSS布局理念
* 常用的布局方式

# 13.1 DIV与CSS布局基础

## 13.1.1 什么是Web标准

Web标准是由W3C（World Wide Web Consortium）和其他标准化组织指定的一套规范集合，包含一系列标准，如HTML、XHTML、JavaScript及CSS等。Web标准的目的在于创建一个统一用于Web表现层技术的标准，以便通过不同浏览器或终端设备向最终用户展示信息内容。

Web标准即网站标准。目前通常所说的Web标准一般指进行网站建设所采用的基于XHTML语言的网站设计语言，Web标准中典型的应用模式是DIV+CSS，实际上Web标准并不是某一个标准，而是一系列标准的集合。

Web标准由一系列的规范组成。由于Web设计越来越趋向于整体化与结构化，对于网页设计制作者来说，理解Web标准首先要理解结构和表现分离的意义。刚开始的时候理解结构和表现的不同之处可能很困难，但是理解这点是很重要的，因为当结构和表现分离后，用CSS样式表来控制表现就是很容易的一件事了。

## 13.1.2 Web标准的构成

下面介绍Web标准的构成。

### 1. 结构

结构技术用于对网页中用到的信息（如文本、图像、动画等）进行分类和整理，目前用于结构化设计的Web标准技术主要是HTML。

### 2. 表现

表现技术用于对已被结构化的信息进行显示上的控制，包括位置、颜色、字体、大小等形式控制。目前用于表现设计的Web标准技术就是CSS。W3C创建CSS的目的是用CSS来控制整个网页的布局，与HTML所实现的结构完全分离，简单来说就是表现与内容完全分离，使站点的维护更加容易。这也正是DIV+CSS布局的一大特点。

### 3. 行为

行为是指对整个文档的一个模型定义和交互行为的编写，目前用于行为设计的Web标准技术主要有下面两个。

第一个是DOM（Document Object Model），即文档对象模型，相当于浏览器与内容结构之间的一个接口。它定义了访问和处理HTML文档的标准方法，把网页和脚本以及其他的编程语言联系了起来。

第二个是ECMAScript（JavaScript的扩展脚本语言），即由CMA（Computer Manufacturers Association）制定的脚本语言（JavaScript），用于实现网页对象的交互操作。

## 13.1.3 DIV概述

DIV（Division区分）是用来定义网页内容中逻辑区域的标签，可以通过手动插入DIV标签并对它们应用CSS样式来创建网页布局。

DIV是用来为HTML文档中的块内容设置结构和背景属性的元素。它相当于一个容器，由起始标签<div>和结束标签</div>之间的所有内容构成，在它里面可以内嵌表格（Table）、文本（Text）等HTML代码。其中所包含的元素特性由DIV标签的属性来控制，或使用样式表格式化这个块来控制。

DIV是HTML中指定的，专门用于布局设计的容器对象。在传统的表格式的布局当中，之所以能进行页面的排版布局设计，完全依赖于表格对象。在页面当中绘制一个由多个单元格组成的表格，在相应的表格中放置内容，通过表格单元格的位置控制来达到实现布局的目的，这是表格式布局的核心。而现在，我们所要接触的是一种全新的布局方式——CSS布局，DIV是这种布局方式的核心对象，使用 CSS布局的页面排版不需要依赖表格，仅从DIV的使用上说，一个简单的布局只需要依赖DIV与CSS，因此也可以称为DIV+CSS布局。

# 13.2 使用DIV

## 13.2.1 创建DIV

与表格、图像等网页对象一样，只需在代码中应用<div>和</div>这样的标签形式，并将内容放置其中，便可以应用DIV标签。

DIV对象在使用时，同其他HTML对象一样，可以加入其他属性，比如id、class、align、style等属性，而在CSS布局方面，为了实现内容与表现分离，不应当将Align（对齐）属性与Style（行间样式表）属性编写在HTML页面的DIV标签中，因此DIV代码只能拥有以下两种形式。

```
<div id="id 名称">内容<div>
<div class="class 名称">内容</div>
```

使用id属性可以将当前这个DIV指定一个id名称，在CSS中使用id选择符进行样式编写，同样可以使用class属性，在CSS中使用class选择符进行样式编写。

**Tips**

**DIV标签只是一个标识，其作用是把内容标记在一个区域，而不负责其他事情，DIV只是 CSS布局工作的第1步，需要通过DIV将页面中的内容元素标记出来，而为内容添加样式则由CSS来完成。**

在一个没有应用CSS样式的页面中，即使应用了DIV，也没有任何实际效果。就如同直接输入了DIV中的内容一样，那么该如何理解DIV在布局上所带来的不同呢？

首先用表格与DIV进行比较。用表格布局时，使用表格设计的左右分栏或上下分栏，都能够在浏览器预览中看到分栏效果，如图13-1所示。

| 左 | 右 |
| --- | --- |

图13-1

表格自身的代码形式决定了在浏览器中显示的时候，两块内容分别显示在左单元格与右单元格之中，因此无论是否设置了表格边框，都可以明确地知道内容存在于两个单元格中，也达到了分栏的效果。

启动Dreamweaver，切换到“代码”视图，在<body>与</body>之间输入以下代码，如图13-2所示。

```
<div>左</div>
<div>右</div>
```

切换到“设计”视图，可以看到插入的两个DIV，如图13-3所示。

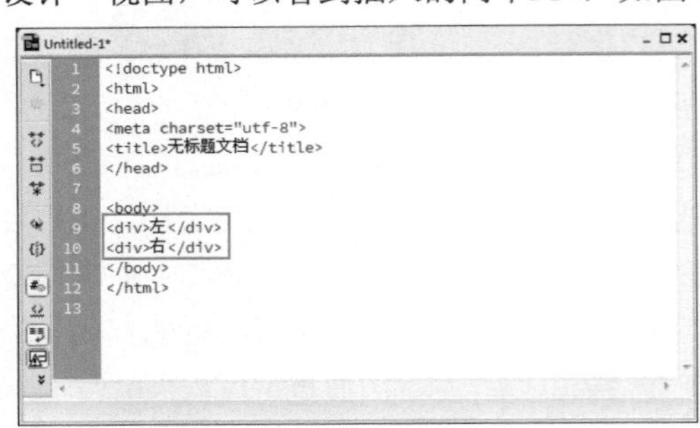


图13-2

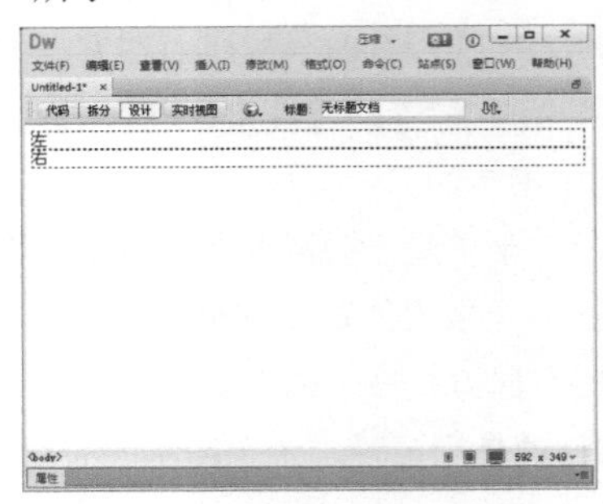

图13-3

按F12键浏览网页，能够看到仅仅出现了两行文字，而没有看出DIV的任何特征，如图13-4所示。

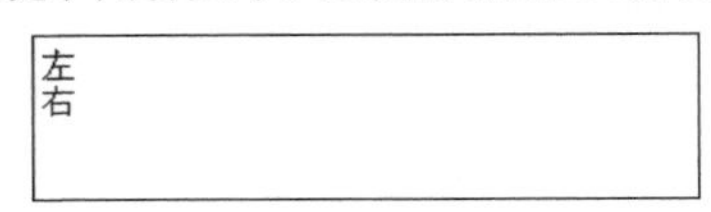


图13-4

从表格与DIV的比较中可以看出，DIV对象本身就是占据整行的一种对象，不允许其他对象与它在一行中并列显示，实际上DIV就是一个“块状对象”（Block）。

从页面的效果中发现，网页中除文字之外没有任何其他效果，两个DIV之间的关系只是前后关系，并没有出现类似表格的组织形式，因此可以说，DIV本身与样式没有任何关系，样式需要编写CSS来实现，因此DIV对象从本质上实现了与样式分离。

这样做的好处是，由于DIV与样式分离，最终样式则由CSS来完成，这样与样式无关的特性，使得DIV在设计中拥有巨大的可伸缩性，可以根据自己的想法改变DIV的样式，不再拘泥于单元格固定模式的束缚。

**在CSS布局中所需要的工作可以简单归结为两个步骤，首先使用DIV将内容标记出来，然后为这个DIV编写需要的CSS样式。**

## 13.2.2 选择DIV

要对DIV执行某项操作，首先需要将其选中，在Dreamweaver中选择DIV的方法有两种。

第1种：将鼠标光标移至DIV周围的任意边框上，当边框显示为红色实线时单击鼠标即可将其选中，如图13-5所示。

第2种：将光标置于DIV中，然后单击“状态栏”上相应的<div>标签，同样可将其选中，如图13-6所示。

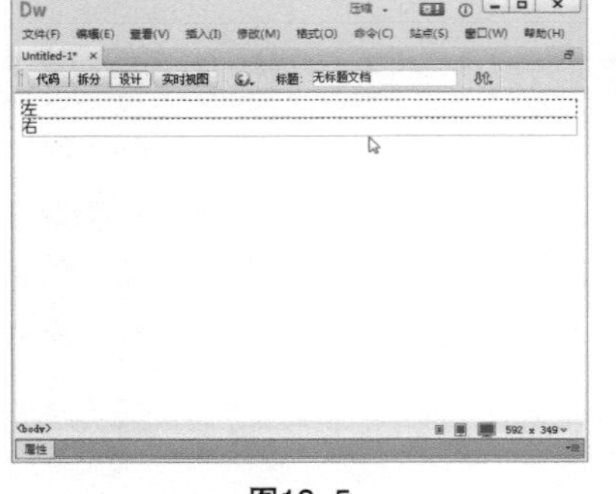

图13-5

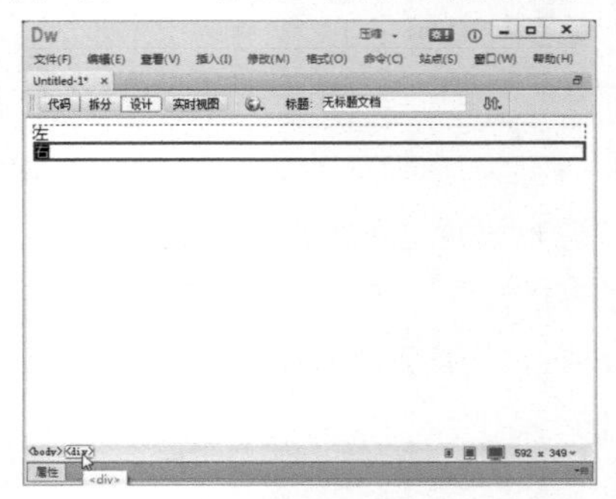

图13-6

# 13.3 关于DIV+CSS盒模型

盒模型是CSS控制页面时一个很重要的概念，只有很好地掌握了盒模型，以及其中每一个元素的用法，才能真正控制页面中各个元素的位置。

## 13.3.1 盒模型的概念

学习DIV+CSS，首先要弄懂的就是这个盒模型，这就是DIV排版的核心所在。传统的表格排版是通过大小不一的表格和表格嵌套来定位排版网页内容，改用CSS排版后，就是通过由CSS定义的大小不一的盒子和盒子嵌套来编排网页。这种排版方式的网页代码简洁，表现和内容相分离，维护方便。

那么它为什么叫盒模型呢？先说说在网页设计中常用的属性名，即内容（content）、填充（padding）、边框（border）和边界（margin），CSS盒模型都具备这些属性，如图13-7所示。

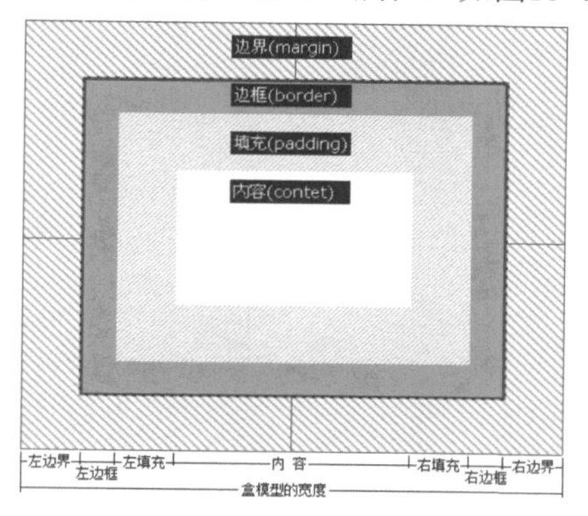


图13-7

可以把CSS盒模型想象成现实中上方开口的盒子，然后从上往下俯视，边框相当于盒子的厚度，内容相对于盒子中所装物体的空间，而填充相当于为防震而在盒子内填充的泡沫，边界相当于在这个盒子周围要留出一定的空间以方便取出，这样就比较容易理解盒模型了。

## 13.3.2 margin（边界）

margin指的是元素与元素之间的距离，例如设置元素的下边界margin-bottom，其代码如下。

```
<!DOCTYPE html PUBLIC"-//W3C//DTD XHTML 1.0 Transitional//EN""http://www.w3.org/TR/xhtml1/DTD/xhtml1-transitional.dtd">
<html xmlns="http://www.w3.org/1999/xhtml">
<head>
<meta http-equiv="Content-Type"content="text/html; charset=utf-8"/>
<title>margin</title>
</head>
<body>
<div style="width:350px; height:200px; margin-bottom:40px;">
<img src="images/1.jpg" width="350" height="200"/></div>
```

```
<div style="width:350px; height:200px;">
<img src="images/2.jpg" width="350" height="200"/></div>
</body>
</html>
```

以上代码在浏览器中的预览效果如图13-8所示，可以看到上下两个元素之间增加了40像素的距离。

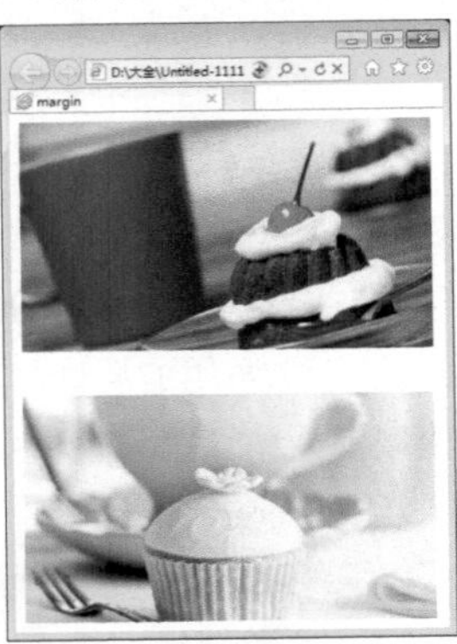

图13-8

当两个行内元素相邻的时候，它们之间的距离为第1个元素的右边界margin-right加上第2个元素的左边界margin-left，比如以下代码。

```
<body>
<span style="width:350px; height:200px; margin-right:30px;">
<img src="images/1.jpg" width="350" height="200" /></span>
<span style="width:350px; height:200px; margin-left:40px;">
<img src="images/2.jpg" width="350" height="200" /></span>
</body>
```

以上代码在浏览器中的预览效果如图13-9所示，可以看到两个元素之间的距离为30px+40px=70px。

图13-9

但如果不是行内元素，而是产生换行效果的块级元素，情况就不同，两个块级元素之间的距离不再是两个边界相加，而是取两者中较大者的margin值，比如以下代码。

```
<body>
<div style="width:350px; height:200px; margin-bottom:30px;"><img src="images/1.jpg"
width="350" height="200"/></div>
<div style="width:350px; height: 200px; margin-top:40px;"><img src="images/2.jpg"width="350"
height="200" /></div>
</body>
```

从代码中可以看到，第2个块级元素的margin-top值大于第1个块级元素的 margin-bottom值，所以它们之间的边界应为第2个块级元素的边界值，效果如图13-10所示。

图13-10

除了行内元素间隔和块级元素间隔这两种关系外，还有一种位置关系，它的margin值对CSS排版有重要的作用，这就是父子关系。当一个<div>块包含在另一个<div>块中间时，便形成了典型的父子关系，其中子块的margin将以父块的content（内容）为参考，比如以下代码。

```
<!DOCTYPE html PUBLIC "-//W3C//DTD XHTML 1.0 Transitional//EN" "http://www.w3.org/TR/xhtml1/DTD/xhtml1-transitional.dtd">
<html xmlns="http://www.w3.org/1999/xhtml">
<head>
<meta http-equiv="Content-Type" content="text/html; charset=utf-8" />
<title>margin</title>
<style type="text/css">
<!--
#box {                  /*父div*/
   background-color:#0CC;
   text-align:center;
   font-family:"宋体";
   font-size:12px;
   padding:10px;
   border:1px solid #000;
   height:50px;    /*设置父div的高度*/
}
#son {                 /*子div*/
   background-color:#FFF;
   margin:30px 0px 0px 0px;
   border:1px solid #000;
   padding:20px;
}
-->
</style>
</head>
<body>
<div id="box">
```

```
<div id="son">子div</div>
</div>
</body>
</html>
```

设计视图的效果如图13-11所示，可以看到子DIV距离父DIV上边为40px（margin 30px+padding 10px），其余边都是padding的10px。

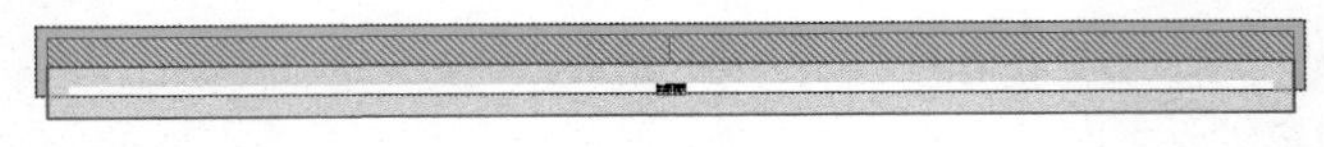

图13-11

另外由于浏览器版本的不同，细节处理上也有区别，例如IE 6.0和IE 8.0，如果设定了父元素的高度（height）值，此时子元素的高度值超过了父元素的高度值，两者的显示结果完全不同，代码如下。

```
<style type="text/css">
<!--
#box {                    /*父div*/
    background-color:#0CC;
    text-align:center;
    font-family: "宋体";
    font-size:12px;
    padding:10px;
    bprder:1px solid #000;
    height:50px;          /*设置父div的高度*/
}
#son {                    /*子div*/
    background-color:#FFF;
    margin:30px 0px 0px 0px;
    border:1px solid #000;
    padding:20px;
}
 -->
</style>
```

以上代码的预览效果如图13-12所示。

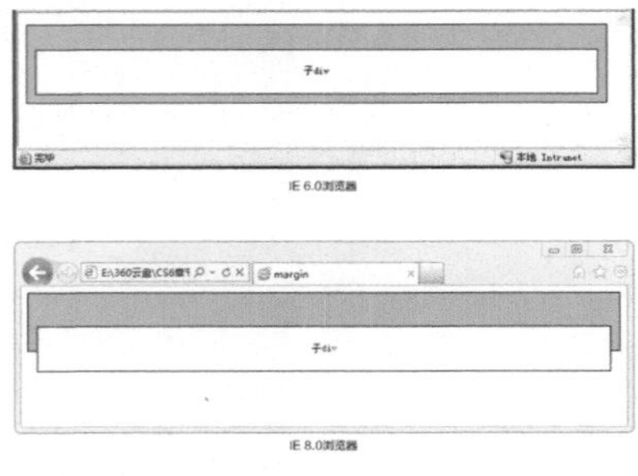


图13-12

在CSS样式表中设置的父DIV的高度值小于子元素的高度+margin的值时，此时IE 6.0浏览器会自动扩大，保持子元素的margin-bottom空间，以及父元素自身的padding-bottom；而IE 8.0浏览器就不会，它会保证父元素高度的完全吻合，而这时子元素将超过父元素的范围，读者在制作时需要注意这个问题。

## 13.3.3 border（边框）

border一般用于分离元素，border的外围即为元素的最外围，因此计算元素实际的宽和高时，就要将border 纳入。

border的属性主要有3个，分别为color（颜色）、width（粗细）和style（样式）。在设置border时，常常需要将这3个属性进行配合，才能达到很好的效果，如表13-1所示。

表13-1

| 属 性 | 说 明 | 值 | 说 明 |
| --- | --- | --- | --- |
| Color | 该属性用于指定border的颜色，它的设计方法与文字的color属性完全一样，一共可以有256种颜色。通常情况下，设计为16进制的值，如白色为#FFFFFF | 无 | |
| Width | 该属性用于设置border的粗细程度 | medium | 该属性为默认值，一般的浏览器都将其解析为2px宽 |
| | | thin | 设置细边框 |
| | | thick | 设置粗边框 |
| | | length | length表示具体的数值，如10px等 |
| Style | 该属性用于设置border的样式，其中，none和hidden都是不显示border，二者效果完全相同，只是运用在表格中时，hidden可以用来解决边框冲突的问题 | dashed | 虚线边框 |
| | | dotted | 点画线边框 |
| | | double | 双实线边框 |
| | | groove | 边框具有雕刻效果 |
| | | hidden | 不显示边框，在表格中边框折叠 |
| | | inherit | 继承上一级元素的值 |
| | | none | 不显示边框 |
| | | solid | 单实线边框 |

如果希望在某段文字结束后加上虚线用于分割，而不是用border将整段话框起来，可以通过单独设置某一边来完成，比如以下代码。

```
<body>
<p style="border-bottom:3px dotted #330099">举头西北浮云，倚天万里须长剑。</p>
<p style="border-bottom:3px dotted #330099">人言此地，夜深长见，斗牛光焰。</p>
</body>
```

在浏览器中的预览效果如图13-13所示。

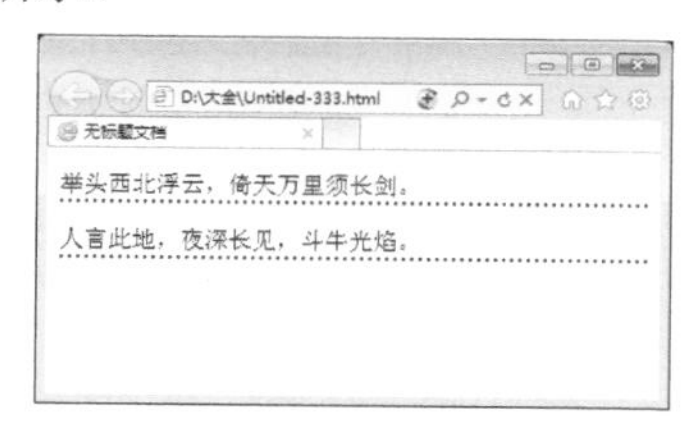


图13-13

Tips

borde-style属性在不同的浏览器中效果也有差别，例如下面的HTML代码。

```
<!DOCTYPE html PUBLIC "-//W3C//DTD XHTML 1.0
 Transitional/EN" "http://ww.w3.org/ TR/xhtml1/DTD/xhtml1 -transitional.dtd">
<html xmlns="http://www.w3.org/1999/xhtml">
<head>
<meta http-equiv="Content-Type" content="text/html; charset=utf-8" />
<title>border </title>
<style type="text/css">
<!--
div {
border-width:6px;
border-color:#000;
margin:10px;
padding:10px;
background-color:#ffc;
text-align:center;
}
-->
</style>
</head>
<body>
<div style="border-style:dashed" >dashed</div>
<div style="border-style:dotted" > dotted </div>
<div style="border-style:double" > double </div>
<div style="border-style:groove" >groove</div>
<div style="border-style:inset" >inset</div>
<div style="border-style:outset" >outset</div>
<div style="border-style:ridge" >ridge</div>
<div style="border-style:solid" >solid</div>
</body>
</html>
```

以上代码在IE和Firefox中的预览效果如图13-14所示。

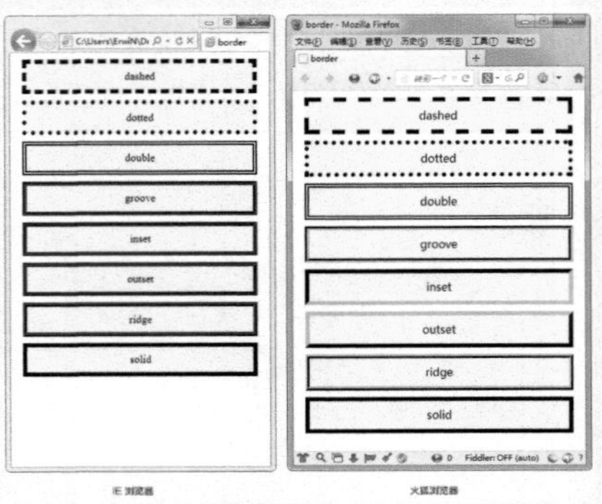


图13-14

**Tips**

**通过浏览器的预览效果可以看到，对于groove、inset、outset和ridge几种值，IE支持得不够理想。另外需要注意的是，在特定情况下，给元素设置背景颜色（background-color)时，IE 6.0版本作用的区域为contem+padding，而Firefox和IE 8.0版本则是content+ padding-border，这点在border为粗虚线时特别明显。**

### 13.3.4 padding（填充）

padding用于控制content（内容）与border（边框）之间的距离，例如加入padding-bottom属性，来看看如下代码。

```
<!DOCTYPE html PUBLIC "-//W3C//DTD XHTML 1.0 Transitional//EN" "http://www.w3.org/TR/xhtml1/DTD/xhtml1-transitional.dtd">
<html xmlns="http://www.w3.org/1999/xhtml">
<head>
<meta http-equiv="Content-Type" content="text/html; charset=utf-8" />
<title>无标题文档</title>
</head>
<body style="text-align: center">
<div style=" width:350px; height:200; border:8px solid #000000; padding-bottom:40px; ">
<img src="images/2.jpg" width="350" height="200"></div>
</body>
</html>
```

以上代码的预览效果如图13-15所示，可以看到下边框与正文内容相隔了40像素。

图13-15

## 13.4 DIV+CSS布局定位

下面介绍DIV+CSS布局定位，包括相对定位、绝对定位和浮动定位。

### 13.4.1 relative（相对定位）

相对定位在CSS中的写法是position:relative;，其表达的意思是以父级对象（它所在的容器）的坐标原点为坐标原点。无父级则以body的坐标原点为坐标原点，配合top、right、bottom、left（上、右、下、左）值来定位元素。当父级内有padding等CSS属性时，当前级的坐标原点则参照父级内容区的坐标原点进行定位。

如果对一个元素进行相对定位，在它所在的位置上，通过设置垂直或水平位置，让这个元素相对于起点进行移动。如果将top设置为40像素，那么元素将出现在原位置顶部下面40像素的位置。如果将left设置为40像素，那么会在元素左边创建40像素的空间，也就是将元素向右移动，例如以下代码。

```
#main {
height:150px;
width: 150px;
background-color:#FF0;
float: left;
position: relative;
left:40px;
top:40px;
}
```

以上代码的预览效果如图13-16所示。

在使用相对定位时，无论是否进行移动，元素仍然占据原来的空间，因此移动元素会导致它覆盖其他元素。

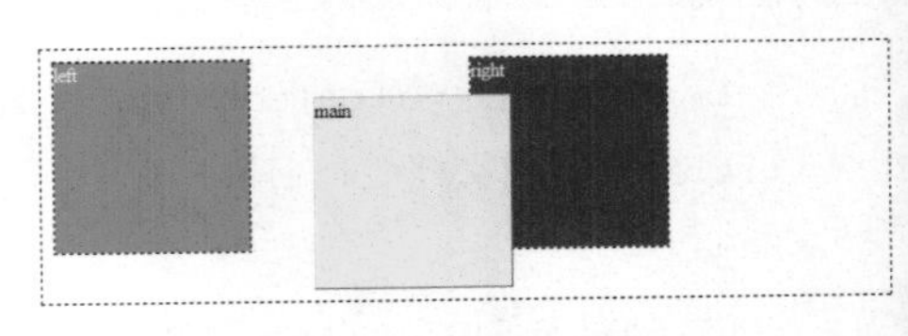

图13-16

## 13.4.2 absolute（绝对定位）

绝对定位在CSS中的写法是position:absolute;，其表达的意思是参照浏览器的左上角且配合top、right、bottom、left（上、右、下、左）值来定位元素。

绝对定位可以使对象的位置与页面中的其他元素无关，使用了绝对定位之后，对象就浮在网页的上面，例如以下代码。

```
#main {
height: 150px;
width:150px;
background-color:#FF0;
float: left;
position:absolute;
left:40px;
top:40px;
}
```

以上代码的预览效果如图13-17所示。

绝对定位可以使元素从它的包含块向上、下、左、右移动，这提供了很大的灵活性，可以直接将元素定位在页面上的任何位置。

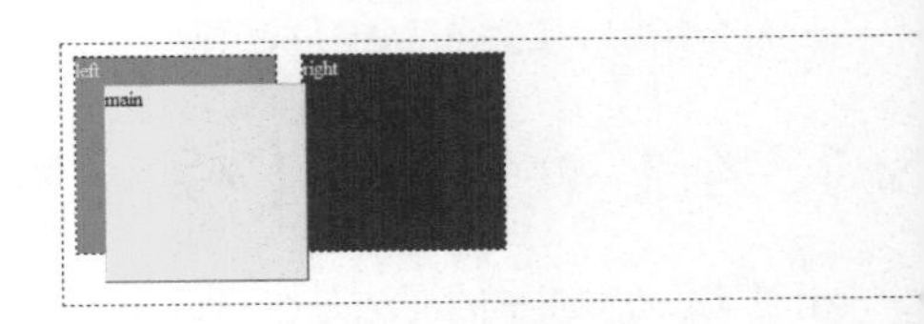

图13-17

## 13.4.3 float（浮动定位）

浮动定位在CSS中用float属性来表示，当float值为none时，表示对象不浮动；为left时，表示对象向左浮动；为right时，表示对象向右浮动。float可选参数如表13-2所示。

表13-2

| 属 性 | 说 明 | 值 | 说 明 |
|---|---|---|---|
| float | 用于设置对象是否浮动显示，以及设置具体浮动的方式 | inherit | 继承父级元素的浮动属性 |
| | | left | 元素会移至父元素的左侧 |
| | | none | 默认值 |
| | | right | 元素会移至父元素的右侧 |

下面介绍浮动的几种形式。

普通文档流，也就是普通页面布局顺序显示的CSS样式如下。

```
#box {
width:650px;
font-size:20px;
}
#left {
background-color:#F00;
height:150px;
width:150px;
margin:10px;
color:#FFF;
}

#main {
background-color:#ff0;
height:150px;
width:150px;
margin:10px;
color:#000;
}

#right {
background-color:#00F;
height:150px;
width:150px;
margin:10px;
color:#000;
}
```

以上代码的预览效果如图13-18所示。

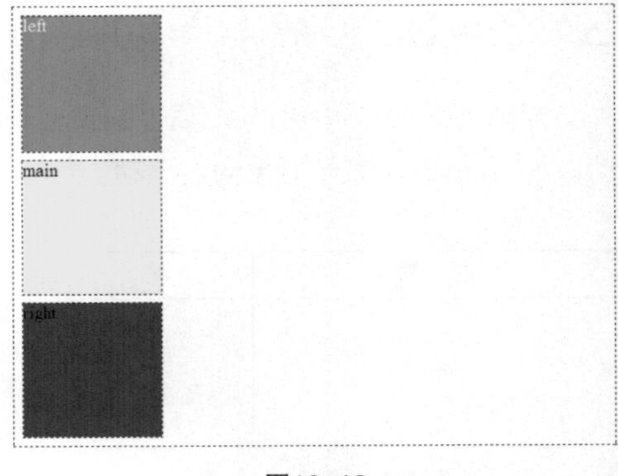

图13-18

在图13-18中，如果把left块向右浮动，它脱离文档流并向右移动，直到它的边缘碰到box的右边框，其CSS代码如下。

```
#left {
Background-color:#F00;
Height:150px;
width:150px;
margin:10px;
color:#FFF;
float:right;
}
```

以上代码的预览效果如图13-19所示。

图13-19

在图13-19中，当把left块向左浮动时，它脱离文档流并且向左移动，直到它的边缘碰到box的左边缘。因为它不再处于文档流中，所以它不占据空间，但实际上覆盖住了main块，使main块从左视图中消失，其CSS代码如下。

```
#left {
height: 150px;
width: 150px;
margin: 10px;
background-color:#F00;
color:#FFF;
float: left;
}
```

以上代码的预览效果如图13-20所示。

图13-20

如果把3个块都向左浮动，那么left块向左浮动直到碰到box框的左边缘，另外两个块向左浮动，直到碰到前一个浮动框，其CSS代码如下。

```
#box {
width:650px;
font-size: 20 px;
height: 170px;
}
#left {
background-color:#fff;
height:150px;
width:150px;
margin:10px;
background-color: #F00;
color:#FFF;
float: left;
}
#main {
Background-color:#FFF;
height: 150px;
width: 150px;
margin: 10px;
background-color:#FF0;
float: left;
}
#right {
   background-color:#FFF;
height:150px;
width:150px;
margin:10px;
background-color:#00F;
color:#FFF;
float:left;
}
```

以上代码的预览效果如图13-21所示。

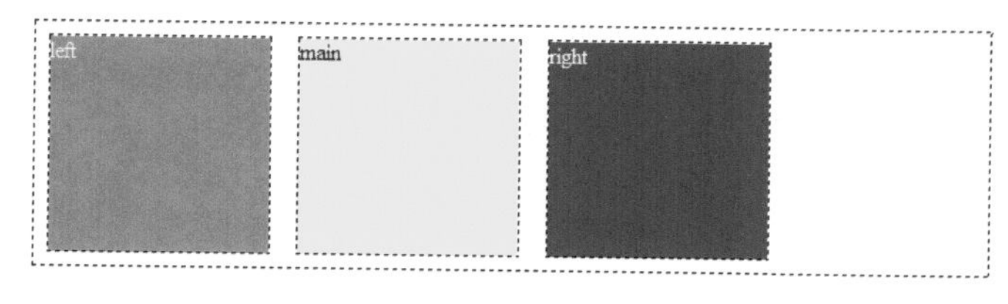


图13-21

如果包含框太窄，无法容纳水平排列的3个浮动元素，那么其他浮动块向下移动，直到有足够空间的地方，其代码如下。

```
#box {
width:400px;
font-size:20px;
height:340px;
}
```

以上代码的预览效果如图13-22所示。

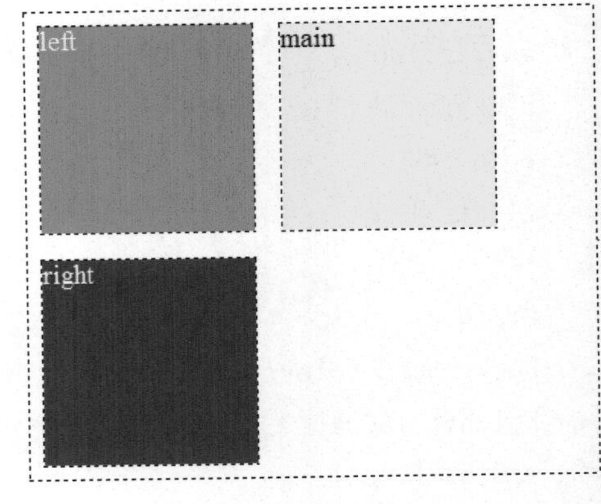


图13-22

如果浮动块元素的高度不同，那么当它们向下移动时，可能会被其他浮动元素卡住，例如以下代码。

```
#left {
background-color:#f00;
height:200px;
width: 150px;
margin:10px;
background-color: # F00;
color:#FFF;
float:left;
}
```

以上代码的预览效果如图13-23所示。

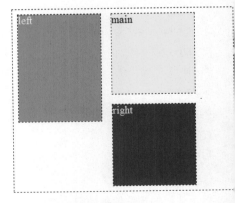


图13-23

## 13.5 DIV+CSS布局理念

CSS排版是一种很新颖的排版理念，首先要将页面使用<div>整体划分几个版块，然后对各个版块进行CSS定位，最后在各个版块中添加相应的内容。

## 13.5.1 将页面用DIV分块

在使用CSS布局页面时，首先要有一个整体的规划，包括整个页面分成哪些模块，各个模块之间的父子关系等。以最简单的框架为例，页面由banner、主体内容（content）、菜单导航（links）和脚注（footer）等几个部分组成，各个部分分别用自己的id来标识，如图13-24所示。

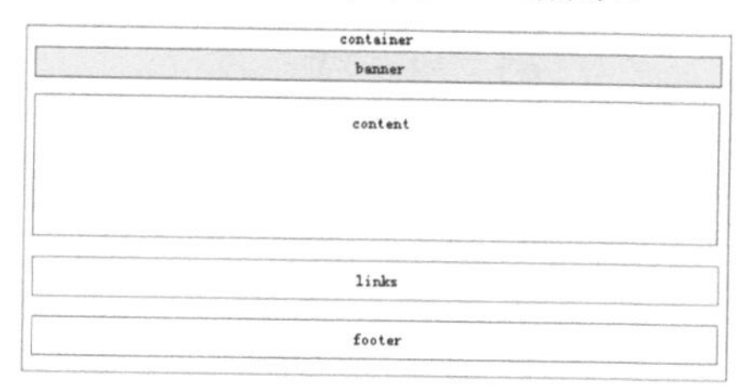


图13-24

## 13.5.2 设计各块的位置

当页面的内容已经确定后，就需要根据内容本身考虑整体的页面布局类型，如是单栏、双栏还是三栏等，如图13-25所示。

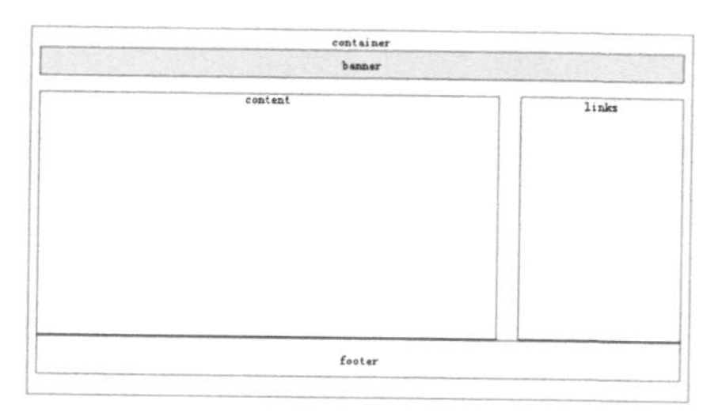


图13-25

## 即学即用 使用DIV布局科技网站

实例位置 CH13> 使用 DIV 布局科技网站 > 使用 DIV 布局科技网站.html
素材位置 CH13> 使用 DIV 布局科技网站 >images
实用指数 ★★★
技术掌握 学习使用 DIV 进行网页布局的方法

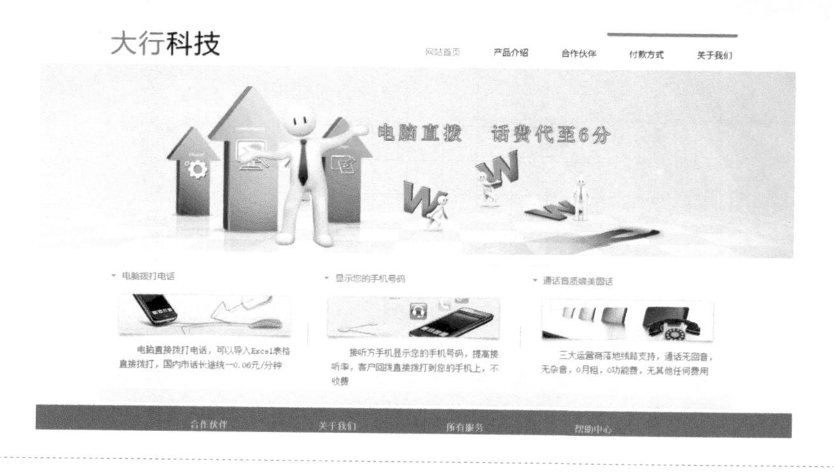

**01** 在Dreamweaver中新建一个网页文件，将光标置于页面中，执行“插入>Div”菜单命令，打开“插入Div”对话框，在ID文本框中输入top，如图13-26所示。

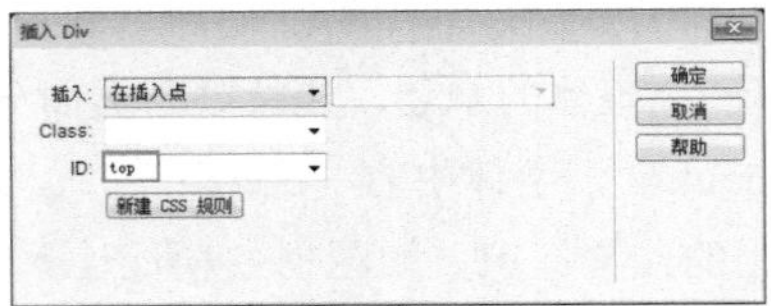


图13-26

**Tips**

在“插入Div”对话框中，通过“插入”下拉列表框指定插入的Div标签位置，共包括5个选项。

在插入点：将Div插入到光标当前所在的位置。

在标签之前：将Div插入在所选标签的前面。

在开始标签后：将Div插入在所选标签的开始标签之后。

在开始标签前：将Div插入在所选标签的结束标签之前。

在标签之后：将Div插入在所选标签的后面。

“class”下拉列表框可以定义Div标签使用的类，在类中可以定义Div标签的Div样式。

ID下拉列表框可以定义Div标签的唯一标识，方便为Div标签定义行为，也可以在ID 中定义CSS样式。

单击 新建 CSS 规则 按钮可以为Div标签定义新的CSS样式。

**02** 设置完成后单击 确定 按钮，即可在页面中插入名称为top的Div，页面效果如图13-27所示。

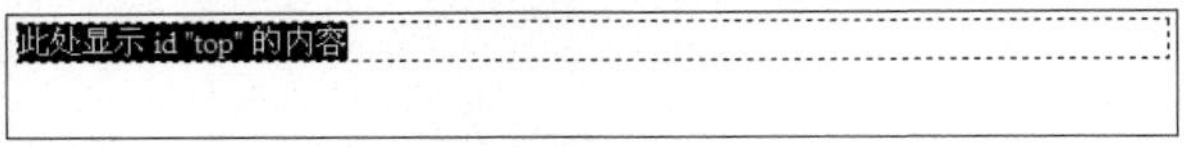

此处显示 id "top" 的内容

图13-27

**04** 执行“插入>Div”菜单命令，打开“插入Div”对话框，在“插入”下拉列表框中选择“在标签后”选项，并在右侧的下拉列表框中选择〈div id= “top” 〉选项，在ID下拉列表框中输入main，如图13-29所示。

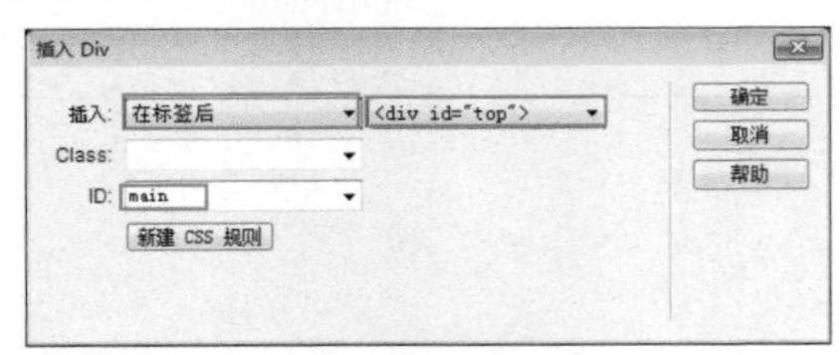


图13-29

**06** 将光标移至名为main的Div中，删除多余的文本内容，执行“插入>图像>图像”菜单命令，在Div中插入一幅图像，如图13-31所示。

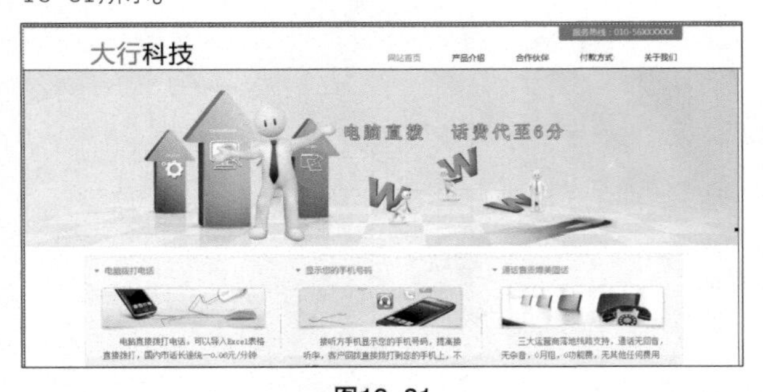


图13-31

**03** 将光标移至名为top的Div中，删除多余的文本内容，执行“插入>图像>图像”菜单命令，在Div中插入一幅图像，如图13-28所示。

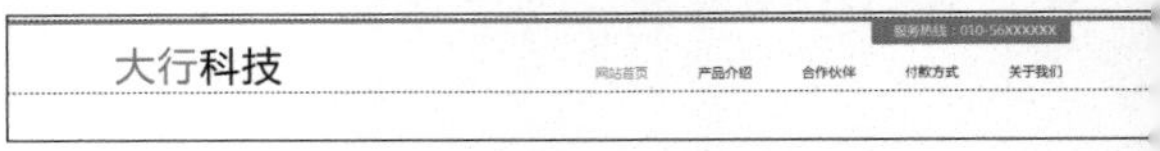

大行科技

图13-28

**05** 设置完成后单击 确定 按钮，即可在页面中插入名称为main的Div，页面效果如图13-30所示。

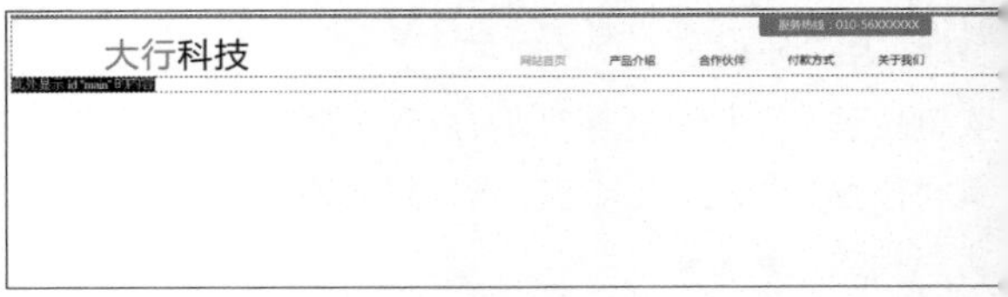

大行科技

图13-30

**07** 执行“插入>Div”菜单命令，打开“插入Div”对话框，在“插入”下拉列表框中选择“在标签后”选项，并在右侧的下拉列表框中选择〈div id= “main” 〉选项，在ID下拉列表框中输入footer，如图13-32所示。

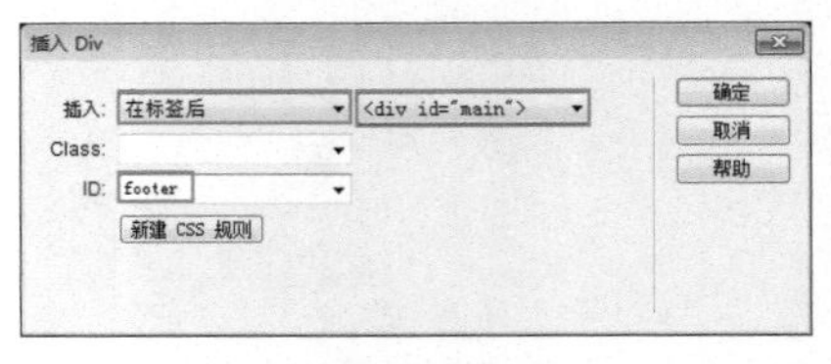


图13-32

08 设置完成后单击 确定 按钮，即可在页面中插入名称为footer的Div，页面效果如图13-33所示。

图13-33

09 将光标移至名为footer的Div中，将多余的文本内容删除，执行“插入>图像>图像”菜单命令，在名为footer的Div中插入一幅图像，如图13-34所示。

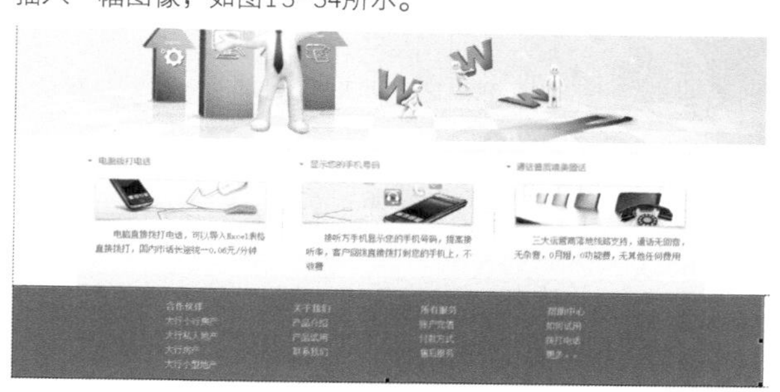

图13-34

10 执行“修改>页面属性”菜单命令，打开“页面属性”对话框，在“上边距”和“下边距”文本框中都输入0，完成后单击 确定 按钮，如图13-35所示。

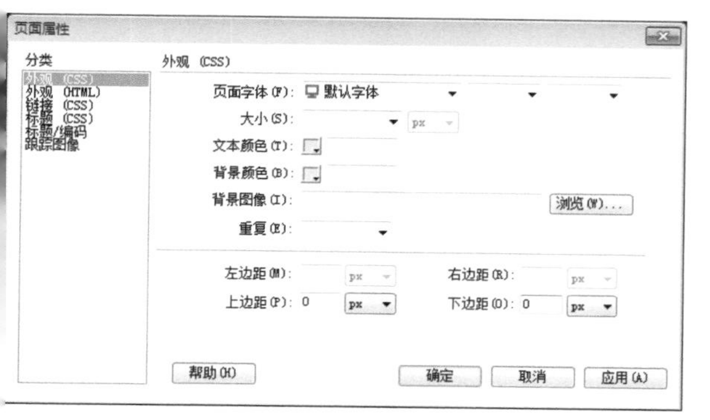


图13-35

11 在“标题”文本框中输入“使用Div布局科技网站”，然后执行“文件>保存”菜单命令保存网页，完成后按F12键预览，效果如图13-36所示。

图13-36

## 13.5.3 用CSS定位

整理好页面的框架后，就可以使用CSS对各个版块进行定位，实现对页面的整体规划，然后再向各个版块中添加内容。

# 13.6 常用的布局方式

下面介绍一下常用的DIV+CSS布局方式。

## 13.6.1 居中布局设计

在网页布局中，居中布局设计非常广泛，所以如何在CSS中让元素居中显示，是大多数开发人员首先要学习的重点之一。居中布局设计主要有两个基本方法。

### 1. 使用自动空白边让设计居中

假设一个布局，希望其中的容器DIV在屏幕上水平居中，代码如下。

```
<body>
<div id="box"></div>
</body>
```

只须定义DIV的宽度，然后将水平空白边设置为auto，其代码如下。

```
#box {
Width:800px;
Height:500px;
background-color:#F36;
margin:0 auto;
}
```

以上代码的预览效果如图13-37所示。

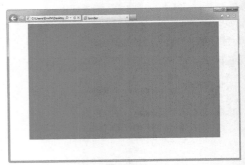

图13-37

这种CSS样式定义的方法在IE 6.0以上版本或其他浏览器中都是有效的，但是在IE 5.0和IE 5.5或更低的浏览器中不支持自动空白边，因为IE将text-align:center理解为让所有对象居中，而不只是文本。

可以利用这一点，让主体标签中所有对象居中，包括容器DIV，然后将内容重新对准左边，其代码如下。

```
body {
text-align:center;
}
#box {
width :720px;
margin:0 auto;
text-align:left;
}
```

以这种方式使用text-align属性，不会对代码产生任何严重的影响。

## 2. 使用定位和负值空白边让设计居中

首先定义容器的宽度，然后将容器的position属性设置为relative，将left属性设置为50%，就会把容器的左边缘定位在页面的中间，其代码如下。

```
#box {
width: 720px;
position: relative;
left:50%;
}
```

如果不希望让容器的左边缘居中，而是让容器的中间居中，只要对容器的左边应用一个负值的空白边，宽度等于容器宽度的一半，这样就会把容器向左移动它宽度的一半，从而让它在屏幕上居中，其代码如下。

```
#box {
width:720px;
position:relative;
left:50%;
margin-left:-360px;
}
```

图13-38所示为常见的居中布局效果。

图13-38

## 13.6.2 浮动布局设计

浮动布局设计也是主流布局设计中不可缺少的布局之一，基于浮动的布局利用了float（浮动）属性来并排定位元素。

### 1. 两列固定宽度布局

两列固定宽度布局非常简单，其代码如下。

```
<div id="left">左列</div>
<div id="right">右列</div>
```

为id名为left与right的DIV制定CSS样式，让两个DIV在水平行中并排显示，从而形成两列式布局，CSS代码如下。

```
#left {
width:400px;
height:300px;
background-color:#0CF;
border:2px solid #06F;
float: left;
}
#right {
width:400px;
height:300px;
background-color: #0CF;
border:2px solid #06F;
float:left;
}
```

为了实现两列式布局，使用了float属性，这样两列固定宽度的布局就能够完整地显示出来，预览效果如图13-39所示。

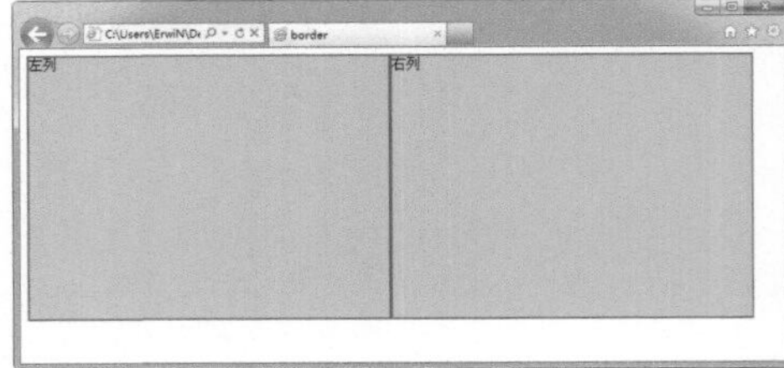


图13-39

## 2. 两列固定宽度居中布局

两列固定宽度居中布局可以使用DIV的嵌套方式来完成，用一个居中的DIV作为容器，将两列分栏的两个DIV放置在容器中，从而实现两列的居中显示，代码结构如下。

```
<div id="box">
<div id="left">左列</div>
<div id="right">右列</div>
</div>
```

为分栏的两个DIV加上了一个id名为box的DIV容器，CSS代码如下。

```
# box {
width :808px;
margin:0px auto;
}
```

#box有了居中属性，当然里面的内容也能做到居中，这样就实现了两列的居中显示，预览效果如图13-40所示。

该类型的页面布局，无论作为主框架还是作为内容分栏，都同样适用，图13-41所示为两列固定宽度布局的页面。

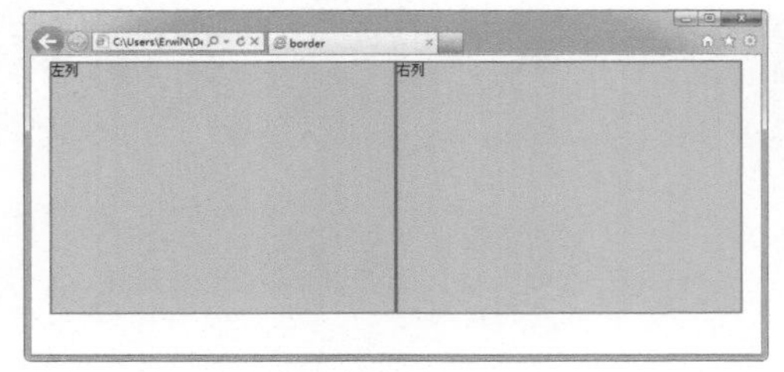


图13-40

图13-41

## 3. 两列宽度自适应布局

自适应布局主要通过宽度的百分比值进行设置，因此，在两列宽度自适应布局中，同样是对百分比宽度值进行设置，其CSS代码如下。

```
#left {
width:20%;
height: 300px;
background-color: #0CF;
border:2px solid #06F;
```

```
float:left;
}
#right {
width:70%;
height:300px;
background-color: #0CF;
border:2px solid #06F;
float:left;
}
```

将左栏宽度设置为20%，右栏宽度设置为70%后，效果如图13-42所示。

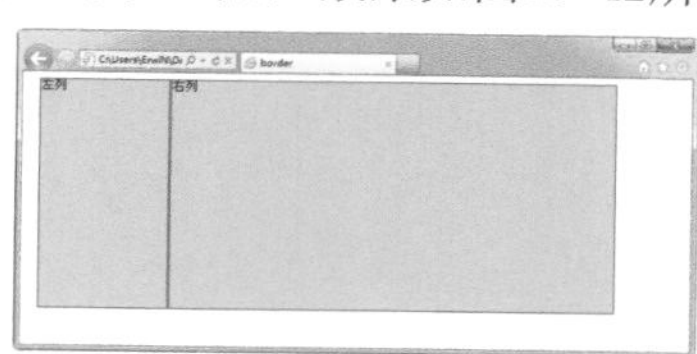

图13-42

### 4. 两列右列宽度自适应布局

在实际应用中，有时候需要左栏固定宽度，右栏根据浏览器窗口的大小自动适应。在CSS中只需要设置左栏宽度，右栏不设置任何宽度值，并且右栏不浮动，其CSS代码如下。

```
#left {
width:200px;
height:300px;
background-color:#0CF;
border:2px solid #06F;
float:left;
}
#right {
height:300px;
background-color:#0CF;
border:2px solid #06F;
}
```

左栏将呈现200px的宽度，而右栏将根据浏览器窗口的大小自动适应，预览效果如图13-43所示。该类型的页面布局左、右列都可以自适应，图13-44所示的为两个右列宽度自适应布局的页面。

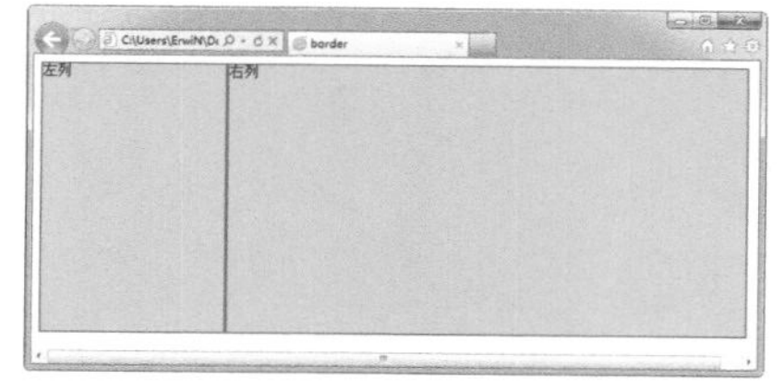

图13-43

图13-44

### 5. 三列浮动中间列宽度自适应布局

三列浮动中间列宽度自适应布局，是左栏固定宽度居左显示，右栏固定宽度居右显示，而中间栏则需要在左栏和右栏的中间显示，根据左右栏的间距变化自动适应。单纯使用float属性与百分比属性不能实现，这就需要绝对定位来实现了。绝对定位后的对象，不需要考虑它在页面中的浮动关系，只需要设置对象的top、right、bottom及left 4个方向即可，其代码如下。

```
<div id="left">左列</div>
<div id="main">中列</div>
<div id="right">右列</div>
```

首先使用绝对定位将左列与右列进行位置控制，其CSS代码如下。

```
* {
maigin: 0px;
padding:0px;
border:0px;
}
#left {
width:200px;
height: 300px;
background-color:#0CF;
border:2px solid #06F;
position: absolute;
}
# right {
width:200px;
height:300px;
background-color:#0CF;
border:2px solid #06F;
position: absolute;
top:8px;
right:8px;
}
```

而中列则用普通CSS样式，其CSS代码如下。

```
#main {
height:300px;
background-color:#0CF;
border:2px solid #06F;
margin :0px 204px 0px 204px;
}
```

对于#main，不需要再设置浮动方式，只需要让它左边和右边的边距永远保持#left和#right的宽度，便实现了自适应宽度，从而实现了布局的要求，预览效果如图13-45所示。

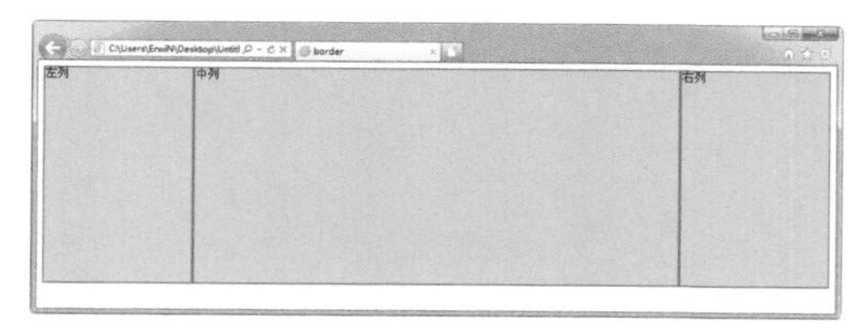


图13-45

三列自适应布局目前在网络上应用较多的主要在blog设计方面，大型网站则较少使用三列自适应布局。

## 即学即用 使用DIV+CSS布局公司网页

实例位置 CH13> 使用 DIV+CSS 布局公司网页 >index.html

素材位置 CH13> 使用 DIV+CSS 布局公司网页 >images

实用指数 ★★★

技术掌握 学习使用 DIV+CSS 布局公司网页的方法

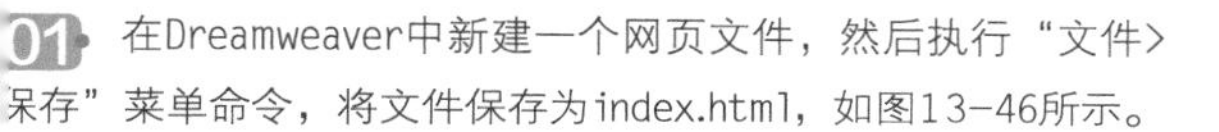

01 在Dreamweaver中新建一个网页文件，然后执行“文件>保存”菜单命令，将文件保存为index.html，如图13-46所示。

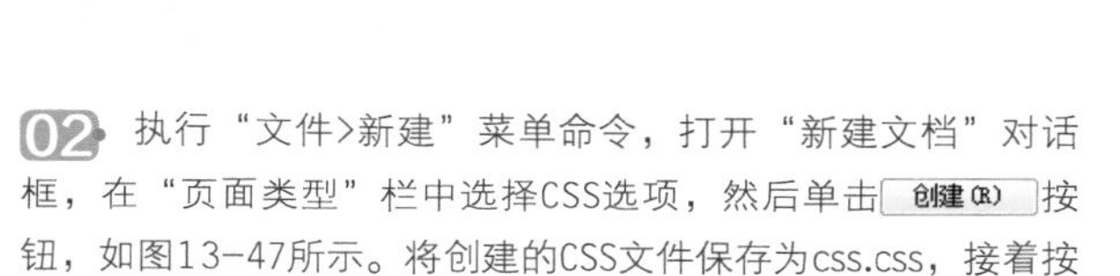

02 执行“文件>新建”菜单命令，打开“新建文档”对话框，在“页面类型”栏中选择CSS选项，然后单击 创建(R) 按钮，如图13-47所示。将创建的CSS文件保存为css.css，接着按照同样的方法再创建一个div.css文件。

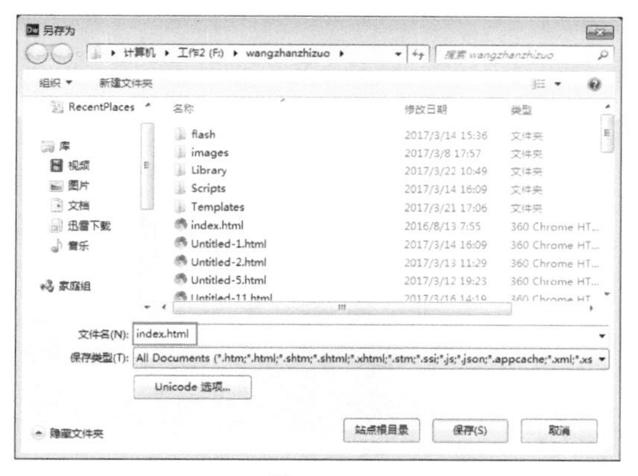


图13-46

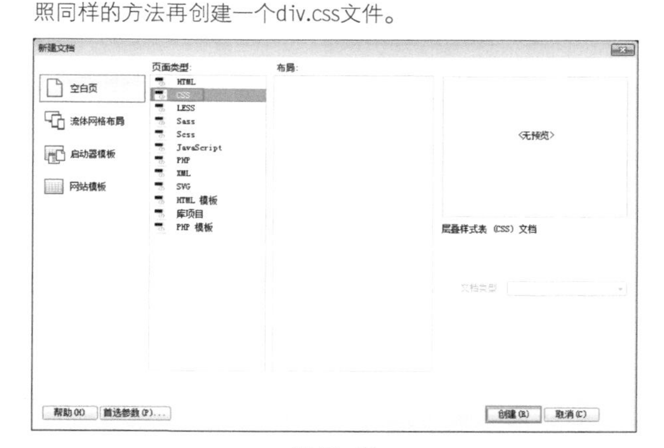


图13-47

03 执行“窗口> CSS设计器”菜单命令，打开“CSS设计器”面板，单击“添加CSS源”按钮，在弹出的快捷菜单中选择“附加现有的CSS文件”命令，如图13-48所示。

04 打开“使用现有的CSS文件”对话框，将刚刚新建的外部样式表文件div.css和css.css文件链接到页面中，如图13-49所示。

图13-48

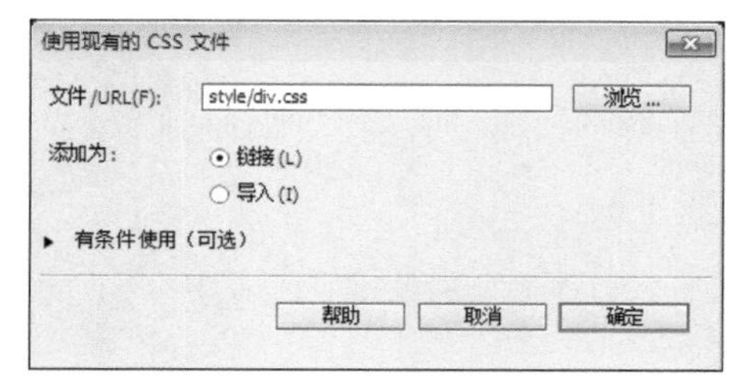


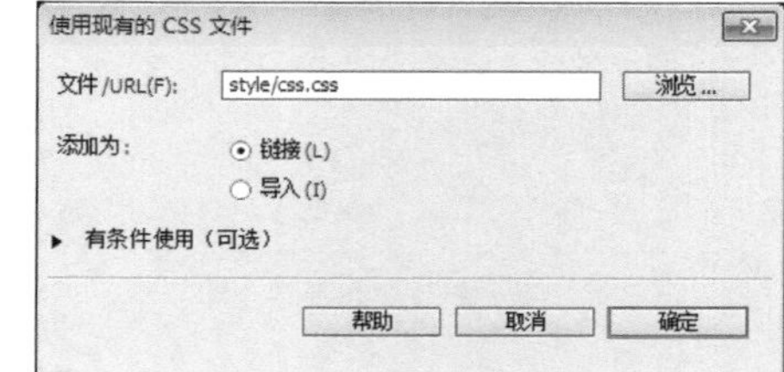


图13-49

05 切换到css.css文件，创建一个CSS规则，如图13-50所示。

06 按照同样的方法再创建一个名为body的标签CSS规则，如图13-51所示。

07 切换到index.html的“设计”视图，可以看到刚刚对css.css文件的设置已经对网页产生了效果，如图13-52所示。

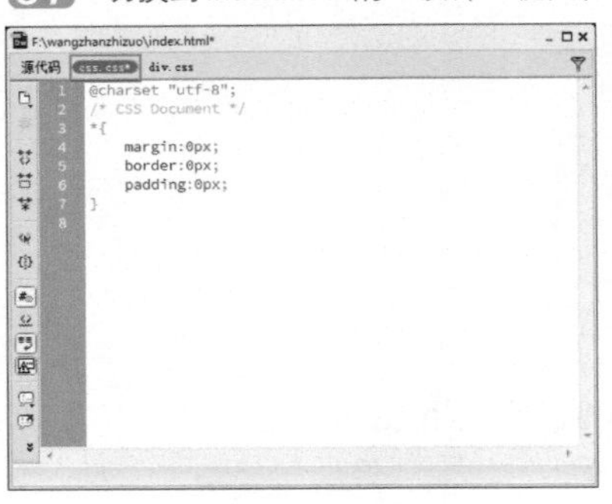

图13-50

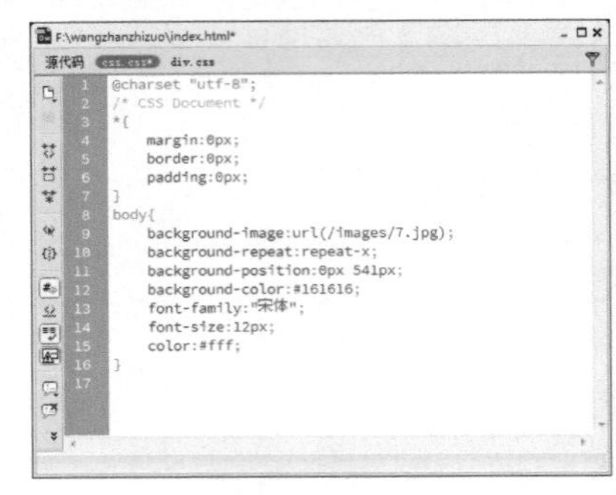

图13-51

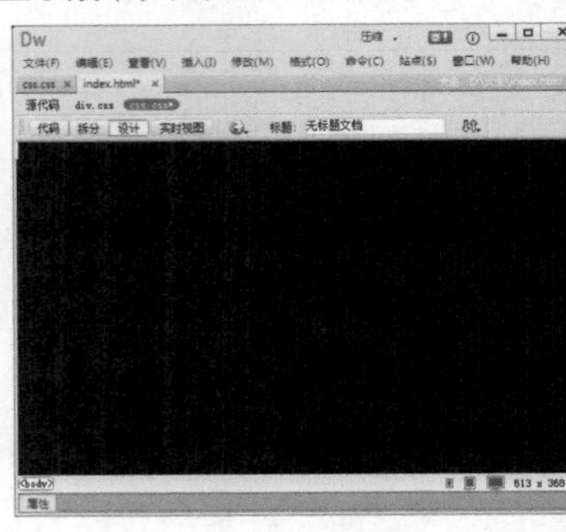

图13-52

08 将光标置于页面中，执行“插入>Div”菜单命令，打开“插入Div”对话框，在ID下拉列表框中输入box，如图13-53所示。

09 设置完成后单击 确定 按钮，即可在页面中插入名称为box的Div，页面效果如图13-54所示。

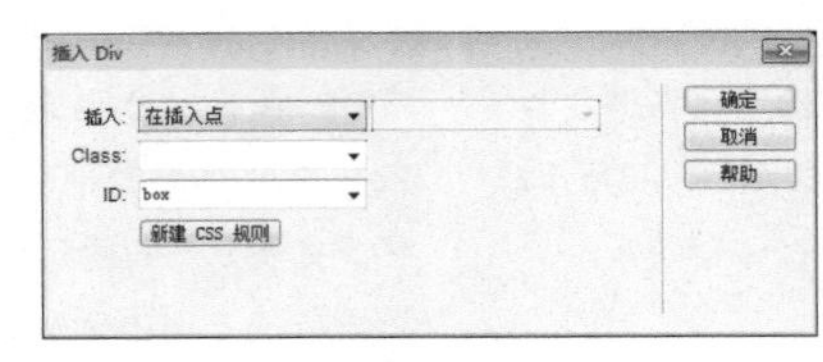

图13-53

图13-54

10 切换到div.css文件，创建一个名为#box的CSS规则，如图13-55所示。返回“设计”视图中，页面效果如图13-56所示。

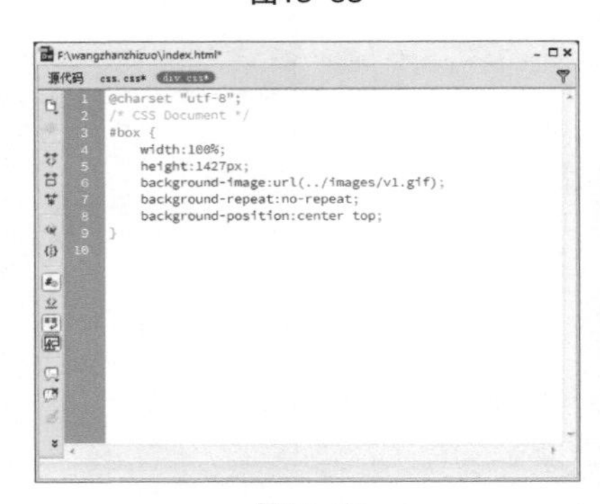

图13-55

图13-56

11 将光标移至名为box的Div中，将多余的文本内容删除，执行“插入>Div”菜单命令，打开“插入Div”对话框，在ID下拉列表框中输入top，然后单击 确定 按钮，即可在名为box的Div中插入名为top的Div，如图13-57所示。

12 切换到div.css文件，创建一个名称为#top的CSS规则，如图13-58所示。返回“设计”视图中，页面效果如图13-59所示。

图13-57

图13-58

图13-59

**13** 执行“插入>Div”菜单命令，在名为top的Div中插入名为top01的Div，将页面切换到div.css文件，创建一个名称为#top1的CSS规则，如图13-60所示。返回“设计”视图中，页面效果如图13-61所示。

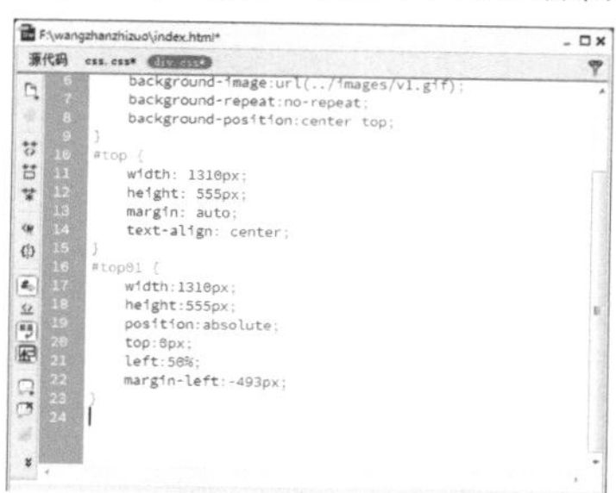


图13-60

图13-61

**Tips**

**此处使用了定位和负值空白边布局的方法，让top01层在top层上居中显示。**

**14** 在名为top01的Div中将多余的文本内容删除，执行“插入>媒体>SWF”菜单命令，将一个Flash动画插入到名为top01的Div中，然后在“属性”面板上的Wmode下拉列表框中选择“透明”选项，如图13-62所示。

**15** 将光标放置于页面空白处，执行“插入>Div”菜单命令，打开“插入Div”对话框，在在ID下拉列表框中输入footer，然后单击 确定 按钮，如图13-63所示。

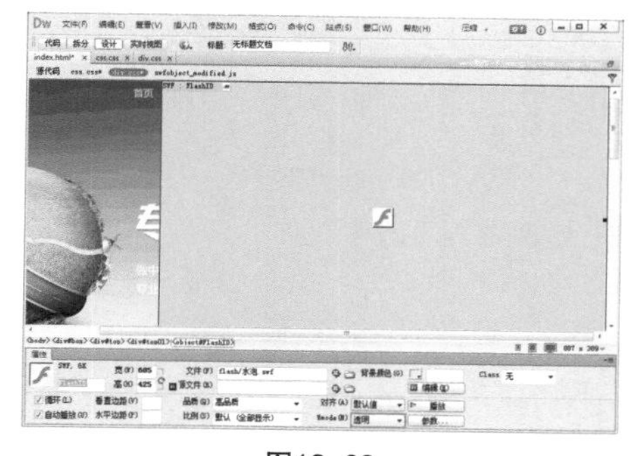

图13-62

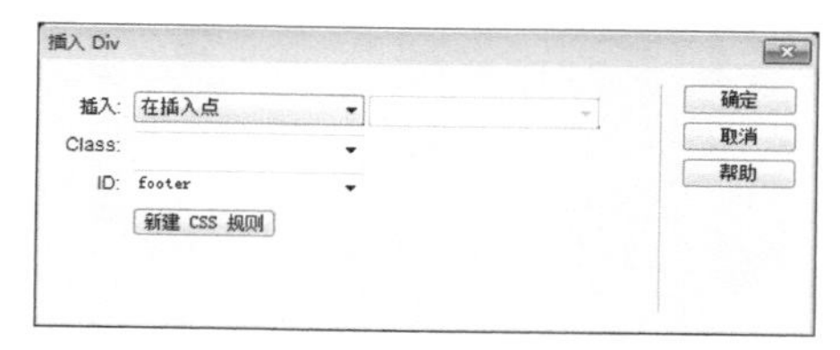


图13-63

**16** 将光标移至名为footer的Div中，将多余的文本内容删除，执行“插入>图像>图像”菜单命令，在名为footer的Div中插入一幅图像，如图13-64所示。

**17** 执行“文件>保存”菜单命令，保存页面。按F12键预览网页，效果如图13-65所示。

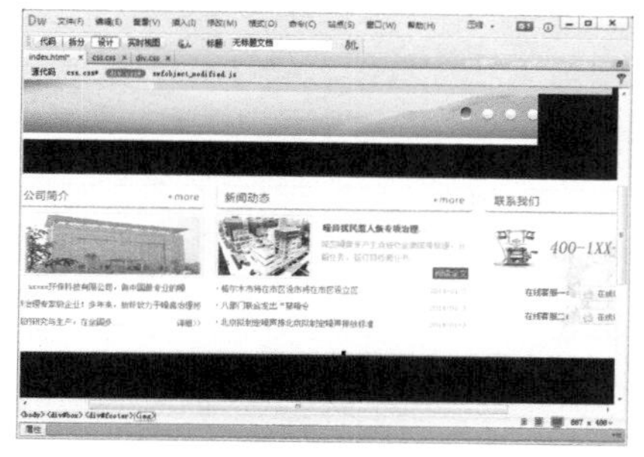

图13-64

图13-65

## 13.7 章节小结

通过使用DIV+CSS布局页面，可以实现结构、表现和行为的三者分离，本章主要讲解了使用CSS样式实现多种网页布局的方法，并通过实例的制作，讲解实际操作中DIV+CSS的布局方法。

# 13.8 课后习题

## 课后练习 使用DIV布局网页

实例位置 CH13> 使用 DIV 布局网页 > 使用 DIV 布局网页.html
素材位置 CH13> 使用 DIV 布局网页 >images
实用指数 ★★★★
技术掌握 学习使用 DIV 布局网页的方法

本例使用DIV布局网页，设置完成后的效果如图13-66所示。

**主要步骤：**

（1）在网页中插入一个名称为top 的Div，然后在Div中插入图像。

（2）执行“插入>Div”菜单命令，打开“插入Div”对话框，在“插入”下拉列表框中选择“在标签后”选项，并在右侧的下拉列表框中选择〈div id=“top”〉选项，在ID下拉列表框中输入main，然后在main中插入一幅图像。

图13-66

（3）执行“插入>Div”菜单命令，打开“插入Div”对话框，在“插入”下拉列表框中选择“在标签后”选项，并在右侧的下拉列表框中选择〈div id=“main”〉选项，在ID下拉列表框中输入footer，然后在footer中插入一幅图像。

（4）执行“文件>保存”菜单命令，将文件保存，然后按F12键浏览网页即可。

## 课后练习 使用DIV+CSS布局网页

实例位置 CH13> 使用 DIV+CSS 布局网页 > 使用 DIV+CSS 布局网页.html
素材位置 CH13> 使用 DIV+CSS 布局网页 >images
实用指数 ★★★★
技术掌握 学习使用 DIV+CSS 布局网页的方法

本例使用DIV+CSS布局网页，设置完成后的效果如图13-67所示。

**主要步骤：**

（1）在Dreamweaver中新建一个网页文件，然后执行“文件>保存”菜单命令，将文件保存为index.html。

（2）执行“文件>新建”菜单命令，打开“新建文档”对话框，在“页面类型”栏中选择CSS选项，然后单击 创建(R) 按钮。将创建的CSS文件保存为css.css，接着按照同样的方法再创建一个div.css文件。

图13-67

（3）打开“CSS设计器”面板，单击“添加CSS源”按钮，在弹出的快捷菜单中选择“附加现有的CSS文件”命令，打开“链接外部样式表”对话框，将刚刚新建的外部样式表文件div.css和css.css文件链接到页面中。

（4）div.css和css.css文件中输入代码。

（5）执行“文件>保存”菜单命令，将文件保存，然后按F12键浏览网页即可。